高等院校课程设计案例精编

U0133982

# 数据库应用课程设计案例精编

王长松 秦 琴 田 瑛 余 健 编著

清华大学出版社

北 京

# 内 容 简 介

随着信息技术的发展，人们的日常工作、生活越来越离不开计算机。而其中核心之一就是数据库，其技术经过几十年的发展已经十分成熟。数据库已成为现代信息系统的核心组成部分，在很多领域，特别是金融等行业，表现得更为突出。于是，数据库技术及其之上的软件系统的开发技术，也成为计算机技术的重要组成部分。

本书就是针对数据库技术及其上的软件开发技术而设计的，目的是简要介绍数据库技术，着重介绍数据库之上的软件系统开发，并配有相应的案例。前者主要包括数据库基础知识和 Oracle 数据库；后者则包括 ODBC 和 JDBC 介绍、数据库的搜索问题、数据库与 XML 的交互以及 hibernate。

本书适合高等院校学生数据库课程设计指导，也可以作为其他 IT 从业人员的参考用书。

**图书在版编目(CIP)数据**

数据库应用课程设计案例精编/王长松，秦琴，田瑛，余健编著. —北京：清华大学出版社，2009.3
(高等院校课程设计案例精编)
ISBN 978-7-302-19119-3

Ⅰ. 数…　Ⅱ. ①王…　②秦…　③田…　④余…　Ⅲ.数据库系统—高等学校—教学参考资料　Ⅳ.TP311.13

中国版本图书馆 CIP 数据核字(2008)第 199894 号

责任编辑：闫光龙　桑任松
封面设计：山鹰工作室
版式设计：杨玉兰
责任校对：王　晖
责任印制：孟凡玉

出版发行：清华大学出版社　　　　　　　　地　　　址：北京清华大学学研大厦 A 座
　　　　　http://www.tup.com.cn　　　　　邮　　编：100084
　　　　　社　总　机：010-62770175　　　 邮　　购：010-62786544
　　　　　投稿与读者服务：010-62776969，c-service@tup.tsinghua.edu.cn
　　　　　质 量 反 馈：010-62772015，zhiliang@tup.tsinghua.edu.cn
印　刷　者：清华大学印刷厂
装　订　者：三河市溧源装订厂
经　　销：全国新华书店
开　　本：185×260　印　张：22.25　字　数：533 千字
版　　次：2009 年 3 月第 1 版　　印　次：2009 年 3 月第 1 次印刷
　　　　　附光盘 1 张
印　　数：1～4000
定　　价：39.00 元

# 前　言

数据库技术是现代信息科学与技术的重要组成部分，是计算机数据处理与信息管理系统的核心。数据库技术研究解决了计算机信息处理过程中如何有效地组织和存储大量数据的问题，在数据库系统中减少数据存储冗余、实现数据共享、保障数据安全以及高效地检索数据和处理数据。

因此，数据库技术的出现，解决了许多原来十分耗时的问题，大大提高了工作效率，几乎没有哪个信息系统不用到数据库。数据库和以数据库系统为核心的系统的开发已经成为开发人员关注的焦点，数据库相关的开发技术成为 IT 人士必备的技能。

本书共分 9 章。前两章为数据库技术部分，主要包括数据库基础知识、Oracle 数据库等内容。后面 7 章为数据库应用软件系统开发部分，主要包括 ODBC、JDBC、数据库的搜索问题、数据库与 XML 交互、hibernate 等内容，并相应配有新闻发布系统、缴费系统、学员管理系统、搜索引擎-文档管理系统、XML-dbToXml 数据转换器、社团活动管理系统、学生商店管理系统等综合案例。

本书进一步明确了数据库开发技术包括哪些方面，各有什么特点。更为全面地对各种技术作了讲解，并结合专门的案例给出了细节的解释。特别对一些新兴技术与数据库技术的融合作了详细的讲解。例如，lucene 实现数据库的检索，就是一个很有意义的技术，现在的实际应用中经常被用到。搜索引擎技术出现后，由于其便捷性，人们在生活、工作中越来越依赖于搜索。lucene 提供了良好的面向数据库的接口，我们利用 lucene 实现了与数据库 Oracle 的协同工作，效果良好。XML 技术，作为 SOA 的核心技术之一，它的出现一定程度上解决了跨平台数据表达的问题。而这里的平台主要是数据库平台，解决了数据库与 XML 之间的数据转换，就为数据库平台间交互找到了一种思路。相信通过本书对这些技术深刻全面的介绍，能够使读者领悟到一些新的设计技巧。

本书作为案例教程，适用于数据库初、中级用户；适合高等院校学生数据库应用课程设计指导，也可以作为其他 IT 从业人员的参考用书。本书要求读者在阅读前具备一定的 Java、JSP 相关知识，这些知识可通过查阅相关书籍来掌握，它们不是本书的重点。

本书主要由王长松、秦琴、田瑛、余健执笔，参与本书编写和程序开发的还有张伟、蒋飞、李锟、任道远、赵景涛、王海峰、陈俊年、孟庆伟、钟盛、修冬、廖怀志、田野、蔚辉、朱启明、韩忠明等。作者本着为读者负责的态度完成了本书的内容，但是由于水平有限，书中难免会有不足和疏漏，还请广大读者不吝批评指正，提出宝贵意见。

编　者

# 目  录

# 第 1 章　数据库基础知识

## 1.1　数据库技术的发展

随着数据库技术的逐渐成熟，数据库已经成为现代信息技术的重要组成部分，在很多领域，特别是金融等行业，数据库已经成为信息系统和计算机应用系统的基础构成，也是最重要的组成部分。

数据库技术最初产生于 20 世纪 60 年代中期，根据数据模型结构，可以划分为三个发展阶段：

- 第一代的网状、层次数据库系统。
- 第二代的关系数据库系统。
- 第三代的以面向对象模型为主要特征的数据库系统。

在第一代数据库系统中，最具有代表性的是 1969 年 IBM 公司研制的 IMS 系统(层次模型的数据库管理系统)和 20 世纪 70 年代美国数据系统语言协会(Conference on Data System Language，CODASYL)的下属数据库任务组(Database Task Group，DBTG)提议的网状模型。层次数据库模型其实就是树形存储结构，准确地说就是有根的定向有序树；与此相似，网状模型对应的是有向图结构。

第一代数据库为现代数据库发展奠定了基础。这类数据库具有如下共同点：

- 第一代数据库最大的特点体现在"存取路径"这个概念，用存取路径来表示数据的结构，实现数据的操作。
- 有独立的数据定义、操作语言。
- 支持三级模式(外模式、模式、内模式)，保证数据库系统具有数据与程序的物理独立性和一定的逻辑独立性。

其中后两者是所有类型数据库所共有的特征。

第二代数据库的主要特征体现在"关系"这个概念上，即支持关系数据模型(结构、操作、特征)的数据库。关系模型具有以下特点：

- 关系模型最大的特点是实体及实体之间的关系都是通过"关系"来表示，并以关系数学为理论基础。
- 与第一代数据库模型相比，物理存储和存取路径对用户已经变得不可见。

20 世纪 80 年代，随着计算机技术特别是工程技术的不断进步，以及应用领域对数据库技术提出的新需求，关系型数据库已经不能完全满足需要，这就产生了第三代数据库。第三代数据库提出了面向对象模型的概念，当然，第三代数据库不仅仅支持面向对象的模型，还兼容支持关系模型。除了模型结构外，第三代数据库还直接和诸多新技术相结合(比如分布处理技术等)，使得数据库性能大大改善。

第三代数据库的主要特征如下：

- 提出了许多新的理念，数据管理、对象管理、知识管理成为数据库系统的新亮点。

- 对第二代数据库予以充分的肯定，兼容地继承了第二代数据库系统的核心技术。
- 更加注重系统的质量，支持可移植性、可扩展性和互操作性等。

随着计算机技术不断应用到各行各业，数据量在增加，人们对数据库技术更加依赖，用户不再满足数据库技术所提供的基础性数据管理，于是出现了数据仓库、数据挖掘等新技术。本书主要讨论数据库的技术实现，在此就不赘述数据仓库的知识了。数据库技术主要介绍关系数据库。

# 1.2 关系数据库的几个概念

## 1.2.1 基本概念

### 1. 域

域(domain)是一种集合，它由同类型值组成。例如，整数集合、浮点数集合、字符串集合等。记为 D。

### 2. 元组

元组(tuple)，假设现有一组域 D1, D2,…, Dn，那么对其做笛卡儿乘积，其中每个元素 (d1,d2,…,dn)称为一个元组(n 元组)；而 di 的值则称为一个分量，$d_i \in D_i$。

所谓笛卡儿积是指：设 D1, D2,…, Dn 为 n 个集合，我们定义 D1, D2, …, Dn 的笛卡儿积为

D1×D2×…×Dn = {(d1,d2,…,dn)| di ∈Di, i=l, 2,…, n}

### 3. 关系

关系(relation)，D1×D2×…×Dn 的子集称为域 D1, D2, …, Dn 上的一个关系。用 R(D1, D2,…, Dn)来表示(简记为 R)，这里的关系即可以用来表示实体及实体之间的关系。

### 4. 属性

属性(attribute)，在关系中的每个分量对应的是一个属性，如图 1-1 所示的 STUDENT 表中，NAME、AGE、SEX 就是属性的名称。

| 名称 | 数据类型 | 大小 | 小数位 | 可否为空? | 默认值 |
|------|----------|------|--------|-----------|--------|
| NAME | VARCHAR2 | 20 | | | |
| AGE | NUMBER | | 0 | ✔ | |
| SEX | CHAR | 18 | | ✔ | |
| SNO | VARCHAR2 | 10 | | | |

图 1-1 STUDENT 表结构截图

#### 5．候选关键字

候选关键字(candidate key)，在给定关系结构诸多属性中，凡是具有唯一标识特性的一个或多个属性，都可以被设置成该关系的候选关键字。如图 1-1 所示的数据表 STUDENT 中的 NAME、SNO 及两者组合都可以作为候选关键字。

#### 6．主关键字

主关键字(primary key)，是从候选关键字中选中的一个作为唯一性标识的属性或属性组合。在 STUDENT 表中，我们可以选择 SNO 作为主键。

## 1.2.2　关系模型

前面我们已经提到关系模型的概念，关系模型已经成为应用最广泛的数据库模型。在这个模型中，实体、实体关系都以二维关系表来表示。二维表的行即代表元组，列代表了属性。我们可以通过一个或一组属性的值来确定一个或一组元组。

关系可分为以下 3 种。

- 一对一的关系。例如：一个学生只有一个年龄。
- 一对多的关系。例如：一个学生的姓名可以不止一个，可以有曾用名等。
- 多对多的关系。例如：学号和课程编号，一个同学可以选多门课，一门课可以有多个同学选。

这里，我们再强调一下关系模型中的 3 类完整性规则。

完整性规则是为了使数据库更正确地体现实际中的数据关系，仅仅通过关系表结构定义还不能完全控制不合实际的数据的输入。这就要求定义一些规则。

- 实体完整性：简单地说，实体完整性就是对主键非空的要求，主键是元组的唯一标识，这就要求所有元组中对应的该属性必须是唯一的，当然它也必须是非空的。
- 参照完整性：参照完整性限制的是关系之间的数据输入，也就是一个关系中的某个属性的值必须已经在另一个关系的某属性中存在。例如：选课表中的学号必须已经存在于学生信息表中。
- 用户定义完整性：指使系统具有默认的完整性机制，以尽量对用户程序透明。

关系模型有别于其他模型的主要特点是：

- 实体及实体间的关系都用关系来表示，保证数据是一致性的。
- 可以通过关系表直接表示出"多对多"的关系。
- 关系规范化，数据层次清晰，分量作为一个不可再分的数据项，不允许表格的嵌套。
- 概念简单，操作方便，用户可以对数据进行各种检索操作，可以从原表中得到一张新表，而操作的具体实现与用户无关，数据独立性高。

下面给出一个显示数据的关系表，其中每一列代表一个属性，第一行是这些属性的名称，TITLE 是表格的主键，如图 1-2 所示。

| MEMBERS | CONTENT | PARTNER | COST | THEDATE | TITLE |
|---------|---------|---------|------|---------|-------|
| 秦琴 | 实习 | oracle | 120 | 20071010 | oracle |
| 王长松 | 实习 | 路透 | 120 | 20070910 | 路透 |
| 秦琴 | 实习 | 微软 | 120 | 20071010 | 微软搜索引擎 |
| 王长松 秦琴 | 访问花旗银行 | 学联 | 120 | 20010101 | 一月一号在citibank8 |

图 1-2　表结构截图

这样的二维表被称为关系，其中的行被称为元组或记录(record)，列称为属性或字段(field)，表的第一行是字段名的集合，被称为关系框架(或表结构)，列中的元素为该字段(属性)的值，且值总是限定在某个值域(domain)内。

### 1.2.3　关系模式

模式是不涉及具体数据的结构定义，简单来说，关系表中属性定义、关系表定义、关系表之间关系定义的总和可以被认为是关系模式。

例如：

<关系名>(<属性名 1>,<属性名 2>,…,<属性名 n>)

在一个教务系统中，就涉及了 3 个实体：教师、课程和学生。

教师(TID, TUNIT, TNAME, TSEX, RANK)

学生(SNO, SNAME, SSEX, SCLASS, BDATE)

课程(CNO, CNAME, CHOUR, CREDIT)

同时，教师和课程、学生和课程之间都存在对应关系，也是通过数据表来体现：

授课(TID, CNO)

选课(SNO, CNO, GRADE)

### 1.2.4　关系操作

关系模型的理论基础是关系数学，我们对关系实施的各种操作，一般包括并、交、差、增、删、改、选择、投影、连接等，这些关系操作可以用代数运算的方式表示。

# 1.3　关 系 范 式

所谓范式，可以理解成某种规则、限制，当我们设计关系数据库时要遵循的规则就体现在各级关系范式中。范式即是符合某一种级别的约束的关系模式集合。我们可以以范式的形式对数据库的设计提出要求。

### 1.3.1　函数依赖

定义：设有关系模式 R(U)，X 和 Y 是属性集 U 的子集，函数依赖是形为 X→Y 的一个命题，对任意 R 中两个元组 t 和 s，都有 t[X]=s[X]蕴涵 t[Y]=s[Y]，那么 FD X→Y 在关系模式 R(U)中成立。X→Y 读作"X 函数决定 Y"，或"Y 函数依赖于 X"。

通俗地讲，如果一个表中某一个字段 Y 的值是由另外一个字段或一组字段 X 的值来确定的，就称为 Y 函数依赖于 X。

函数依赖应该是通过理解数据项和企业的规则来决定的，根据表的内容得出的函数依赖可能是不正确的。

目前关系数据库有 6 种范式：第一范式(1NF)、第二范式(2NF)、第三范式(3NF)、BC 范式(BCNF)、第五范式(5NF)和第六范式(6NF)。满足最低要求的范式是第一范式。在第一范式的基础上进一步满足更多要求的称为第二范式，其余范式以此类推。范式之间的关系如图 1-3 所示。一般说来，数据库只需满足第三范式就行了。下面我们举例介绍第一范式、第二范式、第三范式和 BC 范式。

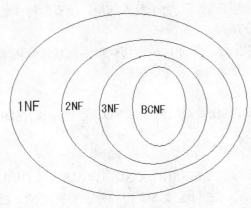

图 1-3　范式之间的关系

## 1.3.2　第一范式

在任何一个关系数据库中，第一范式是对关系模式的基本要求，不满足第一范式的数据库就不是关系数据库。所谓第一范式是指数据库表的每一列都是不可分割的基本数据项，同一列中不能有多个值，即实体中的某个属性不能有多个值或者不能有重复的属性。如果出现重复的属性，就可能需要定义一个新的实体，新的实体由重复的属性构成，新实体与原实体之间为一对多关系。在第一范式中，表的每一行只包含一个实例的信息。

例如：职工表(EMP-ID, EMP-NAME, EMP-TEL(OFFICE, HOME))规范成为第一范式有 3 种方法。

- 一是重复存储职工号和姓名，这样，关键字只能是电话号码。
- 二是职工号为关键字，电话号码分为单位电话和住宅电话两个属性。
- 三是职工号为关键字，但强制每条记录只能有一个电话号码。

以上 3 种方法，第一种方法最不可取，按实际情况选取后两种情况。

## 1.3.3　第二范式

第二范式是在第一范式的基础上建立起来的，即要想满足第二范式必须先满足第一范式。第二范式要求数据库表中的每个实例或行必须可以被唯一地区分。第二范式要求实体的属性完全依赖于主关键字。所谓完全依赖是指不能存在仅依赖主关键字一部分的属性，如果存在，那么这个属性和主关键字的这一部分应该分离出来形成一个新的实体，新实体与原实体之间是一对多的关系。为实现区分，通常需要为表加上一个列，以存储各个实例的唯一标识。简而言之，第二范式就是非主属性不能部分依赖于主关键字。

例如：选课关系 SC(SNO, CNO, GRADE, CREDIT)，其中 SNO 为学号，CNO 为课程号，GRADE 为成绩，CREDIT 为学分。由以上条件，关键字为组合关键字(SNO, CNO)。在应用中使用以上关系模式有以下问题。

- 数据冗余：假设同一门课由 40 个学生选修，学分就重复 40 次。
- 更新异常：若调整了某课程的学分，相应的元组 CREDIT 值都要更新，有可能会出现同一门课学分不同。
- 插入异常：如计划开新课，由于没人选修，没有学号关键字，只能等有人选修才能把课程和学分存入。
- 删除异常：若学生已经毕业，从当前数据库删除选修记录。某门课程新生尚未选修，则此门课程及学分记录无法保存。

为什么会出现这种情况？

非关键字属性 CREDIT 仅函数依赖于 CNO，也就是 CREDIT 部分依赖组合关键字(SNO, CNO)而不是完全依赖。

那么这种情况怎样解决呢？

我们将其分成两个关系模式 SC(SNO, CNO, GRADE)，COURSE(CNO, CREDIT)。新关系包括两个关系模式，它们之间通过 SC 中的外关键字 CNO 相联系，需要时再进行自然连接，恢复了原来的关系。

## 1.3.4　第三范式

满足第三范式必须先满足第二范式。简而言之，第三范式要求一个数据库表中不包含在其他表中已包含的非主关键字信息。简而言之，第三范式就是属性不依赖于其他非主属性。

例如：S(SNO, SNAME, DNO, DNAME, LOCATION) 各属性分别代表学号，姓名，系号，系名称，系地址。关键字 SNO 决定各个属性。由于是单个关键字，没有部分依赖的问题，肯定是第二范式。但这关系肯定有大量的冗余，有关学生所在的几个属性 DNO. DNAME. LOCATION 将重复存储，插入、删除和修改时也将产生类似以上例子的情况。

为什么会出现这种情况？

这是由关系中存在传递依赖造成的。即 SNO -> DNO。而 DNO -> SNO 却不存在，DNO -> LOCATION，因此关键字 SNO 对 LOCATION 的函数决定是通过传递依赖 SNO -> LOCATION 实现的。也就是说，SNO 不直接决定非主属性 LOCATION。

那么这种情况怎样解决呢？

我们将其分为两个关系 S(SNO, SNAME, DNO)，D(DNO, DNAME, LOCATION)。应该注意的是，关系 S 中不能没有外关键字 DNO，否则两个关系之间失去联系。

## 1.3.5 BC 范式

如果关系模式 R(U，F)的所有属性(包括主属性和非主属性)都不传递依赖于 R 的任何候选关键字，那么称关系 R 是属于 BCNF 的；或是对于关系模式 R，如果每个决定因素都包含关键字(而不是被关键字所包含)，则满足 BCNF 的条件。

例如：学生选课系统的表，S(SNO, SNAME, SSEX, SAGE, SBIRTHDATE, SBIRTHPLACE, DNO)，SC(SNO, CNO, GRADE)，COURSE(CNO, CNAME, DNO, CREDIT)就满足 BCNF。

一个关系分解成多个关系，要使得分解有意义，起码的要求是分解后不丢失原来的信息。这些信息不仅包括数据本身，而且包括由函数依赖所表示的数据之间的相互制约。进行分解的目标是达到更高一级的规范化程度，但是分解的同时必须考虑两个问题：无损连接性和保持函数依赖。有时往往不可能做到既有无损连接性，又完全保持函数依赖，需要根据需要进行权衡。注意：一个关系模式分解可以得到不同关系模式集合，也就是说分解方法不是唯一的。最小冗余的要求必须以分解后的数据库能够表达原来数据库所有信息为前提来实现。其根本目标是节省存储空间，避免数据不一致性，提高对关系的操作效率，同时满足应用需求。实际上，并不一定要求全部模式都达到 BCNF，有时故意保留部分冗余可能更方便数据查询。尤其对于那些更新频度不高，查询频度极高的数据库系统更是如此。

在关系数据库中，除了函数依赖之外还有多值依赖、连接依赖的问题，从而提出了第四范式，第五范式等更高一级的规范化要求，以后再谈这些范式。

# 1.4 结构化查询语言 SQL

结构化查询语言 SQL(structured query language)是被公认的标准数据库语言，SQL 最早应用于 IBM 公司所开发的数据库系统中。SQL 于 1986 年成为美国 ANSI 的关系型数据库管理系统的标准语言，(ANSI X3.135-1986)。1987 年通过国际标准组织的认证，成为一个国际标准。

具体到某个数据库，开发它的公司往往对 SQL 作了一定的修改、扩充，这就为实际应用，特别是多数据库交互、数据库移植带来不少的麻烦。

SQL 是一种高级语言，它屏蔽了具体的物理特征，用户可以不必了解其物理存储，操作时也不必显式地指定操作路径。

SQL 的封装层次较高，往往用其他程序语言实现起来很麻烦的操作，使用 SQL 可以很方便地通过一两句话来实现。

我们使用 SQL 作为访问语言，当 SQL 被提交之后，数据库管理器会解析 SQL 语句，并返回执行结果，这个结果可以是一个值或多个值，也可以是一个或多个元组。这里的元组以记录集合的形式存在。

SQL 还提供了很多灵活方便的特征，例如将一条 SQL 语句的输出作为另一条 SQL 语句的输入，即 SQL 语句可以嵌套，这就使得 SQL 可以实现很复杂的数据操作。

SQL 命令按照用途可以分为以下几种：

- 数据查询语言(主要是 SELECT 查询语句)；
- 数据操纵语言(包括：INSERT、UPDATE、DELETE 语句)；
- 数据定义语言(例如：用于定义的 CREATE 及用于删除的 DROP 等语句)；
- 数据控制语言(例如：数据回滚 ROLLBACK 等语句)；
- 事务性控制命令。

下面我们来介绍这种 SQL 语言。

## 1.4.1  基本数据类型

基本数据类型可分为：字符型、数字型、日期时间型，另外，有的数据库会支持一些其他类型，例如大对象类型等。

其中字符型又可以分定长型、变长型；数值型可以分为整数、小数、位数等。

## 1.4.2  SQL 中的运算符与函数

### 1. SQL 中的运算符

在 SQL 语句中，主要的运算符包括以下几类。

1)  比较运算符

比较运算包括：等于、不等于、大于、小于等操作，在 SQL 中这些运算分别使用如表 1-1 所示的运算符。

表 1-1  运算符

| 逻辑运算符号 | 含  义 |
|---|---|
| = | 等于 |
| <> | 不等于 |
| > | 大于 |
| < | 小于 |
| IS NULL | 判断是否为空 |
| BETWEEN AND | 判断范围 |
| IN | 是否包含在集合中 |
| LIKE | 相似性匹配，其中有两个匹配符号：<br>"%"：可以表示多个字符，也就是可以代表任意长度的字符串。<br>"_"：只能表示一个字符(byte)，因为每个汉字占两个字符，所以一个汉字应该用两个"_"来表示 |
| EXISTS | 判断是否存在满足条件的行 |
| UNIQUE | 判断是否唯一 |
| ALL | 表示集合中所有的值 |
| ANY | 表示集合中存在一个值 |

**[示例]**

- 搜索 STUDENT 中没有输入年龄的同学的记录：

```
SELECT NAME FROM STUDENT WHERE AGE IS NULL;
```

- 搜索 STUDENT 中年龄在 21～25 之间的学生：

```
SELECT NAME FROM STUDENT WHERE AGE BETWEEN 21 AND 25;
```

- 搜索 arron、carol 的年龄：

```
SELECT AGE FROM STUDENT WHERE NAME IN('arron', 'carol');
```

- 查询姓 wang 的学生的姓名：

```
SELECT NAME FROM STUDENT WHERE NAME LIKE 'WANG%';
```

- 找出已经选课的同学的姓名：

```
SELECT NAME FROM STUDENT WHERE EXISTS (SELECT * FROM CS WHERE
STUDENT .SNO=CS.SNO);
```

- 获取所有仅仅选了一门课程的同学的名字：

```
SELECT NAME FROM STUDENT WHERE UNIQUE(SELECT * FROM CS WHERE
STUDENT .SNO=CS.SNO);
```

- 查询成绩最高的同学的学号：

```
SELECT SNO FROM CS WHERE CS.GRADE>=ALL(SELECT GRADE FROM CS );
```

2)　逻辑运算符

逻辑运算符包括：OR、AND。

例如：

```
SELECT NAME FROM STUDENT WHERE AGE>20 AND SEX='男';
```

3)　算术运算符

在 SQL 语句中，通常有 4 种算术运算符：+(加)、-(减)、*(乘)、/(除)，其运算和数学上的运算没什么区别。

**2．SQL 中的常见函数**

1)　统计函数

统计函数主要包括 COUNT、SUM、MAX、MIN、AVG，它们分别表示：记录数、累计求和、求最大值、求最小值、求平均值。

**[示例]**

统计学生总数：

```
Select COUNT(*) from STUDENT;
```

2)　字符函数

字符函数是对字符或字符串进行操作的一系列的函数，通常包括以下几种。

- Concatenation：聚集函数，把两个字符串连接合并为一个字符串。

- Substring：从一个字符串中取子串。
- Translate：将一个字符串按字符翻译成另外一个字符串。
- Convert：将一个字符串从一种格式转换成另一种格式的字符串。
- Position：返回一个字符串在另外一个字符串中的实际位置。

如表 1-2 所示，我们罗列出字符串的几个常用操作。

表 1-2　字符串的常见操作

| 字符串操作符 | 含　义 |
| --- | --- |
| \|\|(Oracle)+(SQL Server) | 合并字符串 |
| SUBSTR(column,start,length) (Oracle) SUBSTRING(column,start,length) (SQL Server) | 取得子字符串 |
| Length(StringName) | 字符串长度 |

## 1.4.3　数据查询语言 DQL

DQL，数据查询语句，它是 SQL 语言中应用最多的，也是功能最强大、结构最为复杂的 SQL 语句，DQL 负责数据库中数据的查询，并将查询结果返回给用户。具体讲就是使用 SELECT 语句从数据库查询数据，SELECT 语句在 SQL 中有着举足轻重的作用，所以下面我们系统地给出其完整格式：

```
SELECT [ALL|DISTINCT]|[TOP n [PERCENT]]
{*|{TableName|ViewName|TableAlias}.*
|{ColumnName|Expression|IDENTITYCOL|ROWGUIDCOL}[ [AS] ColumnAlias ]
|ColumnAlias=Expression
}[,...n] [INTO NewTableName]
FROM TableName [[AS] TableAlias]|ViewName [[AS] TableAlias]
[,TableName [[AS] TableAlias]|ViewName [[AS] TableAlias]] [,…n]
[WHERE Condition_Expression]
[GROUP BY ColumnName [,ColumnName] [,…n] [HAVING Condition_Expression]]
[ORDER BY ColumnName [ASC|DESC] [,ColumnName [ASC|DESC]] [,…n]]
```

其中重要的关键字有 SELECT、FROM、WHERE、ORDER BY 等。

- 方括号 "[]" 中的内容为可选项。
- 花括号 "{}" 中的内容为必选项。
- "…n" 表示紧跟其前的语法可以任意重复多次定义。
- 竖线 "|" 表示由该符号隔开的内容必须任选其一。
- Expression 可以是列名、常量、函数以及由运算符连接的列名、常量和函数的任意组合，或者是子查询。

从 SELECT 的格式定义中，大家可以发现：SQL 语句的含义十分明晰，它使用的是意义明确的英文单词。

下面就上面格式中提及的 6 个子句来加以分析一下，如表 1-3 所示。

表 1-3　SELECT 语句的语法说明

| 子　句 | 含　义 | 是否必需 |
|---|---|---|
| SELECT 子句 | SELECT 关键字存在于 SELECT 语句的开始处。<br>[ALL\|DISTINCT]: 表示是否去掉重复的。<br>[TOP n [PERCENT]]: 表示对返回结果中过滤。<br>{*\|{TableName\|ViewName\|TableAlias}.*… ……　…: 是要返回的结果中包含的列，列名称之间用","号隔开，注意这里的列的值是有序的，所以我们在取得记录集之后可以通过序号取出相应的列。这里的返回值也可以是包含列内容的表达式 | 必需 |
| FROM 子句 | 后面指定的是数据的来源表，表之间用逗号隔开 | 必需 |
| WHERE 子句 | 规定了查询过程中的条件限制 | 可选 |
| GROUP BY 子句 | 是依据某一列的值对结果进行分组。<br>HAVING 子句是对 GROUP BY 子句结果的限制 | 可选 |
| ORDER BY 子句 | 规定了查询结果的返回顺序，升序用 ASC 表示，降序用 DESC 表示 | 可选 |

**[示例]**

查询所有男同学的年龄，然后按学号分组：

```
SELECT SNO, '年龄', AGE FROM STUDENT WHERE SEX='男' GROUP BY SNO;
```

执行结果如下：

```
001  '年龄'  22
002  '年龄'  24
003  '年龄'  23
004  '年龄'  22
```

## 1.4.4　数据操纵语言 DML

用于在关系型数据库对象中操纵数据。主要包括：INSERT、UPDATE、DELETE 语句，下面我们分别加以介绍。

### 1. INSERT 命令

顾名思义，INSERT 命令是向表中插入新的数据，它的基本语法如下：

```
INSERT INTO tablename(col1,col2,…) VALUES('value1','value2',…);
```

表 1-4 中列出了各子句及其含义。

表 1-4　INSERT 命令的语法说明

| 子　句 | 含　义 | 是否必需 |
|---|---|---|
| INSERT INTO | 关键字 | 必需 |
| tablename | 目标表名 | 必需 |

续表

| 子　句 | 含　义 | 是否必需 |
|---|---|---|
| (col1,col2,…) | 列名称 | 可选，如果省略，数据项必须和表的列项相对应 |
| VALUES | 关键字 | 必需 |
| ('value1','value2',…) | 插入的值 | 必需 |

例如：下例将向数据表 STUDENT 中添加一个新学生。

```
INSERT   INTO    STUDENT
(SNO,SNAME,SSEX,SAGE,DNO,SBIRTHDAY,SBIRTHPLACE)
VALUES(10617303,'Carrie','female',22,017,'April-25-1985', Shandong);
```

另外，我们也可以将 SELECT 查询的结果作为插入值插入，示例如下：

```
INSERT INTO STUDENT [(字段列表)]
Select [* | (字段列表)] from STUDENTNEW [ where 条件 ];
```

## 2．UPDATE 命令

UPDATE 命令是用来更新表中已经存在的数据，可以只更新一条记录，也可以同时更新多条记录，它的基本语法如下：

```
UPDATE tablename SET colname1='value1',colname2='value2',… [ Where 条件 ];
```

表 1-5 中列出了各子句及其含义。

表 1-5　UPDATE 命令的语法说明

| 字　符 | 含　义 | 是否必需 |
|---|---|---|
| UPDATE | 关键字 | 必需 |
| tablename | 目标表名 | 必需 |
| SET | 关键字 | 必需 |
| colname1='value1' | 赋给 colname1 列新的值 | 可以是一列，也可以是多列，中间用逗号隔开 |
| [ Where 条件 ] | 设置更新条件，只有满足[ Where 条件 ]的行才会被更新 | 可选 |

## 3．DELETE 命令

DELETE 命令结构较为简单，它用于删除表中的一行或多行数据，格式如下：

```
DELETE FROM tablename [ Where 条件];
```

注意，这个命令要小心使用，如果没有条件，就是删除表中所有的数据！

表 1-6 中列出了各子句及其含义。

表 1-6　DELETE 命令的语法说明

| 子　句 | 含　义 | 是否必需 |
|---|---|---|
| DELETE FROM | 关键字 | 必需 |
| tablename | 目标表名 | 必需 |
| [Where 条件] | 设置更新条件，只有满足[ Where 条件 ] 的行才会被更新 | 可选 |

**[示例]**

删除 STUDENT 表中说有男生的记录：

```
DELETE FROM STUDENT WHERE SEX='男';
```

## 1.4.5　数据定义语言 DDL

数据定义语言顾名思义就是定义数据结构的语言，这里的数据结构可以是数据库、表、索引等。另外，它还包括了对这些结构进行修改、删除的操作。

主要包括：

- CREATE TABLE
- ALTER TABLE
- DROP TABLE
- CREATE INDEX
- ALTER INDEX
- DROP INDEX

下面我们分别介绍其中最常用的三个操作 CREATE TABLE、ALTER TABLE 和 DROP TABLE。

### 1. CREATE TABLE 命令

CREATE TABLE 是用来创建一个新表，定义表的结构，并同时设置表属性的信息及其取值范围。

```
CREATE TABLE tablename (field1 datatype (NOT NULL),field2 datatype (NOT NULL),field3 datatype (NOT NULL);field4 datatype (NOT NULL),);
```

举一个具体的例子：

```
CREATE TABLE STUDENT (SNO, NUMBER(10) NOT NULL,NAME VARCHAR(10) NOT NULL,SEX CHAR(2) NOT NULL, AGE NUMBER(8) NOT NULL, SBIRTHDAY DATE NULL);
```

### 2. ALTER TABLE 命令

ALTER TABLE 命令是用来修改数据表的各种设置，例如：修改属性的数据类型、属性的长度、是否允许是 NULL 或 NOT NULL 等。具体到某个数据库系统，ALTER 的功能会有所修改。

表 1-7 给出常用的 ALTER 操作。

表 1-7  ALTER 命令的语法说明

| 子 句 | 含 义 |
| --- | --- |
| ALTER TABLE tableName [ * ] <br> ADD [ COLUMN ] column type | 修改属性的类型，COLUMN 关键字可以省略 |
| ALTER TABLE tableName [ * ] <br> ALTER [ COLUMN ] column { SET DEFAULT <br> value \| DROP DEFAULT } | 设置属性的默认值，COLUMN 关键字可以省略 |
| ALTER TABLE tableName [ * ] <br> RENAME [ COLUMN ] column TO <br> newColumnName | 修改属性的名称为 newColumnName，COLUMN <br> 关键字可以省略 |
| ALTER TABLE tableName <br> RENAME TO newTableName | 修改数据表 tableName 的名称为 newTableName |
| ALTER TABLE tableName <br> ADD table constraint definition | 添加约束 |

**[示例]**

● 向学生表中增加一个表示系别的列：

```
ALTER TABLE student ADD COLUMN DEPARTMENT VARCHAR(20);
```

● 修改 SNO 列为 STUDENTNO：

```
ALTER TABLE student RENAME COLUMN SNO TO STUDENTNO;
```

● 添加一个约束，向选课表中增加一个外键约束：

```
ALTER TABLE CS ADD CONSTRAINT SNO FOREIGN KEY (SNO) REFERENCES
STUDENT (SNO) MATCH FULL;
```

### 3．DROP TABLE 命令

DROP TABLE 命令允许我们从数据库中删除一个或多个表或视图。

如果被删除的表上附有从索引等，它们将首先被删除，但是不会影响到任何与此相关的数据表。

格式如下：

```
DROP {TABLE 表 | INDEX 索引 ON 表 | PROCEDURE procedure | VIEW view};
```

**[示例]**

删除 STUDENT 和 SC 表：

```
DROP TABLE STUDENT, SC;
```

## 1.4.6  数据控制语言 DCL

所谓数据访问控制，主要就是用户管理、权限控制，一般包括如下一些命令。

### 1．ALTER PASSWORD

修改用户的密码，其格式为：

```
ALTER PASSWORD [user_name] <new_password>;
```

如果想为 name 用户改密码，必须在管理员权限下，否则只能修改当前用户的用户名：

```
ALTER PASSWORD <new_password>;
```

或者：

```
ALTER PASSWORD user_name
<old_password> ::= <password>
<new_password> ::= <password>;
```

### [示例]

```
alter password sam 234566;
```

### 2．GRANT

GRANT 命令是一个权限设定的命令，我们可以将表、视图等的某种权限给予一个用户、多个用户或者一组用户。

格式如下：

```
GRANT {权限[,权限,……]} ON{TABLE 表 | OBJECT 对象|CONTAINER}
TO {被授权用户名称[,被授权用户名称,……]};
```

各部分的解释如表 1-8 所示。

表 1-8　GRANT 命令的语法说明

| 子　句 | 含　义 |
|---|---|
| GRANT | 关键字 |
| {权限[, 权限,……]} | SELECT：允许对目标查询。<br>INSERT：允许向目标插入一行数据。<br>UPDATE：允许修改任意字段。<br>DELETE：允许删除表中数据(注意，不是删除整个表)。<br>RULE：允许在目标上建立规则。<br>REFERENCES：允许设置外键。<br>TRIGGER：允许创建触发器。<br>ALL PRIVILEGES：赋给上面所有权限，这个可以省略，但是建议显式地写出 |
| ON | 关键字 |
| {TABLE 表 | OBJECT 对象|CONTAINER} | 这里可以是表、视图等 |

续表

| 子 句 | 含 义 |
|---|---|
| TO | 关键字 |
| {被授权用户名称[,被授权用户名称,… …]][PUBLIC]} | |

注意，关键字 PUBLIC 表示该权限要赋予所有用户，包括那些以后可能创建的用户。PUBLIC 可以看做是一个隐含定义好的组，它总是包括所有用户。

在创建完对象之后，除了对象的创建者之外，其他用户没有任何访问该对象的权限，除非创建者赋予某些权限。对对象的创建者而言，没有什么权限需要赋予，因为创建者自动持有所有权限。

不过，创建者出于安全考虑可以选择废弃一些自己的权限。删除对象的权利也是创建者固有的，并且不能赋予或撤销。

**[示例]**

允许 Arron 修改 STUDENT 的年龄，并查询 STUDENT 的信息：

```
GRANT
UPDATE (AGE ),SELECT
ON STUDENT
TO Arron
```

可以在一个语句中授予多个权限，各权限用逗号分隔。

### 3. REVOKE

REVOKE 命令用于创建者删除已经赋予其他用户的权限。

注意，REVOKE 命令并不能删除固有权限，例如创建者的权限并不会改变。

格式：

```
REVOKE {权限[,权限,… …]} ON {TABLE 表 | OBJECT 对象|CONTAINER}
FROM {用户[,用户,… …]};
```

其中各部分的说明如表 1-9 所示。

表 1-9　REVOKE 命令的语法说明

| 子 句 | 含 义 |
|---|---|
| REVOKE | 关键字 |
| {权限[, 权限,… …]} | SELECT：允许对目标查询。 |
| | INSERT：允许向目标插入一行数据。 |
| | UPDATE：允许修改任意字段。 |
| | DELETE：允许删除表中数据(注意，不是删除整个表)。 |
| | RULE：允许在目标上建立规则。 |
| | REFERENCES：允许设置外键。 |
| | TRIGGER：允许创建触发器。 |
| | ALL PRIVILEGES：赋给上面所有权限，这个可以省略，但是建议显式地写出 |

| 子　句 | 含　义 |
|---|---|
| ON | 关键字 |
| {TABLE 表 \| OBJECT 对象\|CONTAINER} | 这里可以是表、视图等 |
| FROM | 关键字 |
| {用户[,用户,……]} | |

**[示例]**

禁止 Arron 查询 STUDENT 的信息的权限：

```
REVOKE
SELECT
ON STUDENT
FROM Arron
```

# 1.5　数　据　模　型

所谓模型，就是对客观世界中的事物、过程、现象等客观存在的抽象描述。

根据面向的不同的对象，我们需要不同的抽象层次，面向用户的抽象层次比较高，称为概念模型；向下面向计算机系统的模型被称为数据模型。两者各有其不同的用途，也就有不同的要求。

## 1.5.1　概念模型

概念模型处于很高的抽象层次，这就要求其描述客观现实一定要足够清晰、完整，使用足够简单、易于理解，而且往往要求其描述问题的方式与具体的计算机平台无关。

## 1.5.2　数据模型

数据模型是面向具体计算机系统的，它不再像概念模型那样主要照顾用户是否可以方便使用，而是要求更高的效率、更稳定的性能去模拟客观的一些现象、过程，这使得数据模型往往是基于严格的定义，并受到一系列的限制和约束。所以，在数据库中，数据模型通常包括 3 个部分：数据结构定义、数据操作定义及完整性约束。

数据结构定义描述了数据库的静态特征，它定义了数据基本项的类型等属性，还定义了数据项之间的关系。

数据操作定义是针对数据库所允许的操作，以及对这些操作的规则描述。

完整性约束，其实就是定义了一个规则的集合，这些规则规定了数据库可以处于的状态。

前面我们已经提到，数据模型其实包括以下几个：层次模型、网状模型、关系模型和对象模型。它们也反映了数据库的演变。下面我们就前 3 个模型进一步介绍。

**1．层次模型**

顾名思义，层次模型就是用一种类似于树形的结构来表示数据实体及其之间的联系。每个层次模型都只有一个根节点，根节点有零个或若干个子节点，而子节点又可以作为子树的父节点，而每个子节点有且只有一个父节点，这就是一个树的递归定义(见图1-4)。

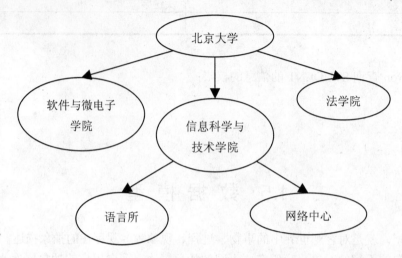

**图1-4　层次模型**

很明显，层次模型数据库对于描述类似家族图谱之类的数据结构有着得天独厚的优势，效率非常高，但是描述非树形客观事物时，效率又非常低。

**2．网状模型**

网状模型很形象地描述了实体间一种网状的关系，严格地讲，网状结构就是实体作为节点、有向边代表关系的有向图结构。这里之所以是有向图，是因为与无向图相比有向边可以表达更灵活的关系，这种 1：N 的关系更符合客观现实存在的一些实体关系。虽然网络模型很直观、灵活，但是过于灵活的特性也带来了效率低的缺点。

**3．关系模型**

在关系模型中，我们用二维表来表示实体及其实体之间的关系。作为数据模型，与层次模型、网络模型相比，其抽象层次更高，更贴近客观现实，更容易使用。关系数据库的抽象层次还体现在它所提供的操作接口——SQL。前面已经介绍过 SQL 语言其实是一种高级语言，几句简单的语句就能完成很复杂的操作，它完全屏蔽了物理层的一些概念，不像层次模型中，用户还必须自己确定路径。在关系数据库中，用户不用关心数据的存储结构、访问方式等细节问题。所以，关系数据库得到了更多的认可，已经成为使用最广泛的数据库。下面我们就详细介绍一下著名的实体-关系模型。

## 1.5.3　实体-关系模型

实体-关系模型(E-R 模型)一般应用在设计关系数据库系统之前，目的是为了方便用户和数据库设计人员之间进行交流，为用户提供更为形象的图形模型，用 E-R 图将现实世界中的实体和实体之间的联系转换为概念上的模型。下面我们一一了解 E-R 模型的基本元素：实体、属性和关系。

### 1. 实体

实体(entity)是一个数据单位，它用于抽象客观存在的"物"，如人、部门、表格、项目等。实体集是指同一类实体的所有实例所构成的该对象的集合。而实例则是实体集中的某一个具体实体，例如，学号 10717001 是 Student 实体集的一个实例，通过其属性具体值得以体现。

在 E-R 模型中，实体往往用方框表示，双重矩形则表示弱实体集，方框内注明实体的命名。实体名常用以大写字母开头的有具体意义的英文名词表示，联系名和属性名也采用这种方式。通常实体集中有多个实体实例。例如，数据库中存储的每个学生都是学生实体集的实例，如图 1-5 所示。

图 1-5 实体示例

### 2. 关系

关系是指实体之间的联系，具体可以分为 3 类。

- 一对一联系：如果对于 A 中的一个实体，B 中至多有一个实体与其发生联系；反之，B 中的每一实体至多对应 A 中一个实体，则称 A 与 B 是一对一联系。
- 一对多联系：如果对于 A 中的每一实体，实体 B 中有一个以上实体与之发生联系；反之，B 中的每一实体至多只能对应于 A 中的一个实体，则称 A 与 B 是一对多联系。
- 多对多联系：如果 A 中至少有一实体对应于 B 中一个以上实体；反之，B 中也至少有一个实体对应于 A 中一个以上实体，则称 A 与 B 为多对多联系。

关系一般用菱形表示，在菱形框内写明关系的名称，然后用无向边将关系与实体连接起来，并同时在无向边旁标上联系的类型(1∶1、1∶n、m∶n)。而双重菱形表示弱实体集的标识性联系集。

例如，一个课程只能有一名任课老师，如果每个老师只能教一门课，那么课程与老师之间就是一对一关系；但事实上一个老师往往可以教授多门课程，所以课程与老师其实是 1∶N 的关系。而学生与课程一定是多对多关系。

### 3. 属性

属性用来描述实体或关系的各个特征。属性的总和标示出一个实体或关系，例如学生实体的属性就包括：学号 SNO、学生姓名 NAME、性别 SEX、年龄 AGE。依据客观现实，每个属性都有它的类型、大小、精度、默认值、是否可以为空、是否为主键等设置。

在 E-R 图中，一般用椭圆形表示属性，并用无向边将其与相应的实体连接起来；主键表示为属性下面加下划线；另外，还有双重椭圆用来表示多值属性，虚线椭圆用来表示派生属性，虚线椭圆中的属性如果有虚下划线，表示弱实体集中的主键。

如图 1-6 所示，我们描述了一个实体及它们的属性。

| 名称 | 数据类型 | 大小 | 小数位 | 可否为空？ | 默认值 |
|---|---|---|---|---|---|
| MEMBERS | VARCHAR2 | 60 | | ✔ | |
| CONTENT | VARCHAR2 | 4000 | | ✔ | |
| PARTNER | VARCHAR2 | 100 | | ✔ | |
| COST | NUMBER | | 0 | ✔ | |
| THEDATE | DATE | | | ✔ | |
| TITLE | VARCHAR2 | 100 | | | |
| | | | | | |

图 1-6　实体的属性截图

如图 1-6 所示的实体属性中 TITLE 是主键。

下面我们给出数据库对应的 E-R 图，如图 1-7 所示。图中的矩形表示实体，菱形表示关系，椭圆表示属性。

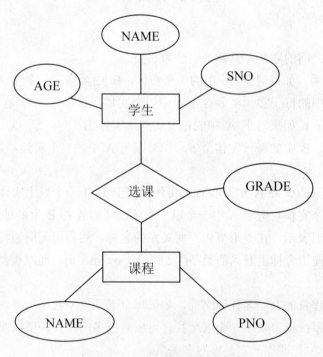

图 1-7　学生与课程 E-R 图示例

## 1.5.4　ERwin 简介

ERwin 软件是专门用来建立实体-关系(E-R)模型，是关系数据库应用开发的 CASE 工具。ERwin 的特点是可以很方便地构造实体和关系，规定实体间的约束，描述实体内部的属性，并可以创建存储过程、包、触发器、角色等。如果安装了相应的数据库，还可以在多种数据库服务器(如 Oracle、SQL Server 等)上自动生成库结构，使用极为方便。

我们简单介绍一下 ERwin。

### 1．新建

ERwin 工具有两种工作状态：逻辑模型和物理模型。在逻辑模型状态下，我们可以利用 ERwin 的图形工具箱很方便地创建实体、实体的属性的联系等。而在物理模型中，ERwin 自动将表、属性转换为目标数据库对应的适当的类型，实体名赋给表名、属性名赋给字段名。

如图 1-8 所示，如果我们只想得到 ER 图文档，可以选择 Logical 模式；如果是做开发，那么就需要同时使用 Logical 和 Physical 两种模式，将逻辑映射到具体的目标数据库。这里我们使用的是 Oracle 9.x 版本，在使用前，请保证数据库已成功安装。

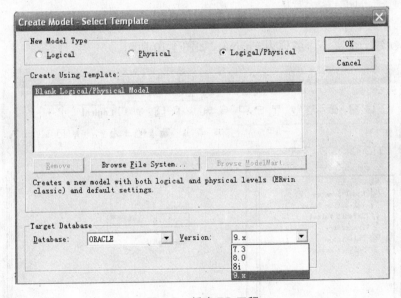

图 1-8　新建 ER 工程

### 2．绘图

针对关系模型的 ERwin 的框图，很显然主要由 3 部分组成：实体、属性和关系。它是一种比 SQL 更高级、更直观的图形语言。下面仅仅介绍几个简单绘图功能。

如图 1-9 所示，两个画圈部分分别是建立实体和关系。

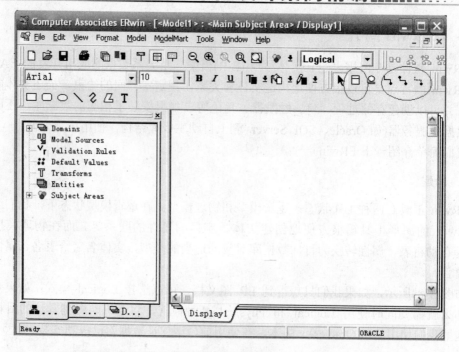

图 1-9　绘图界面

下面，新建一个实体，名称为 Ename，如图 1-10 所示。

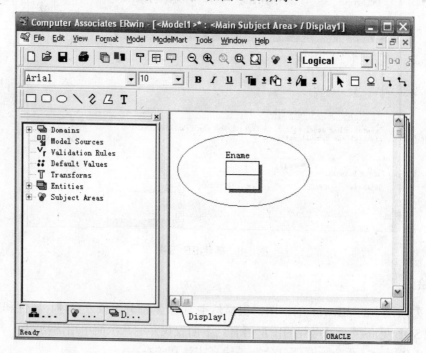

图 1-10　建立实体

双击实体框，添加、设置属性，如图 1-11 所示。

添加一个名为 ANAME 的属性，如图 1-12 所示。

属性的其他设置，如图 1-13 和图 1-14 所示。

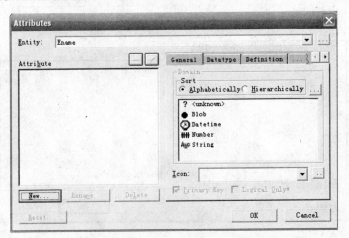

图 1-11　属性维护

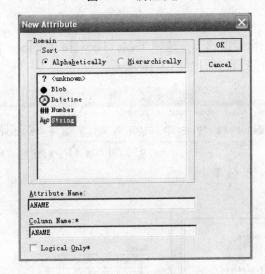

图 1-12　添加属性

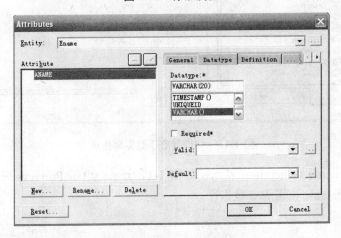

图 1-13　域大小、精度设置

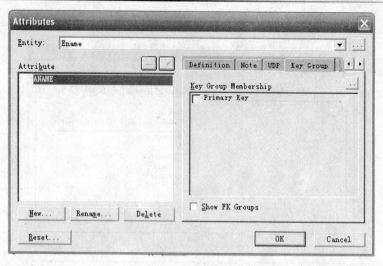

图 1-14　设置主键

### 3．数据库生成

如图 1-15 所示，在物理模式下，选择 Tools | Forward Engineer | Schema Generation 命令，在弹出的对话框中进行设置，如图 1-16 所示。

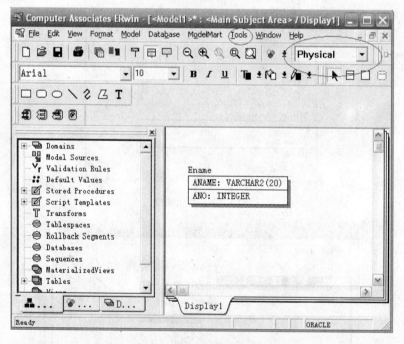

图 1-15　物理状态下数据库生成

这时弹出 Schema Generation 界面，如图 1-17 所示。单击 Preview 按钮可以生成数据库预览。单击 Generate 按钮生成数据库。

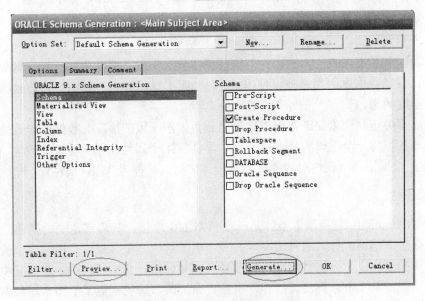

图 1-16　SQL 生成及数据库生成

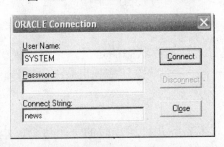

图 1-17　连接目标数据库

数据库导出时要求输入用户名、密码等信息(见图 1-17)，然后连接。

# 1.6　事 务 和 锁

事务和锁概念的提出是为了保证数据库的一致性和完整性。本节将简单地介绍一下这两个概念。

## 1.6.1　事务

事务是操作逻辑的基本单位，也就是说，一个事务中的一系列操作要么全做，要么全不做。其中最典型的就是网上购物。

一次网上购书的交易，其过程一般包括以下几步操作：

- 读出图书库存、价格等信息；
- 用户添加入"购物车"；
- 确认提交；
- 记录发货及修改用户余额(或者转账)；

- 更新图书库存信息；
- 发货及确认。

这里面涉及对不同表的不同操作，这些操作要么全做、要么全部不做，例如：如果转账成功后，发货数据库因为意外事件(例如停电)而出错，那么，我们必须将数据库恢复到第一步之前的状态。

数据库事务正是用来保证在出现这种导致数据不一致的情况时数据的一致性。这就要求数据库事务作为一个逻辑的基本单元，必须具备 4 个属性：原子性、一致性、隔离性和持久性(注：根据这几个属性对应的英文单词首字母，简称为 ACID 属性)。

### 1. 原子性

原子性(Atomicity)是指事务整体是一个基本工作单位，其内部定义的操作，要么全部执行，要么全部都不执行。通常情况下，一个事务对应一个客观的流程，这个流程都是由多个数据库操作构成，而这些操作一般都是存在一种拓扑结构的联系。即使其中只有一个操作发生错误，整个事务都将被放弃，事务宣布失败。这就避免了子操作对数据一致性的影响。

### 2. 一致性

一致性(Consistency)是针对数据库状态的定义，也就是说当事务执行完之后，无论是否成功，数据库必须是从一个一致性状态转变到另一个一致性状态。

### 3. 隔离性

隔离性(Isolation)是针对多事务并行运作时的一个概念，也就是指并行事务的修改必须与其他并行事务的修改相互独立。也就是并行的"串行化"，指一个事务面对的数据要么是另外一个事务修改之前的状态，要么是修改之后的，总之是一个一致的状态，其目的还是保证并行状态下的原子性和一致性。

### 4. 持久性

持久性(Durability)也就是永久性，与其相对的是临时性。是指当一个事务完成之后，它对数据库的影响是写入硬盘的。

## 1.6.2　事务的类型

我们可以根据事务的设置，把事务分为系统提供的事务和用户定义的事务两种。

### 1. 系统提供的事务

系统提供的事务是指在系统级别，即执行某些语句时，一条语句就可以看成一个事务。它所面向的既可能是表中的一行数据，也可能是表中的多行数据。如果是一行数据，那么就不存在一致性问题，但是对于多行数据的处理就有可能造成不一致问题。

例如：

```
UPDATE students
SET AGE=0;
```

如果学生数目众多，执行时间就较长，在这个时间段内，就有可能发生断电等异常情况，使得部分行已经修改，部分行没有修改，从而导致数据状态的不一致。系统提供的事务的一致性有系统保证，开发人员不必费心。

**2．用户定义的事务**

当在实际应用中有定义事务的必要时，我们可以通过 BEGIN TRANSACTION 来定义用户的事务，当要结束一个事务时使用 COMMIT 语句和 ROLLBACK 语句，前者是将定义的事物提交数据库，后者是取消 BEGIN TRANSACTION 以后的语句。如果没有这两个语句作为结束标识，系统会默认将用户关闭连接之前的操作当作一个事务。

## 1.6.3　锁

锁的设计用来针对多用户应用环境，或多线程应用环境下的访问权限控制。显然，单用户单线程肯定不会用到锁的概念。那么，为什么多用户下需要对访问控制权限加以控制呢？这主要是因为多用户同时操作数据库可能会引起数据的不一致。

多用户、多线程环境下要想实现数据操作并行、数据一致是非常复杂的。其困难发生在多事务同时访问同一资源时，可能会出现脏读、不可重复读和幻觉读的现象。

**1．脏读**

脏读就是指读取的数据不是最新的一致状态下的数据，例如：当一个线程事务正在访问某个数据项，并且对数据进行了修改，但是可能修改的结果还没有提交到数据库中，恰恰在这时，另外一个线程的事务也访问这个数据，然后使用了这个数据，那么，它读到的这个数据就被称为脏数据。

例如：设数据项 D 为 30，执行以下过程。

事务 1：30=GetD()

事务 1：Add 10 To D

事务 2：30=GetD()

事务 2：Add 10 To D

事务 1：COMMIT()

事务 2：COMMIT()

运行结果是 D=40，这显然是错误的，错误发生在下面这一句执行时。

事务 2：30=GetD()

这里的 30 是脏数据。

**2．不可重复读**

不可重复读，顾名思义是指同一个事务先后读到的数据不一致，这种不一致是因为在该事务两次读取之间，有另外一个事务已经访问了该数据，并对其进行了修改。这就被称为是不可重复读。

例如：仍然假设数据项 D 为 30，执行以下过程。

事务 1：30=GetD()

事务 1：… … …

事务 2：30=GetD()

事务 2：Add 10 To D

事务 2：COMMIT()

事务 1：40=GetD()

事务 1 读到的数据已经不再是原来的 30 了，这就是由事务 2 造成的。

### 3. 幻觉读

所谓幻觉就是一种错误的感觉，这种感觉是因为发生了单个事务不可能发生的现象，造成这种情况的原因有很多。

例如，

事务 1：所有学生年龄分数换算成 10 分为满分的计分制。

事务 2：插入一个学生 A，成绩 80。

事务 1：读出所有学生的成绩。

这时，事务 1 奇怪地发现 10 分为满分的学生中竟然有个 80 分的！这就产生了所谓错误的感觉。但是这显然是事务协调不利造成的。

## 1.6.4 Oracle 中的锁机制

下面我们就以 Oracle 锁为例，介绍如何防止出现以上问题。

### 1. 自动锁与显示锁

Oracle 中的锁可以分为：自动锁与显示锁，这种分类是按照锁是谁定义的来区分。自动锁是系统自动分配的，显示锁是由用户显示定义的。

自动锁顾名思义，就是自动获得的锁，无论进行何种数据库操作，默认情况下，系统都会自动地为此数据库操作申请一把锁。

除了系统自动分配的锁，在某些情况下，用户还需要显式地给数据库中某个表加某种锁，才能使特定的应用环境下，数据库操作可以良好地执行。

### 2. 共享锁与排他锁

共享锁顾名思义，就是对数据锁定是以一种共享的方式，也就意味着，如果一个事务对某一数据申请了共享锁，其他事务仍然可对此资源申请相同的共享锁。例如属于读类型的语句：

```
SELECT * FROM TABLE;
```

排他锁是与共享锁相对应的，也就是说，一个事务申请某个数据资源的排他锁后，就完全独享此资源，其他事务无论申请共享锁还是排他锁，都要等到该事务处理完毕，一般情况下写操作一般属于排他锁：

```
INSERT INTO TABEL (A,B,C,D)VALUES ('a','b','c','d');
```

### 3．DML 锁与 DDL 锁

DML 锁又可以分为：行级锁、表级锁和死锁。

- 行级锁：行级锁是对行而言，也就是当事务执行对数据库行的插入、更新、删除等操作时，系统自动为该事务申请排他锁。
- 表级锁：与行级锁类似，表级锁是以表为单位申请的。事务如果想要获得一个表的排他锁，必须以显式的方式使用 LOCK TABLE 语句来定义。表的共享锁往往自动获得，例如如果一个事务获得了行级锁，那么此事务也就将自动获得包括该行的表的表级共享锁，这样一来，对表的任意改动，申请排他锁都要等待该事务的完成。
- 死锁：死锁是指两个或多个用户协调不良而造成的互相抑制的现象。

  例如，

  事务 1：申请到表 A 的排他锁。

  事务 2：申请到表 B 的排他锁。

  事务 1：申请表 B 的排他锁。

  事务 2：申请表 A 的排他锁。

  我们发现事务 1 和事务 2 互相将彼此锁住了。

DDL 锁又可以分为：排他 DDL 锁和共享 DDL 锁。

- 排他 DDL 锁：排他 DDL 锁是指创建、修改、删除一个数据库对象，需要获得该操作对象上的排他锁。
- 共享 DDL 锁：共享 DDL 锁一般是指在对数据库对象之间关系定义时，允许其他事务同时进行类似的操作，这时只需要获得共享锁就好了。

### 4．内部闩锁

内部闩锁是 Oracle 特有的一种锁，它专门用于缓冲区信息写入时的管理，我们操作一块内存区域必须获得其闩锁，才能向其中写入信息。

# 第 2 章  Oracle 数据库

Oracle(甲骨文)公司自 1977 年在全球范围内率先推出关系型数据库以来，在数据库领域一直处于领先地位。Oracle 数据库是由该公司研发的数据库产品，已经成为目前世界上最为流行的几个关系数据库之一，它具有良好的可伸缩性、可靠性、完整性、移植性，使用也很方便，功能强大，可以适用于大、中、小级的各种应用。

## 2.1  Oracle 数据库的物理存储结构

Oracle 的物理存储文件包括以下 4 个文件：
- 数据文件；
- 日志文件；
- 控制文件；
- 跟踪文件与警告日志。

下面一一加以说明。

### 2.1.1  数据文件

Oracle 数据库被存放在数据文件中，例如表、索引等逻辑数据库结构，它们都物理地存储在数据库文件中，而这个数据库文件又往往被分别放在不同的硬盘中，以提高其读写速度。

Oracle 数据文件有下列一些特征：
- 数据文件的大小是在建立时就确定了，一旦建立，数据文件就不能再改变。
- 一个数据文件仅关联于一个数据库。
- 一个逻辑单位表空间是由一个或多个数据文件组成。

我们知道，数据库效率往往取决于数据库的访问时间，而访问时间又与访问次数有密切的关系，为了提高硬盘的访问效率，Oracle 使用了缓存机制：当需要数据时，硬盘中的数据首先被读入 Oracle 内存储区，并暂时存放在其中，当再次读取数据时，应先检查内存，如果需要的数据不在数据库的内存存储区内，则从硬盘相应的数据文件中读取并存储在内存。写入过程与此类似，先将数据写入缓存，然后再由 Oracle 后台进程 DBWR(数据库写进程)决定何时将其写入到硬盘中相应的数据文件。

### 2.1.2  日志文件

所谓日志文件，顾名思义，主要功能就是记录用户对数据所作的修改，全部的修改信息都存放在日志文件中。每一个数据库都有两个或多个日志文件组。

这样一来，当出现故障时，就可以利用日志文件的修改信息恢复数据，这对于数据的

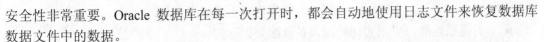

安全性非常重要。Oracle 数据库在每一次打开时，都会自动地使用日志文件来恢复数据库数据文件中的数据。

那么，如何防止日志文件本身的故障，解决的方法就是日志的备份，在不同的存储介质上存放日志的镜像。

### 2.1.3　控制文件

每一 Oracle 数据库还都拥有一个控制文件，它是用来记录数据库中的物理结构，其中包含下列信息：

- 数据库名称；
- 数据库数据文件和日志文件的名称及位置；
- 数据库建立日期。

控制文件其实是一个辅助文件，很多任务都要借助于它完成。例如：启动数据库时，控制文件都被用于指定数据库和日志文件；当数据库的物理组成更改时，控制文件会同时更改。当数据恢复时，也会用到这个控制文件；控制文件也允许被镜像，以保证数据的安全。

### 2.1.4　跟踪文件与警告日志

Oracle 在运行每个后台进程时，都会维护一个跟踪文件与之相关。所谓跟踪文件，就是记载了进程所遇到的各种重大事件信息的文件。

除了这个跟踪文件，Oracle 还有一个被称作警告日志(alter log)的文件。它用于记录数据库生命期内的主要事件及其执行结果。这些事件包括很多，例如创建一个新的数据表、启动数据库等，一般可以分为下面几类：

- 关键性的错误报告；
- 开启与关闭数据库的相关信息；
- 改变数据库结构的相关信息；
- 日志转换；
- 检查点信息。

跟踪文件、警告日志对于分析系统状态有极大的帮助，可以帮助我们方便地发现、分析系统所出现的各种故障。

## 2.2　Oracle 的逻辑结构

Oracle 数据库的逻辑结构包括表空间及段、范围、数据块。下面我们分别加以解释。

### 2.2.1　表空间

表空间(table space)是 Oracle 数据库的逻辑单位(物理单位可以认为是文件)，一个数据库有多个表空间。每个数据库可逻辑划分为一个或多个表空间，而表空间的大小是由组成该表空间的数据文件大小决定的。利用表空间可以完成以下工作：

- 为提高性能，可以实现跨越设备分配数据存储。
- 控制数据库数据的磁盘分配。
- 分配给数据库用户空间份额。
- 控制单个表空间的在线或离线。
- 执行部分的数据库备份或恢复操作。

数据库管理员(DBA)可以完成建立表空间、添加数据、删除数据、设置段存储位置等操作。Oracle 数据库初始有一个名为 SYSTEM 的表空间，它是在数据库建立时自动建立的。该表空间必须总是在线，因为与 PLSQL 程序单元，包括过程、函数、包和触发器等相关的全部存储数据都存储在 SYSTEM 表空间中。

### 2.2.2 段、范围、数据块

这些结构是为了让我们更精细地控制磁盘空间的使用。

#### 1．段

段(segment)是表空间中特定的逻辑存储结构。Oracle 数据库定义几种类型的段：数据段、索引段、回滚段和临时段。

- 数据段：用于存放数据的段。
- 索引段：存储索引数据，针对每一个索引都有一个索引段。
- 回滚段：用于存储保证回滚、数据恢复等操作的数据段。
- 临时段：在工作状态下临时空间，当退出工作时释放。

#### 2．范围

Oracle 中对段的空间分配，以范围为单位。空间的分配是通过添加范围完成的。一个范围(extent)由连续数据块所组成，而每一个段由一个或多个范围组成。

#### 3．数据块

数据块(data block)是存储空间、I/O 的基本单位，它的大小取决于不同的操作系统。

## 2.3 Oracle 内存结构

内存是影响数据库性能的重要因素，Oracle 8i 使用静态内存管理，Oracle 10g 使用动态内存管理。所谓静态内存管理，就是在数据库系统中，无论是否有用户连接，也无论并发用量大小，只要数据库服务在运行，就会分配固定大小的内存；动态内存管理允许在数据库服务运行时对内存的大小进行修改，读取大数据块时使用大内存设置，读取小数据块时使用小内存设置，读取标准内存块时使用标准内存设置。

按照系统对内存使用方法的不同，Oracle 数据库的内存可以分为以下几个部分：

- 系统全局区 SGA(system global area)；
- 程序全局区 PGA(programe global area)；

- 排序区(sort area);
- 大池(large pool);
- Java 池(java pool)。

## 2.3.1  系统全局区 SGA

SGA 是一组为系统分配的共享的内存结构，可以包含一个数据库实例的数据或控制信息。如果多个用户连接到同一个数据库实例，在实例的 SGA 中，数据可以被多个用户共享。当数据库实例启动时，SGA 的内存被自动分配；当数据库实例关闭时，SGA 内存被回收。SGA 是占用内存最大的一个区域，同时也是影响数据库性能的重要因素。SGA 的有关信息中 sga_max_size 的大小是不可以动态调整的。

系统全局区按作用不同可以分为：
- 数据缓冲区；
- 日志缓冲区；
- 共享池。

### 1．数据缓冲区

如果每次执行一个操作时，Oracle 都必须从磁盘读取所有数据块并在改变它之后又必须把每一块写入磁盘，显然效率会非常低。数据缓冲区(database buffer cache)存放需要经常访问的数据，供所有用户使用。修改数据时，首先从数据文件中取出数据，存储在数据缓冲区中，修改/插入数据也存储在缓冲区中，commit 或 DBWR 进程的其他条件引发时，数据被写入数据文件。

数据缓冲区的大小是可以动态调整的，但是不能超过 sga_max_size 的限制。

### 2．日志缓冲区

日志缓冲区(log buffer cache)用来存储数据库的修改信息。该区对数据库性能的影响很小，有关日志后面还会有详细的介绍。

### 3．共享池

共享池(share pool)是对 SQL，PLSQL 程序进行语法分析、编译、执行的内存区域。它包含以下 3 个部分(都不可单独定义大小，必须通过共享池间接定义)：
- 库缓冲区(library cache)包含 SQL、PLSQL 语句的分析码和执行计划；
- 数据字典缓冲区(data dictionary cache)包括表、列定义和权限；
- 用户全局区(user global area)包括用户 MTS 会话信息。

## 2.3.2  程序全局区 PGA

程序全局区是包含单个用户或服务器数据和控制信息的内存区域，它是在用户进程连接到 Oracle 并创建一个会话时，由 Oracle 自动分配的，不可共享，主要用于用户在编程时存储变量和数组。

### 2.3.3 排序区、大池及 Java 池

排序区(sort area)为有排序要求的 SQL 语句提供内存空间。系统使用专用的内存区域进行数据排序，这部分空间就是排序区。在 Oracle 数据库中，用户数据的排序可使用两个区域，一个是内存排序区，一个是磁盘临时段，系统优先使用内存排序区进行排序。如果内存不够，Oracle 自动使用磁盘临时表空间进行排序。为提高数据排序的速度，建议尽量使用内存排序区，而不要使用临时段。参数 sort_area_size 用来设置排序区大小。

大池(large pool)可用于数据库备份工具，即恢复管理器(recovery manager，RMAN)。large pool 的大小由 large_pool_size 确定。

Java 池主要用于 Java 语言开发，一般来说不低于 20MB。其大小由 java_pool_size 来确定，可以动态调整。

# 2.4　自动共享内存管理

Oracle 10g 可以自动共享内存管理(automatic shared memory management)，在 Oracle 8i/9i 中，数据库管理员必须手动调整 SGA 各区的各个参数取值，每个区要根据负荷轻重分别设置，如果设置不当，比如当某个区负荷增大时，没有调整该区内存大小，则可能出现形如 "ORA-4031：unable to allocate …bytes of shared memory" 的错误。

在 Oracle 10g 中，将参数 STATISTICS_LEVEL 设置为 TYPICAL/ALL，使用 SGA_TARGET 指定 SGA 区总大小，数据库会根据需要在各个组件之间自动分配内存大小。

下面是系统自动调整的区域：

- 固定 SGA 区及其他；
- 共享池；
- 数据缓冲区；
- Java 池；
- 大池。

注意：如果不设置 SGA_TARGET，则自动共享内存管理功能被禁止。

### 2.4.1 系统全局区域

系统全局区域(system global area，SGA)由以下内存结构构成：shared pool、database buffer cache、redo log buffer。还可以选择为 SGA 配置以下两个可选的内存结构：large pool、Java pool。

#### 1. SGA 中的内存结构

1) shared pool(共享池)

shared pool 用于缓存最近被执行的 SQL 语句和最近被使用的数据定义。它主要由两个内存结构构成：library cache(库高速缓存)和 data dictionary cache(数据字典高速缓存)。

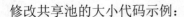

修改共享池的大小代码示例：

```
ALTER SYSTEM SET SHARED_POOL_SIZE = 64M;
```

(1)  library cache(库高速缓存)

library cache 缓存最近被执行的 SQL 和 PLSQL 的相关信息，实现常用语句的共享，使用 LRU(最近最少使用)算法进行管理。由以下两个结构构成：shared SQL area、shared PLSQL area。

(2)  data dictionary cache(数据字典高速缓存)

data dictionary cache 缓存最近被使用的数据库定义。它包括关于数据库文件、表、索引、列、用户、权限以及其他数据库对象的信息。在语法分析阶段，server process(服务器进程)访问数据字典中的信息以解析对象名和对存取操作进行验证。将数据字典信息缓存在内存中有助于缩短响应时间。

2)  database buffer cache(数据库缓冲高速缓存)

database buffer cache 用于缓存从数据文件中检索出来的数据块。可以大大提高查询和更新数据的性能。使用 LRU 算法进行管理。

3)  redo log buffer cache(恢复日志缓冲高速缓存)

redo log buffer cache 用于缓存对于数据块的所有修改。主要用于恢复其中的每一项修改的记录都被称为 redo 条目。利用 redo 条目的信息可以重做修改。

4)  large pool(大池)

large pool 是 SGA 中一个可选的内存区域，它只用于 shared server(共享服务器)环境，可以减轻共享池的负担，可以为备份、恢复等操作来使用，不使用 LRU 算法来管理。

指定 large pool 的大小的代码：

```
ALTER SYSTEM SET LARGE_POOL_SIZE=64M
```

5)  Jave pool(Jave 池)

Java pool 为 Java 命令的语法分析提供服务。在安装和使用 Java 的情况下使用，其大小由 JAVA_POOL_SIZE 指定。

**2．SGA 的几种区域**

SGA 大概包括下面 4 种区域：固定区域、可变区域、数据块区域和日志缓冲区。

如果内存有限，我们可以把固定区域和日志缓冲区设为很小。

1)  固定区域(fixed area)

SGA 中的固定区域包含了数千个原子变量，以及如 latch(锁存器)和指向 SGA 中其他区域的 pointer(指针)等小的数据结构。通过对 fixed table(固定表)中的 X$KSMFSV 表查询(如下)可以获得这些变量的名字、变量类型、大小和在内存中的地址。

```
SQL> select ksmfsnam, ksmfstyp, ksmfssiz, ksmfsadr
2> from x$ksmfsv;
```

这些 SGA 变量的名字是隐藏的，而且几乎完全不需要去知道。但是，我们可以通过结合 fixed table(固定表)中的 X$KSMMEM 表获得这些变量的值或者检查它们所指向的数据结构。

```
SQL>select a.ksmmmval from x$ksmmem a
where addr=(select addr from x$ksmfsv where ksmfsnam='kcrfal_');
```

SGA 中的 fixed area(固定区域)的每个组成部分的大小是固定的。也就是说，它们是不依靠于其他的初始化参数的设置来进行调整的。固定区域中的所有组成部分的大小相加就是固定区域的大小。

2) 可变区域

SGA 中的可变区域是由大池(large pool)和共享池组成的。大池的内存大小是动态分配的，而共享池的内存大小既包含了动态管理的内存又包含了永久性的(已经分配的)内存。实际上，初始化参数 shared_pool_size 的大小设置是指定共享池中动态分配的那部分内存的一个大概的大小而不是整个共享池的大小。

共享池中永久性的内存包含各种数据结构如：the buffer headers(缓存区标题)，processes(进程)，sessions(会话)，transaction arrays(事务阵列)，the enqueue resources(入队资源)，locks(锁)，the online rollback segment arrays(在线回滚段阵列)，various arrays for recording statistics(记录统计的可变阵列)。其中，大部分的大小是依靠初始参数的设置来确定的。这些初始参数只能在例程被关闭的状态下才能够进行修改。所以，这里说的永久性是针对例程打开状态下的生存期而言。简单的一个例子如 PROCESSES 参数。在这个 process arrays(进程阵列)中的 slots(时间片)用完之后，如果有其他的进程想再申请一个进程则会失败，因为它们在内存中的大小是在例程启动时预分配的，不能动态修改之。

可变区域在 SGA 中的大小就等于 LARGE_POOL_SIZE，SHARED_POOL_SIZE 和永久性的内存阵列的大小三者相加。永久性的内存阵列的总大小可以通过初始参数的设置来计算得到。然而，需要知道从参数获得这些阵列大小的方程式，每个阵列元素大小的字节数，还有阵列头信息的大小。这些与 Oracle 的版本号和 OS(操作系统)有关。实际使用中，我们是不必要计算这个永久性的内存阵列的大小的。如果想知道，一个方法就是在 STARTUP NOMOUNT 数据库时记下可变区域。然后，减去参数中 LARGE_POOL_SIZE 和 SHARED_POOL_SIZE 的大小就可以。

3) 数据块区域

这个区域是数据块的备份区域。在 Oracle 9i 中，这个区域的大小是由 DB_CACHE_SIZE 指定。这个区不包含它们自己的控制结构，只包含数据块备份区域。每个 buffer(缓冲区)的 header(标题)信息存在于 SGA 的可变区域中。还有 latches(锁存器)信息也放在 SGA 的可变区域中。在设置 DB_BLOCK_BUFFERS 时，每 4 个 BUFFERS 会影响可变区域的 1KB 的大小。关于这一点，可以通过测试(针对 Oracle 8i 而言)。

4) 日志缓冲区

这个区域的大小是由参数 LOG_BUFFER 指定的。如果 OS 支持内存保护，日志缓冲将会被两个保护页面包围起来以免被一些 Oracle 的错误进程损坏日志缓冲。在 SGA 中，与其他的如可变区域和数据块区域相比，日志缓冲是非常小的。日志缓冲分成内部的缓冲块，而这些块各有 8 个字节的头部信息存在于可变区域中。

## 2.4.2　程序全局区域

在 Oracle 9i 之前，PGA 的计算和控制都是比较复杂的事情，从 Oracle 9i 开始，Oracle 提供了一种 SQL 内存管理的新方法：自动化 SQL 执行内存管理(automated SQL execution memory management)，使用这个新特性，Oracle 可以自动调整 SQL 内存区，而不用关闭数据库。这一改进大大简化了 DBA(数据库管理员)的工作，同时也提高了 Oracle 数据库的性能。

为实现自动的 PGA 管理，Oracle 引入了几个新的初始化参数：

PGA_AGGREGATE_TARGET——此参数用来指定所有 session 总计可以使用最大 PGA 内存。这个参数可以被动态地更改，取值范围从 10MB 到(4096G−1)B。

WORKAREA_SIZE_POLICY——此参数用于开关 PGA 内存自动管理功能，该参数有两个选项：AUTO 和 MANUAL，当设置为 AUTO 时，数据库使用 Oracle 9i 提供的自动 PGA 管理功能；当设置为 MANUAL 时，则仍然使用 Oracle 9i 前手工管理的方式。默认的，Oracle 9i 中 WORKAREA_SIZE_POLICY 被设置为 AUTO。

需要注意的是，在 Oracle 9i 中，PGA_AGGREGATE_TARGET 参数仅对专用服务器(dedicated server)模式下的专属连接有效，但是对共享服务器(shared server)连接无效；从 Oracle 10g 开始，PGA_AGGREGATE_TARGET 对专用服务器连接和共享服务器连接同时生效。

PGA_AGGREGATE_TARGET 参数同时限制全局 PGA 分配和私有工作区内存分配：

- 对于串行操作如下。

  单个 SQL 操作能够使用的 PGA 内存按照以下原则分配：

  ```
  MIN(5% PGA_AGGREGATE_TARGET,100MB)
  ```

- 对于并行操作如下。

  ```
  30% PGA_AGGREGATE_TARGET /DOP (DOP=Degree Of Parallelism 并行度)
  ```

要理解 PGA 的自动调整，还需要区分可调整内存(tunable memory size)与不可调整内存(untunable memory size)。可调整内存是由 SQL 工作区使用的，其余部分是不可调整内存。

启用了自动 PGA 调整之后，Oracle 仍然需要遵循以下原则：可调整内存+不可调整内存<= PGA_AGGREGATE_TARGET。

数据库系统只能控制可调整部分的内存分配，如果可调整的部分过小，则 Oracle 永远也不会强制启用这个等式。

# 2.5　数据库和例程的启动和关闭

一个 Oracle 数据库没有必要对所有用户总是可用，数据库管理员可启动数据库，以致它被打开。在数据库打开情况下，用户可存取数据库中的信息。当数据库不使用时，DBA 可关闭它，关闭后的数据库，用户不能存取其信息。

数据库的启动和关闭是非常重要的管理功能，通过以 Connect Internal(内部连接)方式连接到 Oracle 的能力来保护。以 Internal(内部)连接方式连接到 Oracle 需要有下列先决条件：

该用户的操作系统账号具有使用 Internal(内部)连接方式的操作系统特权；对 Internal 数据库有一口令，该用户知道其口令；另外，当用户以 Internal 方式连接时，可连接到专用服务器，而且是安全连接。

**1．数据库启动**

启动数据库并使它可用有下列 3 步操作。

1) 启动一个例程

启动一个例程的处理包含分配一个 SGA(数据库信息使用的内存共享区)和后台进程的建立。例程启动的执行先于该例程装配一数据库。如果仅启动例程，则没有数据库与内存储结构和进程相联系。

2) 装配一数据库

装配数据库是将一数据库与已启动的例程相联。当例程安装一数据库之后，该数据库保持关闭，仅 DBA 可存取。

3) 打开一数据库

打开一数据库是使数据库可以进行正常数据库操作的处理。当一数据库打开时，所有用户可连接到该数据库存取其信息。在数据库打开时，在线数据文件和在线日志文件也被打开。如果一表空间在上一次数据库关闭时为离线，在数据库再次打开时，该表空间与它所相联的数据文件还是离线的。

**2．数据库和例程的关闭**

关闭一例程以及它所连接的数据库也有下列 3 步操作。

1) 关闭数据库

数据库停止的第一步是关闭数据库。当数据库关闭后，所有在 SGA 中的数据库数据和恢复数据相应地写入到数据文件和日志文件。在此操作之后，所有联机数据文件和联机的日志文件也被关闭，任何离线表空间中数据文件夹是已关闭的。在数据库关闭后但还安装时，控制文件仍保持打开。

2) 卸下数据库

停止数据库的第二步是从例程卸下数据库。在数据库卸下后，在计算机内存中仅保留例程。在数据库卸下后，数据库的控制文件也被关闭。

3) 停止例程

停止数据库的最后一步是停止例程。当例程停止后，SAG 是从内存中撤销，后台进程被中止。

# 2.6　Oracle 的后台进程

Oracle 的后台进程包括数据库写进程(database writer，DBWR)、日志写进程(log writer，LGWR)、系统监控(system monitor，SMON)、进程监控(process monitor，PMON)、检查点进程(checkpoint process，CKPT)、归档进程、服务进程和用户进程。

- 数据库写进程：负责将更改的数据从数据库缓冲区高速缓存写入数据文件。
- 日志写进程：将重做日志缓冲区中的更改写入在线重做日志文件。
- 系统监控：检查数据库的一致性，如有必要还会在数据库打开时启动数据库的恢复。
- 进程监控：负责在一个 Oracle 进程失败时清理资源。
- 检查点进程：负责在每当缓冲区高速缓存中的更改永久记录在数据库中时，更新控制文件和数据文件中的数据库状态信息。该进程在检查点出现时，对全部数据文件的标题进行修改，指示该检查点。在通常的情况下，该任务由 LGWR 执行。然而，如果检查点明显地降低系统性能时，可使 CKPT 进程运行，将原来由 LGWR 进程执行的检查点的工作分离出来，由 CKPT 进程实现。对于许多应用情况，CKPT 进程是不必要的。只有当数据库有许多数据文件，LGWR 在检查点时明显地降低性能才使 CKPT 运行。CKPT 进程不将块写入磁盘，该工作是由 DBWR 完成的。init.ora 文件中 CHECKPOINT_PROCESS 参数控制 CKPT 进程的使能或使不能。默认时为 FALSE，即为使不能。
- 归档进程：在每次日志切换时把已满的日志组进行备份或归档。
- 服务进程：用户进程服务。
- 用户进程：在客户端，负责将用户的 SQL 语句传递给服务进程，并从服务器端拿回查询数据。

例如 Oracle 9i 的主要后台支持进程如表 2-1 所示。

表 2-1　后台进程

| 名　称 | 主要作用 |
| --- | --- |
| 系统监控进程(SMON) | 数据库系统启动时执行恢复性工作，对有故障数据进行恢复 |
| 进程监控进程(PMON) | 用于恢复失败的用户进程 |
| 数据库写入进程(DBWR) | 将修改后的数据块内容写回数据库 |
| 日志写入进程(LGWR) | 将内存中的日志内容写入日志文件 |
| 归档进程(ARCH) | 当数据库服务器以归档方式运行时调用该进程完成日志归档 |
| 检查点进程(CKPT) | 标识检查点，用于减少数据库恢复所需要的时间 |
| 恢复进程(RECO) | 用于分布式数据库中的失败处理 |
| 锁进程(LCKN) | 在并行服务器模式下确保数据的一致性 |
| 快照进程(SNPN) | 进行快照刷新 |
| 调度进程(DNNN) | 负责把用户进程路由到可用的服务器进程进行处理 |

# 2.7　PLSQL 语言

## 2.7.1　背景介绍

结构化查询语言(structured query language，SQL)是用来访问关系型数据库的一种通用语言，属于第 4 代语言(4GL)，其执行特点是非过程化，即不用指明执行的具体方法和途径，而是简单地调用相应语句来直接取得结果即可。显然，这种不关注任何实现细节的语言对于开发者来说有着极大的便利。然而，有些复杂的业务流程要求相应的程序来描述，这种情况下 4GL 就有些无能为力了。PLSQL 的出现正是为了解决这一问题，PLSQL 是一种过程化语言，属于第 3 代语言，它与 C、C++、Java 等语言一样关注于处理细节，可以用来实现比较复杂的业务逻辑。本节主要介绍 PLSQL 的编程基础，以使入门者对 PLSQL 语言有一个总体认识和基本把握。

## 2.7.2　PLSQL 的优点

PLSQL 是一种高性能的基于事务处理的语言，能运行在任何 Oracle 环境中，支持所有数据处理命令。通过使用 PLSQL 程序单元处理 SQL 的数据定义和数据控制元素。

PLSQL 支持所有 SQL 数据类型和所有 SQL 函数，同时支持所有 Oracle 对象类型。

PLSQL 块可以被命名和存储在 Oracle 服务器中，同时也能被其他的 PLSQL 程序或 SQL 命令调用，任何客户/服务器工具都能访问 PLSQL 程序，具有很好的可重用性。

可以使用 Oracle 数据工具管理存储在服务器中的 PLSQL 程序的安全性。可以授权或撤销数据库其他用户访问 PLSQL 程序的能力。

PLSQL 代码可以使用任何 ASCII 文本编辑器编写，所以对任何 Oracle 能够运行的操作系统都是非常便利的。

对于 SQL，Oracle 必须在同一时间处理每一条 SQL 语句，在网络环境下这就意味着每一个独立的调用都必须被 Oracle 服务器处理，这就占用大量的服务器时间，同时导致网络拥挤。而 PLSQL 是以整个语句块发给服务器，这就降低了网络拥挤。

PLSQL 是 Oracle 对标准数据库语言的扩展，Oracle 公司已经将 PLSQL 整合到 Oracle 服务器和其他工具中了，近几年中更多的开发人员和 DBA 开始使用 PLSQL。本节将讲述 PLSQL 基础语法、结构和组件，以及如何设计并执行一个 PLSQL 程序。

## 2.7.3　PLSQL 块结构

PLSQL 是一种块结构的语言，组成 PLSQL 程序的单元是逻辑块，一个 PLSQL 程序包含了一个或多个逻辑块，每个块都可以划分为 3 个部分。与其他语言相同，变量在使用之前必须声明，PLSQL 提供了独立的专门用于处理异常的部分。

### 1. PLSQL 块语法

```
[DECLARE]
---declaration statements
BEGIN
---executable statements
[EXCEPTION]
---exception statements
END
```

1) 声明部分

声明部分(declaration section)包含了变量和常量的数据类型和初始值。这个部分是由关键字 DECLARE 开始，如果不需要声明变量或常量，那么可以忽略这一部分。游标的声明也在这一部分。

2) 执行部分

执行部分(executable section)是 PLSQL 块中的指令部分，由关键字 BEGIN 开始，所有的可执行语句都放在这一部分。其他的 PLSQL 块也可以放在这一部分。

3) 异常处理部分

异常处理部分(exception section)这一部分是可选的，在这一部分中处理异常或错误，对异常处理的详细讨论我们在后面进行。

下面我们根据一个实例来说明 PLSQL。

```
DECLARE
v_ErrorCode NUMBER;
v_ErrorMsg VARCHAR2(200);
v_CurrentUser VARCHAR2(8);
BEGIN
EXECUTE IMMEDIATE 'CREATE TABLE log_table(v_ErrorCode NUMBER, v_ErrorMsg
CHAR(10),v_CurrentUser VARCHAR2(8));
EXECUTE IMMEDIATE 'INSERT INTO log_table(v_ErrorCode, v_ErrorMsg,
v_CurrentUser) values(01, 'memory overflow', admin) ';
EXCEPTION
WHEN OTHERS THEN
-- Assign values to the log variables,using built-in
-- functions。
v_ErrorCode := SQLCODE;
v_ErrorMsg := SQLERRM;
v_CurrentUser := USER;
-- Insert the log message into log_table.
INSERT INTO log_table (code,message, user)
VALUES (v_ErrorCode,v_ErrorMsg, v_CurrentUser);
END;
```

每一个 PLSQL 块由 BEGIN 或 DECLARE 开始，以 END 结束，注释由"--"标示。PLSQL 块中的每一条语句都必须以分号结束，SQL 语句可以是多行的，但分号表示该语句的结束。一行中可以有多条 SQL 语句，它们之间以分号分隔。

**2. 基本语法要素——常量与变量**

声明变量的语法如下：

变量名 [CONSTANT] 类型标识符 [NOT NULL][:=|DEFAULT expression]

变量名必须以字母开头，不能包含空格，不能和系统保留字相同，不区分大小写，字母后面可以包含特殊字符或数字。在声明变量的同时给变量强制性地加上 NOT NULL 约束条件，此时变量在初始化时必须赋值。

常量的声明中必须包含 CONSTANT 关键字。

1) 给变量赋值的两种方式

- 直接给变量赋值

```
i int :=1;
```

- 通过 SQL SELECT INTO 或 FETCH INTO 给变量赋值

```
SELECT SUM(sum_score+10)
INTO sum_score,
FROM Student
WHERE DNO=10;
```

2) 给常量赋值

```
ZERO_VALUE CONSTANT NUMBER:=0;
```

这个语句定了一个名叫 ZERO_VALUE、数据类型是 NUMBER、值为 0 的常量。

### 3. 控制结构

PLSQL 支持条件控制和循环控制结构。

1) 条件控制

IF...THEN...ELSE

语法:

```
If 条件 then
    语句段 1;
    语句段 2;
    ⋮
    else
        语句段 1;
        语句段 2;
        ⋮
    end if
```

如果条件为 true,则执行 then 到 else 之间的语句,否则执行 else 到 end if 之间的语句。

2) 循环控制

loop...if...else...end if...loop,循环控制的基本形式是 loop 语句,loop 和 end loop 之间的语句将无限次地执行。loop 语句的语法如下:

```
loop
    循环语句段;
        if 条件语句 then
            exit;
        else
            退出循环的处理语句段;
        end if;
end loop;
```

exit when 语句将结束循环,如果条件为 true,则结束循环。

```
X:=100;
LOOP
X:=X+10;
EXIT WHEN X>1000;
X:=X+10;
END LOOP;
Y:=X;
while… loop
```

while…loop 有一个条件与循环相联系，如果条件为 true，则执行循环体内的语句，如果结果为 false，则结束循环。

```
X:=100;
WHILE X<=1000 LOOP
  X:=X+10;
END LOOP;
Y=X;
```

3)  for…loop

语法：

```
for counter IN [REVERSE] start_range…end_range loop
statements;
end loop;
```

loop 和 while 循环的循环次数都是不确定的，for 循环的循环次数是固定的，counter 是一个隐式声明的变量，它的初始值是 start_range，第二个值是 start_range+1，直到 end_range，如果 start_range 等于 end_range，那么循环将执行一次。如果使用了 reverse 关键字，那么范围将是一个降序。

```
X:=100;
FOR v_counter in 1…10 loop
x:=x+10;
end loop
y:=x;
```

4．游标

游标是从数据表中提取出来的数据，以临时表的形式存放在内存中，在游标中有一个数据指针，在初始状态下指向的是首记录，利用 fetch 语句可以移动该指针，从而对游标中的数据进行各种操作，然后将操作结果写回数据表中。

1)  定义游标

游标作为一种数据类型，首先必须进行定义，其语法如下。

```
cursor 游标名 is select 语句;
```

cursor 是定义游标的关键词，select 是建立游标的数据表查询命令。

[示例]

```
cursor mycursor is
  select * from student
```

```
where sum_score>100;
```

2) 打开游标

要使用创建好的游标，接下来要打开游标，语法结构如下：

```
open 游标名;
```

打开游标的过程有以下两个步骤：

- 将符合条件的记录送入内存。
- 将指针指向第一条记录。

**[示例]**

```
Open mycursor;
```

3) 提取游标数据

要提取游标中的数据，使用 fetch 命令，语法形式如下：

```
fetch   游标名   into   变量名 1,变量名 2,……;
```

或

```
fetch   游标名   into   记录型变量名;
```

4) 关闭游标

```
close mycur;
```

Oracle 游标有 4 个属性：%ISOPEN，%FOUND，%NOTFOUND 和%ROWCOUNT，分别说明如下。

- %ISOPEN 判断游标是否被打开，如果打开%ISOPEN 等于 true，否则等于 false；
- %FOUND，%NOTFOUND 判断游标所在的行是否找到，如果找到，则 %FOUND 等于 true，否则等于 false；
- %ROWCOUNT 返回当前位置为止游标读取的记录行数。

## 5．存储过程

将常用的或很复杂的工作，预先用 SQL 语句写好并用一个指定的名称存储起来， 以后只需调用 execute，即可自动完成命令，这就是存储过程。

1) 存储过程的优点

- 存储过程只在创造时进行编译，以后每次执行存储过程都不需再重新编译，而一般 SQL 语句每执行一次就编译一次，所以使用存储过程可提高数据库执行速度。
- 当对数据库进行复杂操作时(如对多个表进行 update，insert，query，delete 时)，可将此复杂操作用存储过程封装起来与数据库提供的事务处理结合一起使用。
- 存储过程可以重复使用，可减少数据库开发人员的工作量。
- 安全性高，可设定只有某些用户才具有对指定存储过程的使用权。

2) 常用格式

```
Create procedure 存储过程名
```

```
[@parameter data_type][output]
 [with]{recompile|encryption}
   as
sql_statement
```

对以上格式中的参数解释如下。

- output：表示此参数是可传回的。
- with {recompile|encryption}：

  recompile 表示每次执行此存储过程时都重新编译一次；

  encryption 表示所创建的存储过程的内容会被加密。

**[示例]**

假设教材数据表的内容如表 2-2 所示。

表 2-2　教材数据表

| 编　号 | 书　名 | 价　格 |
| --- | --- | --- |
| 001 | Java 语言入门 | $30 |
| 002 | Oracle 入门与精通 | $52 |

① 查询教材表 book 的内容的存储过程：

```
create proc query_book
    as
    select * from book
  go
 exec query_book
```

② 加入一笔记录到表 book，并查询此表中所有书籍的总金额，其中 with encryption
这个语句代表加密的含义。此存储过程代码如下：

```
Create proc insert_book
@param1 char(10),@param2 varchar(20),@param3 money,@param4 money output
with encryption
as
insert book(编号,书名,价格) Values(@param1,@param2,@param3)
select @param4=sum(价格) from book
go
```

执行例子：

```
declare @total_price money
exec insert_book '003', 'AJAX解析', $100, @total_price
print '总金额为'+convert(varchar, @total_price)
go
```

3) 存储过程传回值的类型及其区别

(1) 存储过程的 3 种传回值：

- 以 return 传回整数；
- 以 output 格式传回参数；

● 以 recordset 记录集形式传回。

(2) 传回值的区别：

output 和 return 都可在程序中用变量接收，而 recordset 则传回到执行的客户端中。

### 6．触发器

从 Oracle 8i 开始，Oracle 引入了特殊的触发器。

1) 触发器的概念及作用

触发器是一种特殊类型的存储过程，它不同于我们前面介绍过的存储过程。触发器主要是通过事件进行触发而被执行的，而存储过程可以通过存储过程名字而被直接调用。当对某一表进行诸如 update、insert、delete 这些操作时，Oracle 会自动执行触发器所定义的 SQL 语句，从而确保对数据的处理符合由这些 SQL 语句所定义的规则。

触发器的主要作用就是其能够实现由主键和外键所不能保证的复杂的参照完整性和数据的一致性。除此之外，触发器还有其他许多不同的功能：

(1) 强化约束

触发器能够实现比 check 语句更为复杂的约束。

(2) 跟踪变化

触发器可以侦测数据库内的操作，从而不允许数据库中未经许可的指定更新和变化。

(3) 级联运行

触发器可以侦测数据库内的操作，并自动地级联影响整个数据库的各项内容。例如，某个表上的触发器中包含有对另外一个表的数据操作(如删除、更新、插入)，而该操作又导致该表上触发器被触发。

2) 存储过程的调用

为了响应数据库更新，触发器可以调用一个或多个存储过程，甚至可以通过外部过程的调用而在 DBMS( 数据库管理系统)本身之外进行操作。由此可见，触发器可以解决高级的业务规则或复杂行为限制以及实现定制记录等一些方面的问题。

3) 触发器语法规则

```
create trigger 触发器名
     before insert or update
          of 监控的表属性
          on 监控的表
     referencing old as 旧值
          new as 新值
     for each row
     when (new_value 监控的表属性<>域范围 )
begin
     :new_value。监控表的某列 :=新值;
end;
```

触发器就是监控某表上的 insert 或 update 操作，如果该表的某列值超过设定的范围，那么就修改该表的某列值。

触发事件示例：

```
insert into 监控的表(属性 1,属性 2,属性 3… )
```

```
values( value1,value2,value3…);
```

触发器的组成部分如下。

(1)　触发器名称

```
create trigger biufer_student_department_id
```

命名习惯：

```
biufer(before insert update for each row)
student 表名
department_id 列名
```

(2)　触发语句

比如：表或视图上的 DML 语句、DDL 语句、数据库关闭或启动、startup、shutdown，等等。

(3)　触发器限制

```
when (new_value.表属性值<>阈值)
```

限制不是必需的。此例表示如果列满足条件的时候，触发器就会执行。其中的 new_value 是代表更新之后的值。

(4)　触发操作

```
触发器的主体
begin
 :new_value.表属性值 :=新值;
end;
```

4)　触发器类型

Oracle 触发器的类型共分为 5 种：语句触发器、行触发器、instead of 触发器、系统事件触发器和用户事件触发器。下面我们一一介绍。

(1)　语句触发器

它是在表上或者视图上执行的特定语句或者语句组上的触发器。能够与 insert、update、delete 或者组合进行关联。但是无论使用什么样的组合，各个语句触发器都只会针对指定语句激活一次。比如，无论 update(更新)多少行，也只会调用一次 update 语句触发器。

**[示例]**

需要对在表上进行 DML 操作的用户进行安全检查，看是否具有合适的特权。

```
create table student(a number);
create trigger biud_ student
  before insert or update or delete
  on student
begin
 if user not in ('SYSDBA') then
  raise_application_error(-20001, 'you don't have the right to modify
this table。');
  end if;
 end;
```

/

只有系统管理员才能修改此表。

(2) 行触发器

它是指为受到影响的各个行激活的触发器，定义与语句触发器类似，有以下两个例外：

① 定义语句中包含 for each row 子句。

在 before…for each row 触发器中，用户可以引用受到影响的行值。

比如，定义：

```
create trigger biufer_ student _ student _id
 before insert or update
  of student _id
  on course
 referencing old as old_value
    new as new_value
 for each row
 when (new_value。 student _id<>07 )
begin
 :new_value。 department_id :=0;
end;
 /
```

② referencing 子句。

执行 DML 语句之前的值的默认名称是 :old，之后的值是 :new。

(3) instead of 触发器更新视图

```
create or replace view teacher_phone_book as
select first_name||', '||last_name name, email, phone_number, teacher
_id, department_id
from teacher;
```

尝试更新 email 和 name

```
update teacher_phone_book
set name='Jerry, Cruise'
where teacher_id=100
create or replace trigger update_name_ teacher_phone_book
instead of
update on teacher_phone_book
begin
 update teacher
  set teacher _id=:new.teacher _id,
  first_name=substr(:new.name, instr(:new.name,',')+2),
  last_name= substr(:new.name,1,instr(:new.name,',')-1),
  phone_number=:new.phone_number,
  email=:new.email
 where employee_id=:old.emp_id;
end;
 /
```

(4) 系统事件触发器

系统事件：数据库启动、关闭，服务器错误

```
create trigger ad_startup
 after startup
  on database
begin
  do some stuff
end;
/
```

(5)　用户事件触发器

用户事件：用户登录、注销，create / alter / drop / analyze / audit / grant / revoke / rename / truncate / logoff。

# 2.8　Oracle 安装

下面介绍安装 Oracle 数据库的流程，放入安装光盘，自动开启安装界面如图 2-1 所示，我们可以安装程序、查看 CD、浏览信息。选择【开始安装】选项，进入欢迎使用界面如图 2-2 所示，在该界面下可以选择安装、卸载 Oracle 产品，单击【下一步】按钮。

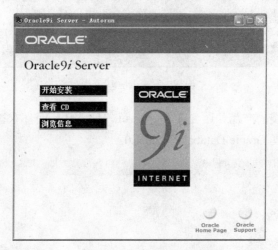

图 2-1　安装界面

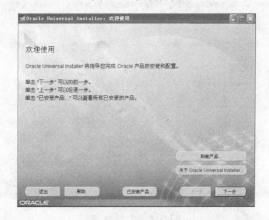

图 2-2　欢迎使用界面

下面选择安装源和安装路径如图 2-3 所示,一般安装源默认即可,安装路径建议所在盘符有 3GB 以上的空间,以满足安装文件及数据库文件的需要。主目录名称使用默认即可,单击【下一步】按钮。

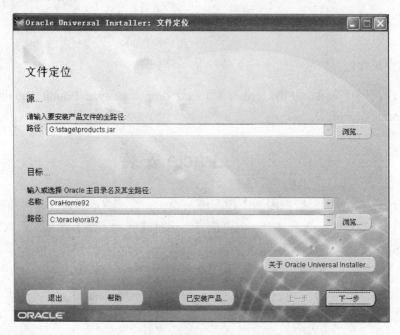

图 2-3 选择安装路径

下面选择所要安装的产品如图 2-4 所示,每一种产品后面都有详细的注释,以便进行安装,在这里我们选择 Oracle Database 9.2.0.1.0。

图 2-4 安装产品

下面选择安装类型，如图 2-5 所示。不同的类型适用于不同的场景，所占硬盘空间也不一样，这里我们选中【企业版(2.86GB)】单选按钮进行安装。

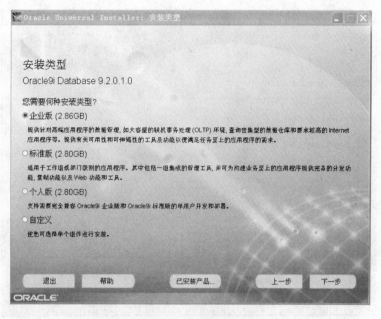

图 2-5　安装类型

数据库配置是一个很重要的步骤，如图 2-6 所示，选中【通用】单选按钮，在下面的数据库配置过程中，要注意，首先，我们要给 sys、system 设置强口令，也就是以数字、字母混合的安全性更高的密码。数据库名填写为 NEWS1.localhost、SID 取位 NEWS1，这样做的目的就是和光盘案例保持一致，否则程序需要改动才能正常运行。

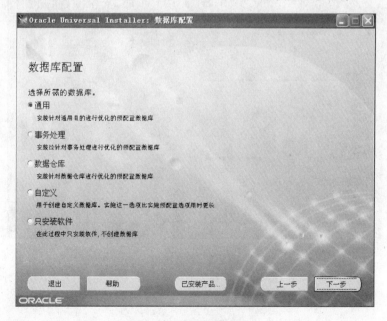

图 2-6　数据库配置级别

预览所有的安装设置的摘要，如图 2-7 所示，检查没有问题后进入安装。图 2-8 显示了安装进度，其间可能需要切换光盘，按提示操作即可，图 2-9 表示成功完成安装。

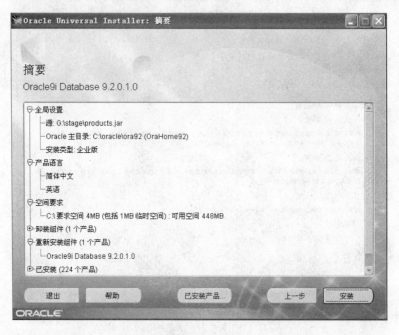

图 2-7　安装摘要

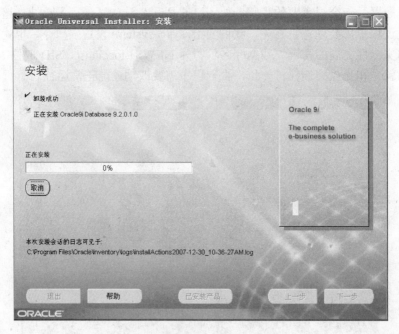

图 2-8　安装进度

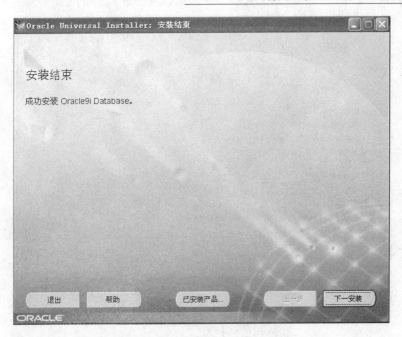

图 2-9　Oracle 9i 数据库安装结束

安装完数据库后，下面安装客户端，选中【管理员】单选按钮，如图 2-10 所示。

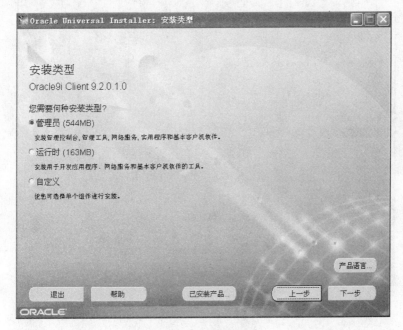

图 2-10　客户端类型

预览安装摘要如图 2-11 所示，进入安装，与安装数据库类似。图 2-12 显示了安装的进度。

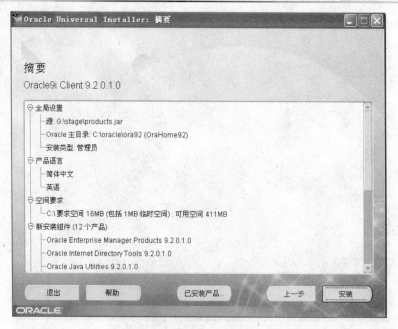

图 2-11　安装摘要

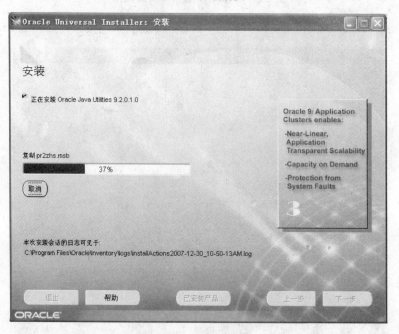

图 2-12　安装进度

当出现如图 2-13 所示的界面时，表示客户端安装成功，单击【退出】或者右上方的
【关闭】按钮退出即可。

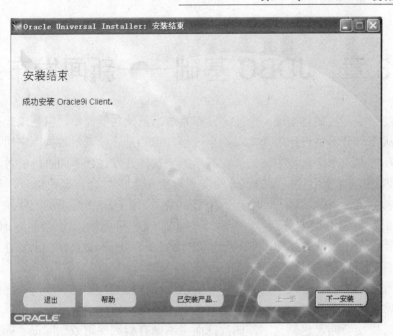

图 2-13　客户端安装成功

# 第 3 章  JDBC 基础——新闻发布系统

在本章实例中，我们将实现一个新闻发布系统，虽然功能简单，但是以此为载体我们将分别介绍从需求分析到设计进而实现的全过程，目的是让读者对数据库应用项目有一个整体的认识及把握。整个过程中将向读者展示处于软件开发过程不同阶段的各种文档、图的设计，读者还会对一个数据库的设计及实现有更形象的体会。理论部分，着重介绍了Java 如何连接 Oracle 数据库，同时出于本程序要求介绍了 JSP 环境的配置；设计实现的介绍中，我们在合适的地方分别涉及了面向对象的一些简单知识，包括：如何合理封装类、如何设计符合范式的数据库、JSP 入门及配置、一些 HTML 页面显示属性的设置，以及 JSP 中 get 与 post 两种数据传递方法的比较等。

本新闻发布系统是一个简单的主要体现数据库操作相关知识的程序，该程序以网上新闻媒体的日常工作需求为背景，主要包括记者、主编两个角色。其中记者可以通过本系统实现异地及时提交新闻，包括文字、图片；而主编则有权利保留或删除记者提交的新闻。系统简洁明了，但是作为 Java 操作数据库的案例，基本包含了所有相关的知识。

## 3.1  理论基础

### 3.1.1  Java 连接数据库

Java 连接数据库的方法基本可以分为 3 类，分别通过 ODBC、JDBC 和 JDBC-ODBC桥接来实现，下面就分别加以阐述。

### 3.1.2  使用 ODBC 连接数据库

ODBC，是 open database connectivity 的简写，即开放的数据库互连，它是由微软公司提出的一组规范，是 Windows 开放服务结构(Windows open services architecture)中关于数据库的组成部分。

由于不同数据库厂商提供的产品没有一个统一的标准，ODBC 出现以前数据库的连接是件非常繁琐的事情，程序开发人员必须对形形色色的数据库的底层 API 都有深刻的了解，才能胜任数据库特别是多数据库平台的应用开发。因此，形成一个统一的规范迫在眉睫，ODBC 很好地解决了这一问题。

ODBC 提供了一组访问数据库的标准 API。这些 API 可以直接执行 SQL，开发人员只需要将 SQL 语句传送给 ODBC 即可，不用直接与 DBMS 打交道。不论数据库是 Access还是 Oracle，都可以只对 ODBC API 进行访问，最终实现了处理不同的数据库的统一方式。而遵从了这种标准的数据库，被称为 ODBC 兼容的数据库。

一个完整的 ODBC 构架包括：应用程序、ODBC 管理器、驱动程序管理器、ODBC API、ODBC 驱动程序以及数据源，如图 3-1 所示。

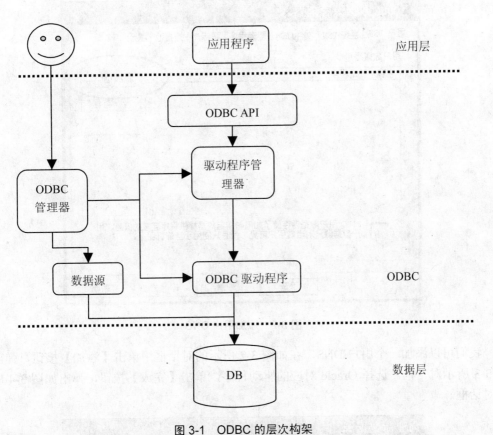

图 3-1　ODBC 的层次构架

ODBC 管理器提供了面向使用者的图形界面(位于 Windows 控制面板内)，我们可以通过它管理 ODBC 驱动程序和数据源。

驱动程序管理器包含在 ODBC32.DLL 中，用于管理 ODBC 驱动程序。驱动程序是一些 DLL，提供了 ODBC 和数据库之间的接口。

数据源标明了目标数据库的各种信息，包括：数据库位置、数据库类型等。

如何配置 ODBC 呢？

下面以 Java 连接 Oracle 为例，向读者展示应用程序是如何通过 ODBC 来连接数据库的。

首先在 Oracle 中建立一个名为 NEWS 的数据库，用户名是 system，密码 123456(在 Oracle 中建立数据库的相关知识已在第 2 章中讲述)。如果我们想要实现应用程序通过 ODBC 访问数据库，首先必须使用 ODBC 管理器注册一个数据源：

打开【控制面板】窗口，依次选择【性能和维护】→【管理工具】→【数据源 (ODBC)】→【用户 DNS】，弹出如图 3-2 所示的界面。

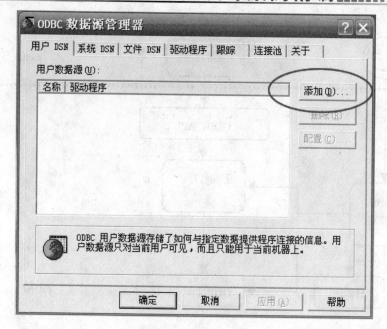

图 3-2　添加用户 DNS

　　我们可以添加一个用户 DNS，在如图 3-2 所示的对话框中单击【添加】按钮，弹出如图 3-3 所示对话框，选择 Oracle 对应的驱动程序，单击【完成】按钮，弹出如图 3-4 所示的对话框。

图 3-3　选择 Oracle 驱动程序

　　在如图 3-4 所示的对话框中填入数据源的相关信息。首先输入数据源名称，然后是描述，TNS Service Name 中有用户已在 Oracle 中建立的所有数据库名称，选择正确的目标数据库。用户名填入你想以哪个用户的身份操作该数据库。

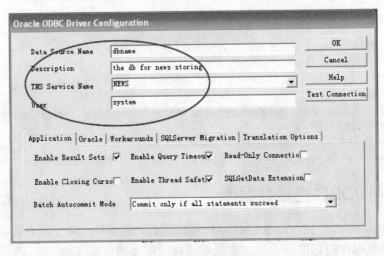

图 3-4　输入数据源信息

　　然后单击 Test Connection 按钮，弹出如图 3-5 所示的对话框，输入密码，单击 OK 按钮，如果提示成功(见图 3-6)，则配置完成，如果提示错误往往是由于用户名密码不正确造成的。

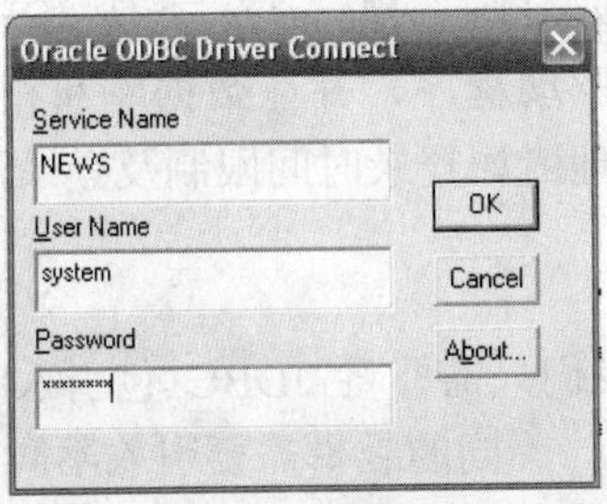

图 3-5　测试连接

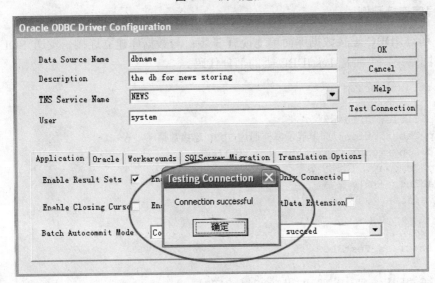

图 3-6　配置完成

连接程序示例：

```
Class.forName("sun.jdbc.odbc.JdbcOdbcDriver");
/*这里指明使用jdbc与odbc桥接的驱动*/
/*Connection conn = DriverManager.getConnection("jdbc:odbc:数据源名", "用
户名", "密码");*/
Connection conn = DriverManager.getConnection("jdbc:odbc:dbname",
"system", "123456");
Statement  stmt=conn.createStatement();
ResultSet  userRs=stmt.executeQuery("select * from user");
```

## 3.1.3  使用 JDBC 连接数据库

JDBC(Java 数据库连接，Java database connectivity)是另外一种仅用于 Java，以一种统一的方式访问数据库的标准，一般由数据库连接的服务提供商(数据库厂商及第三方中间件厂商)根据该标准提供的接口模型为不同的数据库开发出不同的 JDBC。程序员同样可以利用这些 API 直接执行 SQL 语句达到操作数据库的目的。同时，JDBC 标准还支持与其他数据库连接标准的桥接，如 JDBC-ODBC，支持与 ODBC 标准的桥接。

如图 3-7 所示，JDBC 的框架主要由驱动程序管理器、JDBC 驱动程序、ODBC 驱动程序以及与其他标准的桥接组成。DriverManager 类是 JDBC 的管理层，位于用户和驱动程序之间。它负责加载合适的驱动程序，并在数据库和相应驱动程序之间建立连接。另外，DriverManager 类还能够处理诸如登录时间限制及登录消息的显示等事务。

### 1. 配置 JDBC

JDBC 的配置相对容易，我们只需要将 JDBC 包引入路径即可。对于 Oracle，JDBC 的包在...\oracle\ora92\jdbc\lib 下，不同的版本需要引入不同的包，本案例采用 Oracle 92，引入的包包括：classes12.jar、classes111.jar、nls_charset11.jar。

### 2. 程序连接示例

Java 通过 JDBC 连接数据库简单地说有 3 步：与数据库建立连接、发送 SQL 语句以及处理返回结果。下面是 TestJDBC 类的部分代码。

```
import java.sql.*;
/**
 * <p>Title: JDBC 示例</p>
 * <p>Description: 简单展示怎样通过 JDBC 连接数据库</p>
 * <p>Copyright: Copyright (c) 2007</p>
 * <p>Company: 王长松 秦琴</p>
 * @author 王长松 秦琴
 * @version 1.0
 */

public class TestJDBC
{
public static void main(String[] args)
```

```
{
Try
//异常必须捕捉或抛出，否则无法通过编译
{
Class.forName("oracle.jdbc.driver.OracleDriver");
//驱动类实例化
/*这条语句的功能是通过 Java 的反射机制动态加载实现的，即根据"oracle.jdbc.driver.
OracleDriver"这个字符串生成相应的类(反射机制不属于本书重点，感兴趣的同学请查阅其他
参考书籍)，之后，驱动程序管理器就能找到它，并利用它来连接数据库。*/
String url="jdbc:oracle:thin:@localhost:1521:NEWS";
//url 的内容设置非常重要
```

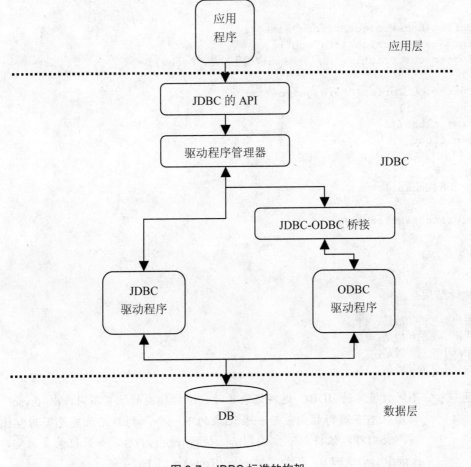

图 3-7　JDBC 标准的构架

　　如果用户使用的是第三方开发了的 JDBC 驱动程序，可以从文档中查到该使用什么 subprotocol(子通信协议)，然后放在 JDBC URL 中 JDBC 后面。之后一部分提供了定位数据库的信息。最后一项 NEWS 是你的 SID。

　　如果使用的是 JDBC-ODBC 桥接，JDBC URL 将以 jdbc:odbc 开始，然后是用户的数据源名字。例如要使用一个叫"news"的 ODBC 数据源，JDBC URL 写成 jdbc:odbc:news，即

```
String url="jdbc:odbc:news"
String user ="system";
// system 替换成你自己的数据库用户名
String password = "123456";
//123456 替换成你自己的数据库用户密码
Connection conn=DriverManager.getConnection(url,user,password);
//创建连接对像
Statement stmt=conn.createStatement();
//创建 Statement 对象
ResultSet rs=stmt.executeQuery("select * from user");
//使用 Statement 对象执行 SQL 语句
while(rs.next())
    {
String name=rs.getString("name");
int age=rs. rs.getInt("age");
System.out.println("用户"+name+"的年龄是: "+age);
}
System.out.print(""+rs.getRow());
rs.close();
stmt.close();
con.close();
//关闭数据库连接，清除缓存数据
}
catch(Exception e)
{
e.printStackTrace();
}
}
}
```

执行结果：

用户小明的年龄是：14
用户小王的年龄是：12
用户小李的年龄是：16
用户小红的年龄是：15

💡 **注意**： 不同数据库的 JDBC 返回记录集时，游标指向的位置不同，以 mysql 为例，
初始状态下游标指向最后一条记录的下一个，判断记录集是否为空比较麻
烦，我们可以依据以下方式判断：执行 rs.first()后，如果记录集为空，那么
rs.getRow()返回 0，不为空时 rs.getRow()返回 1。

```
...
ResultSet rs=stmt.executeQuery("select * from user");
rs.first();
if(rs.getRow()!=0)
//判断结果集是否为空，如果记录集为空，执行下面语句时会抛出异常。
{
do
{
```

```
String name=rs.getString("name");
System.out.println("name:"+name);
}
 while(rs.next())
}
rs.close();
…
```

而对于连接 Oracle 而言，以上方式判断结果集是否为空是多余的，而且会报出异常，因为与 mysql 不同，Oracle 的 JDBC 返回记录集时，初始状态下游标指向第一个记录的前一个，我们可以执行以下语句：

```
…
while(rs.next())
{
String name=rs.getString("name");
System.out.println("name:"+name);
}
 while(rs.next())
…
```

如果记录集为空，便无法进入第一次循环,从而不会出现异常。

## 3.1.4　JDBC 与 ODBC 的比较

微软的 ODBC 标准出现较早，被普遍采用，ODBC API 是使用最广泛的统一访问关系数据库的编程接口。它几乎可以连接所有的数据库。

但是 ODBC 抽象层次界限不够清晰，它把简单和高级功能混在了一起，即便是很简单的操作，也要完成极为复杂选项设置，使用较为繁琐。与之相比，JDBC 最大程度上简化了简单操作，同时又允许在必要时使用复杂的高级功能。

其次，ODBC 移植性不好，ODBC 往往只针对微软的平台，而 Java 编写的 JDBC 可以很方便地实现动态加载、跨平台移植。

Java 直接使用 ODBC 还存在一个问题：ODBC 是由 C 语言实现的接口，如果使用 Java 调用本地 C 的方法，很显然使对 Java 的可移植性、稳定性产生影响，所以往往采用 JDBC 与 ODBC 桥接的方式解决。

总之，对于 Java 而言，JDBC API 对关系数据库作了更好的抽象，提供了一种更自然的 Java 接口，继承了 Java 可移植、易于学习等特点。

## 3.1.5　Tomcat 上配置 JSP 环境

首先下载 j2sdk 和 Tomcat，jdk 可以到 sun 官方网站(http://java.sun.com/)下载，Tomcat 也可以在其官方站点(http://jakarta.apache.org/)找到。

安装下载的 j2sdk 和 Tomcat，可以按默认设置进行安装。

配置 j2sdk 的环境变量，右击【我的电脑】图标，在弹出的快捷菜单中选择【属性】命令，打开【系统属性】对话框并切换到【高级】选项卡，单击【环境变量】按钮，在打开的对话框的【系统变量】选项组中添加以下 3 个环境变量：

JAVA_HOME=c:\j2sdk1.5.0(假设你的 jdk 安装在 c:\j2sdk1.5.0)。

classpath=.;%JAVA_HOME%\lib\dt.jar;%JAVA_HOME%\lib\tools.jar;(其中 ".;" 代表当前路径，一定不能少)。

path=%JAVA_HOME%\bin。

然后我们测试安装配置是否成功，建立一个 helloWorld.java 的原文件，内容如下：

```
public class helloWorld
{
public static void main(String args[])
{
System.out.println("helloWorld!");
}
}
```

然后在命令提示符窗口，通过 cd 命令转到 helloWorld.java 所在的目录，先后输入命令：

```
javac Test.java
java Test
```

如果显示"helloWorld!"则说明安装配置成功；否则，按以上步骤仔细检查配置。

配置 Tomcat，同样右击【我的电脑】图标，在弹出的快捷菜单中选择【属性】命令，打开【系统属性】对话框并切换到【高级】选项卡，单击【环境变量】按钮，在打开的对话框的【系统变量】选项组中添加以下环境变量：

```
CATALINA_HOME=c:\tomcat (假设 tomcat 安装在 c:\tomcat 文件夹下)
```

并修改 classpath，添加%CATALINA_HOME%\common\lib\servlet.jar。

启动 Tomcat，使用浏览器访问 http://localhost:8080，如果显示 Tomcat 的欢迎页面则表明 Web 服务安装成功；然后在 C:\tomcat\webapps\ROOT 中建立文件 test.jsp,将下面源码写文件、保存，访问 http://localhost:8080/test.jsp, 如果显示"helloworld!"则表明 JSP 文件编译、运行环境配置成功，否则返回检查配置。

```
<head>
<meta http-equiv="Content-Type" content="text/html; charset=gb2312" />
<title> </title>
</head>
<body>
<%out.println("helloWorld!");%>
</body>
</html>
```

在上面简单的例子中我们已经看到 JSP 文件放在 root 文件夹下，一经访问，Tomcat 会动态(无需重启 Tomcat)将 JSP 文件编辑成 Servlet 文件、编译 Servlet 文件(其实就是一个 Java 源文件)并加载，使用很方便。

有时还需要调用 Java 的类或包，javaBean(类)放在 root/WEB-INF/classes 中(如果没有这个文件夹就建一个)；类似.jar 文件则放在 root/WEB-INF/lib/中。重启服务器之后，就可以在 JSP 文件中直接调用了，例如：<%@ page import="test.TestBean" %>。

　　因为 JSP 不是本书的重点，在此只根据本案例要求做简单介绍，关于 JSP 更多的知识读者可以参考其他相关书籍。

# 3.2　JBuilder 介绍

　　下面简要介绍一下 JBuilder 的使用，运行 JBuilder，进入界面如图 3-8 所示，首先打开一个 JBuilder 工程文件，方法是选择 File | Open Project 命令，在浏览窗口选中例如 "..\源文件\第四章：JDBC 基础(二)-政府公积金缴费系统\jkSYS" 下的 hyj1.jpx 文件，如图 3-9 所示。

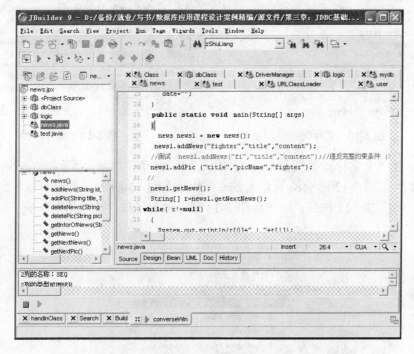

图 3-8　JBuilder 界面

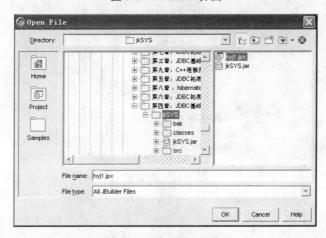

图 3-9　打开一个工程

这样，我们就可以看到整个工程的组成了。它包括：左边自上而下的文件树(图 3-10)和函数/组件树(图 3-11)。文件树中包括了工程内所有文件，组件树中则包括了该文件所包含的所有的函数或者图形组件(design 模式下)。

图 3-10　文件树

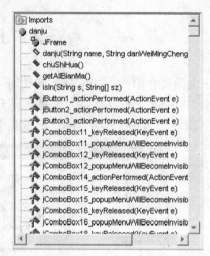

图 3-11　组件树

要想运行一个文件，需要加载所需的库。下面介绍库管理，选择 Tools | Configure Libraries 命令(如图 3-12 所示)，可以看到库结构(如图 3-13 所示)，我们可以新建库或者修改以前的库。单击 Add 按钮，弹出如图 3-14 所示的对话框，该对话框显示了如何新建一个用户库。

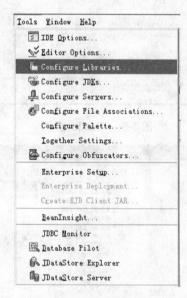

图 3-12　库维护

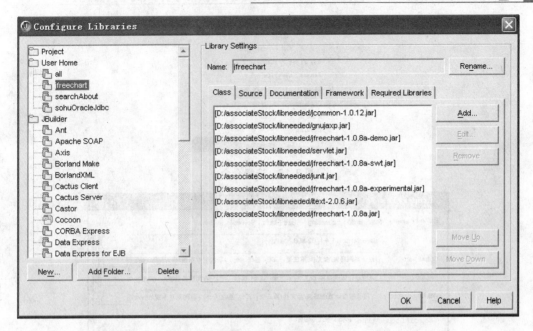

图 3-13　新建库

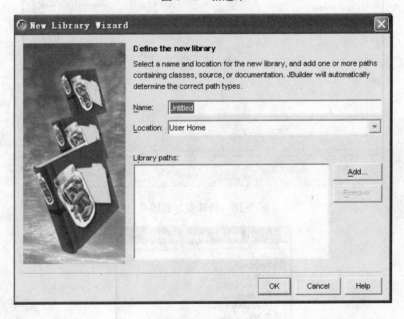

图 3-14　配置新库

新建完所需要的库之后，下面加载库，右击文件树中的工程标识并在弹出的快捷菜单中选择 Properties 命令(如图 3-15 所示)，打开属性对话框(如图 3-16 所示)，找到 Path 中的 Required Libraries 子栏目，就可以加载或去掉相应的库了。单击 Add 按钮弹出如图 3-17 所示的对话框。

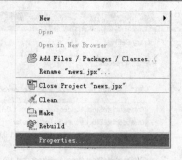

图 3-15 选择命令

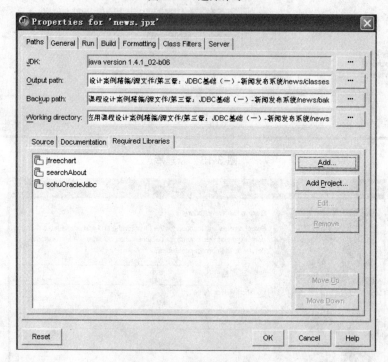

图 3-16 选择要加载的库

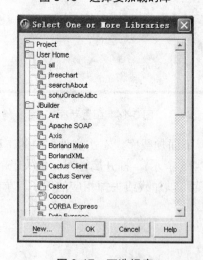

图 3-17 可选择库

加载完库，就可以运行了，这时，需要设置运行参数、主类等，单击如图 3-18 所示的向右三角形按钮右边的下拉箭头，即可编辑运行主类，单击编辑好的主类名称(如 test)即可运行，如图 3-18 所示。

图 3-18　运行

## 3.3　需求分析及设计

开发本系统的目的是为了提高网上新闻媒体的工作效率，实现新闻发布的自动化、规范化，记者可以在异地方便地提交新闻，主编审核后，只需要做简单的操作便可以控制哪个新闻将保留、哪个将被删除。具体功能分析如图 3-19 所示。

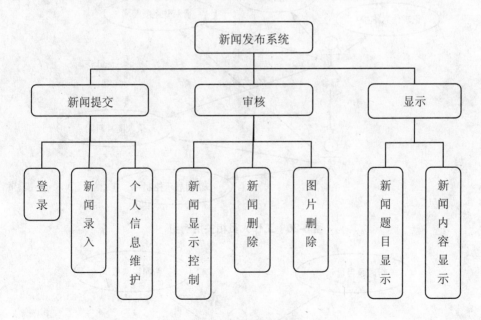

图 3-19　功能模块图

(1) 新闻提交

这部分是新闻发布系统中最基本的功能，主要是面向新闻记者，他们的主要工作内容就是负责收集新闻，并及时将信息录入到服务器。

● 新闻录入：依据本系统的使用要求，记者可以通过浏览器登录系统，实现异地办公。界面要友好且易于使用，除提供文字性介绍外，还要提供图片的上传。

● 登录：新闻是非常敏感的信息，必须防止有人冒充记者发布假新闻，所以在信息提交前的身份验证工作是很有必要的。本系统采用的是最传统的用户名加密码的方式，当然也可以用一些更高级的身份认证方法，例如证书，有兴趣的同学可以查阅一下资料。但就本系统，用户名加密码的方式已经足够安全了。

● 个人信息维护：一个非常传统的模块，主要是修改密码。

(2) 审核

这部分针对的是主编或主管，他们的责任是对新闻进行筛选，决定哪些新闻可以被浏览到，哪些新闻图片可以存在。

新闻、图片的删除：对于不合法、过期无用的新闻，可以通过删除界面方便地将其删除。

(3) 显示

浏览者可以通过浏览器浏览新闻，这也是本系统一个基本的功能。

● 新闻题目显示：新闻题目显示在一个独立的界面，如果新闻条数过多，要提供滚动的效果，单击题目后即显示新闻的内容。

● 新闻内容显示：包括详细的文字报道及所有相关的图片。

下面给出整个系统的用例图，如图 3-20 和图 3-21 所示。

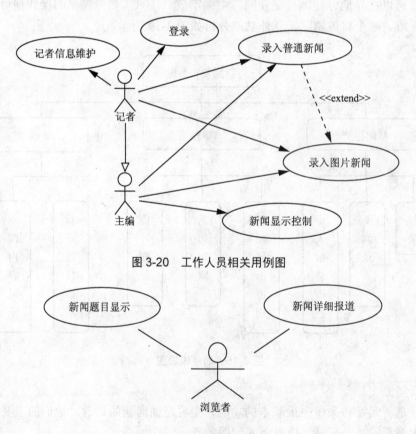

图 3-20　工作人员相关用例图

图 3-21　新闻发布系统用例图

本系统主要的数据就是新闻信息，根据业务要求分析数据的流向，新闻由记者提交，提交后存放在数据库；然后，主编审核这些新闻的内容，信息被读出，主编筛选、修改后数据再次写入数据库；浏览者浏览新闻，数据被读出写入 HTML，然后通过 Internet 传到客户端的浏览器，顶层数据流图如图 3-22 所示。

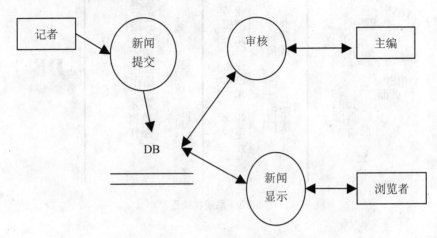

图 3-22　顶层数据流图

根据对系统需求的分析，我们选择了通常的电子商务系统的 3 层结构，所谓 3 层结构包含：表示层(USL)、业务逻辑层(BLL)和数据访问层(DAL)，我们选用 3 层结构的主要目的是使整个项目结构更加清楚，分工更加明确，更有利于维护、扩展。

- 数据访问层：主要是对数据(数据库、文本文件等)的操作，而不是指数据本身，就本项目而言，是对数据库的操作，而不是数据库。该层为业务逻辑层或表示层提供抽象后的数据操作服务,完成对数据的基本操作。
- 业务逻辑层：主要是针对具体的业务，也可以理解成对数据层的更高的抽象，或者是组装以表达具体的业务流程。本系统将业务进行合理地封装后，存放在不同的 JAVABEAN 当中。
- 表示层：主要是提供一个界面，接受用户的请求发送到服务器，然后显示返回的处理结果。表示层可以编写专门的客户端程序，也可以以 Web 的方式用浏览器登录，浏览器可以看成是一种特殊的、操作系统自带的、普及的客户端。本系统选用后者，具体采用的是 JSP 技术。

根据 3 层结构的特点，及对本案例的分析，本系统结构具体设计如图 3-23 所示，包括下面几层。

- 数据库支持层：选用 JDBC 作为与数据库连接的 API，JDBC 是个"低级"接口，也就是说，它用于直接调用 SQL 命令，在这方面它的功能极佳、易于使用。在此基础上还要实现面向数据库的各种常用操作。
- 业务逻辑层：采用 JAVABEAN 技术，良好地体现面向对象的思想，对业务逻辑做合理的封装。
- 表示层：选用 B-S 结构，使用浏览器作为客户端，使用方便，无需安装。采用 JSP 技术以 Tomcat 作为 Web 服务器。JSP 技术及 Tomcat 的配置将在后面章节作简要说明。

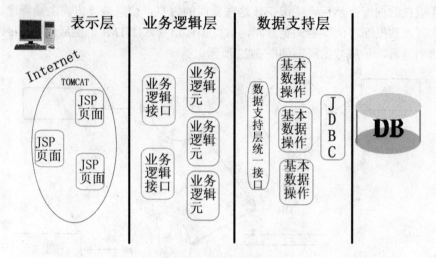

图 3-23　系统构架图

# 3.4　数据库设计

本数据库的设计按照以下步骤进行：数据字典设计、E-R 图设计以及 SQL 文件设计，具体陈述如下。

## 3.4.1　数据字典

数据字典包括静态存储的文件条目和动态的数据流条目。

### 1. 文件条目

文件条目见表 3-1。

表 3-1　文件条目

| 文 件 名 | 组　　成 | 主　　键 |
|---|---|---|
| 记者 | {记者号+密码+姓名+性别+年龄+证件号+密码找回问题+答案+地址+电话+邮箱+介绍} | 以记者号为主键 |
| 主编 | {主编号+密码+姓名+性别+年龄+证件号+密码找回问题+答案+地址+电话+邮箱+介绍} | 以主编号为主键 |
| 新闻 | {新闻题目+记者+时间+内容+{图片}} | 以新闻题目为主键 |
| 图片 | {文件名+所属新闻编号+上传记者号} | 以图片编号为主键 |

### 2. 数据流条目

登录信息=角色+用户名+密码

记者信息=记者号+密码+姓名+性别+年龄+证件号+密码找回问题+答案+地址+电话+

邮箱+介绍

主编信息=记者号+密码+姓名+性别+年龄+证件号+密码找回问题+答案+地址+电话+
邮箱+介绍

新闻=[新闻文字部分|新闻图片部分]

新闻文字部分=题目+记者号+时间+内容

新闻图片部分=题目+图片+记者号

## 3.4.2 数据库表及其介绍

### 1. E-R 图

新闻系统的 E-R 图如图 3-24 所示。

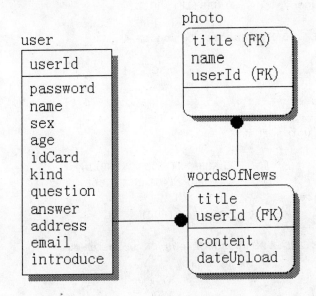

图 3-24　新闻系统的 E-R 图

根据 E-R 图，我们在数据库中创建下面数据表。

### 2. News.sql 文件

下面是 News.sql 文件的内容。

```
CREATE TABLE photo (
    name                VARCHAR2(20) NOT NULL,
    title               VARCHAR2(60) NOT NULL,
    userId              VARCHAR2(40) NOT NULL
);
CREATE UNIQUE INDEX XPKphoto ON photo
(
    title                   ASC,
    name                    ASC,
    userId                  ASC
);
```

```
ALTER TABLE photo
    ADD ( PRIMARY KEY (title, name, userId) ) ;
CREATE TABLE users (
    userId              VARCHAR2(40) NOT NULL,
    password            VARCHAR2(20) NULL,
    name                VARCHAR2(20) NULL,
    sex                 VARCHAR2(20) NULL,
    age                 VARCHAR2(20) NULL,
    idCard              VARCHAR2(20) NULL,
    kind                VARCHAR2(20) NULL,
    question            VARCHAR2(20) NULL,
    answer              VARCHAR2(20) NULL,
    address             VARCHAR2(20) NULL,
    email               VARCHAR2(20) NULL,
    introduce           CHAR(18) NULL
);
CREATE UNIQUE INDEX XPKusers ON users
(
    userId                      ASC
);
ALTER TABLE users
    ADD ( PRIMARY KEY (userId) ) ;
CREATE TABLE wordsOfNews
(
    title               VARCHAR2(60) NOT NULL,
    userId              VARCHAR2(40) NOT NULL,
    dateUpload          DATE NULL,
    content             VARCHAR2(600) NULL
);
CREATE UNIQUE INDEX XPKwordsOfNews ON wordsOfNews
(
    title                       ASC,
    userId                      ASC
);
ALTER TABLE wordsOfNews
    ADD ( PRIMARY KEY (title, userId) ) ;
ALTER TABLE photo
    ADD ( FOREIGN KEY (title, userId)
    REFERENCES wordsOfNews ) ;
ALTER TABLE wordsOfNews
    ADD ( FOREIGN KEY (userId)
    REFERENCES users ) ;
```

# 3.5   程序实现及运行结果

## 3.5.1   对 JDBC 的第一层封装

首先我们实现对 JDBC 的第一层封装，mydb 主要是封装了驱动调用及数据源信息，
开发人员不用每次操作数据库都重新输入这些信息，对数据库的操作变成了对 mydb 类的

对象的操作，更有利于应用逻辑的开发。mydb 类的类图如图 3-25 所示。

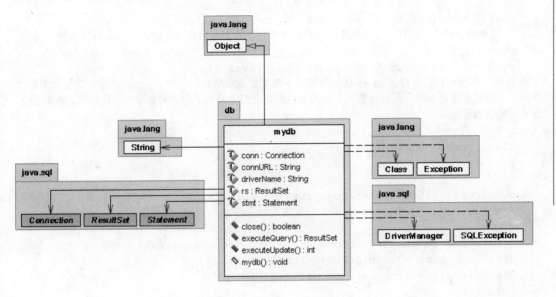

图 3-25　mydb.java 的类图

下面是 mydb.java 文件的具体内容。

```
package db;
/**
 * <p>Title: 新闻发布系统</p>
 * <p>Description: 这是一个新闻发布系统。该类是对 JDBC 的第一层封装</p>
 * <p>Copyright: Copyright (c) 2007</p>
 * <p>Company: 王长松 秦琴</p>
 * @author 王长松 秦琴
 * @version 1.0
 */

import java.sql.*;

public class mydb
{
String driverName ="com.mysql.jdbc.Driver";
Connection conn = null;
Statement stmt = null;
ResultSet rs = null;
String url="jdbc:oracle:thin:@localhost:1521:NEWS";
String user ="system";
String password = "123456";
/*以上语句的含义如前一节所述，主要是定义了数据库连接的 3 个关键对象，以及数据源的信息*/
public mydb() throws Exception
/*由于现在不能决定出现异常时应用程序应该如何处理，在这种情况下，不应该将其捕捉，而应该
将异常继续抛出，直到确定如何处理时才进行捕捉。*/
{
Class.forName(driverName);
```

```
}

public mydb(String driverName)  throws Exception
```
/*重载构造函数，这样一来如果想更换数据库平台，例如将价格昂贵的Oracle替换成免费的数据库mysql，只需执行：

```
mydb md = new mydb("com.mysql.jdbc.Driver");
```
这样一来便可以在不修改Java代码的情况下改变数据库平台，体现了Java动态加载这一重要的特征，当然读者还可以举一反三，建立其他的构造函数，例如参数中包含数据库名、用户名、密码的更普遍适用的构造函数。*/

```
{
Class.forName(driverName);
}

public ResultSet executeQuery(String sql) throws SQLException
```
/*这个函数主要是针对以ResultSet对象为返回值的SQL语句，一般就是SELECT语句*/

```
{
conn = DriverManager.getConnection(url,user,password);
Statement stmt = conn.createStatement();
ResultSet rs = stmt.executeQuery(sql);
return rs;
}

public int executeUpdate(String sql) throws SQLException
{
```
/*该函数主要是针对对数据库修改的SQL语句，返回值是表明状态的整数，例如：insert update等*/

```
conn = DriverManager.getConnection(connURL);
Statement stmt = conn.createStatement();
int a = stmt.executeUpdate(sql);
return a;
}

public boolean close() throws SQLException
{
```
/*这个函数是用于关闭连接，清空缓存的*/

```
if (rs!=null) rs.close();
if (stmt!=null) stmt.close();
if (conn!=null) conn.close();
return true;
}
public static void main(String[] args)
{/*简单地示例一下这个类的使用*/
 try{
   mydb md = new mydb();
   ResultSet rs= md.executeQuery("select * from USERS");
while(rs.next())
```
/*对于连接Oracle而言,单独判断结果集是否为空是多余的，Oracle的JDBC返回记录集时，游标指向第一个记录的前一个,如果记录集为空，便无法进入第一次循环。而MySQL的JDBC返回的记录集指向记录集合的最后一个的下一个，必须特意判别是否为空。*/

```
{
String name=rs.getString("name");
```

```
System.out.println("name:"+name);
}
md.close();
}
catch ( Exception e)
{
e.printStackTrace();
}
}
```

## 3.5.2　与用户信息相关业务逻辑封装

设计这个类的目的，主要是对用户信息的常见操作进行了封装，实现了用面向对象的操作代替面向关系数据表的操作，使对数据库的开发更加简洁、直观。本类共设计了添加用户、修改密码、登录 3 个方法，读者可以根据本书提供的代码对功能进行进一步的完善。如图 3-26 所示，这是 user.java 的类图。

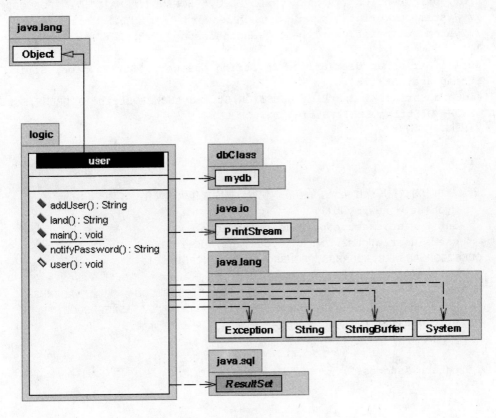

图 3-26　user.java 的类图

下面给出 user.java 文件的具体内容。

```
package logic;
import dbClass.mydb;
//引入对数据库的第一层封装的类：mydb
```

```
import java.sql.*;
/**
* Title: 用户信息管理
* Description: 主要是用户信息管理的常见操作，读者可以自己定义添加其他操作。
* @author 王长松 秦琴
* …… …… ……
*/
public class user
{
public user()//构造函数
{
}
public static void main(String[] args)
{
//下面代码用于对本类调用的简单示例
user user1 = new user();
//System.out.print(user1.addUser("id","password","name","sex","age","idC
ard","0","QUESTION","ANSWER","ADDRESS","PHONENO","EMAIL","INTRODUCE"));
// System.out.print(   user1.notifyPassword("1","2"));
//System.out.print(user1.land("wangchangsong","2356236"));
}
public String addUser(String id,String password, String name, String sex,
String age, String
 idCard,String kind,String QUESTION,String ANSWER,String ADDRESS,String
 PHONENO,String EMAIL,String INTRODUCE)
/*添加一个用户*/
{
try
{
    /*由于对数据库操作第一层的存在，使得数据库操作大大简化*/
    mydb st = new mydb();
    int B = st.executeUpdate("insert into
    users(userId,password,name,sex,age,idCard,kind,
QUESTION,ANSWER,ADDRESS,PHONENO,EMAIL,INTRODUCE)
    values('" + id +"','"+password+"','" + name + "','" + sex + "','" +
age + "','" + idCard + "','"+kind+ "','"+QUESTION+ "','"+ANSWER+
"','"+ADDRESS+ "','"+PHONENO+ "','"+EMAIL+ "','"+INTRODUCE+"')");
    st.close();
    if (B > 0)
    {
    return "success";
    }
    else
    {
    return "fail";
    }
}
catch (Exception e)
{
```

```
        e.printStackTrace();
        return "exception:"+e.getMessage()+ e.toString();
        //返回值里包含引起异常的原因
    }
}

public String land ( String id,String password)
{
/*检测登录的函数，对比用户名密码，返回异常、失败信息或用户的类型。*/
try
{
    mydb st = new mydb();
    ResultSet re=st.executeQuery ("select * from users where password =
    '"+password+"'and  userid='"+id+"'");
    if(re.next())
    {
    return re.getString("kind");
    }
    else
    {
    return"bad id or password";
    }
}
catch (Exception e)
{
    e.printStackTrace();
    return "exception:"+e.toString();
}
}

public String notifyPassword(String id, String password)
{
/*修改用户名为 id 的用户的密码为 password*/
try
{
    mydb st = new mydb();
    int B=st.executeUpdate("UPDATE  users SET password =
'"+password+"'where  userId='"+id+"'");
    st.close();
    if(B>0)
    {
    return "success";
    }
    else
    {
    return"fail";
    }
}
catch (Exception e)
{
    e.printStackTrace();
```

```
        return "exception:"+e.toString();
    }
  }
}
```

### 3.5.3  与新闻信息相关业务逻辑封装

如图 3-27 所示，这是 news.java 的类图。

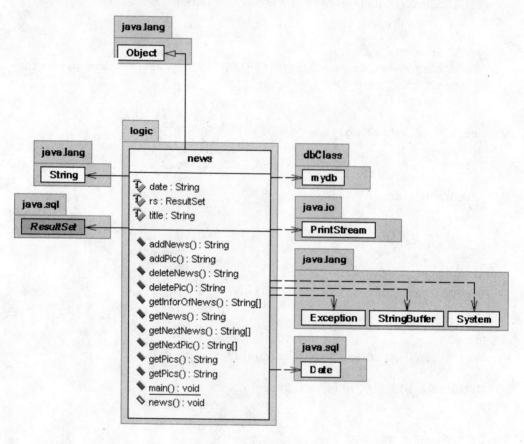

图 3-27  news.java 的类图

下面是 news.java 文件的具体内容。

```
package logic;

import dbClass.mydb;
import java.sql.Date;
import java.sql.*;
/**
* <p>Title: 新闻发布系统</p>
* <p>Description: 本类主要是针对新闻信息的一些逻辑</p>
* @author 王长松 秦琴
*…… …… ……
*/
```

```
public class news
{
  String title;
  String date;
```
/*注意这里的 rs 主要是以一个全局变量保存记录集，在下面的 getNews getPics 函数里为其赋值，然后通过 getNextNews getNextPic 来逐个读取里面的记录，所以对于同一个对象的这两组函数必须成对出现，不能交叉*/
```
  ResultSet rs;
  public news()
  {
```
/*构造函数*/
```
  title="";
  date="";
  }
  public static void main(String[] args)
```
/*在 main 方法中对该类的几个函数给出了简单的调用示例*/
```
  {
news news1 = new news();
news1.addNews("fighter","title","content");
```
/*测试 news1.addNews("fi","title","content");时会提示如下: */
/*违反完整约束条件 (SYSTEM.SYS_C002672) - 未找到父项关键字，这是因为没有 fi 这个用户名*/
```
news1.addPic ("title","picName","fighter");
news1.getNews();
String[] r=news1.getNextNews();
while( r!=null)
  {
  System.out.println(r[0]+" | "+r[1]);
  r=news1.getNextNews();
  }
 System.out.print( news1.deletePic("47471c53010378pr.jpg"));
```
/*……其他函数读者可以模仿上面写出简单的调用测试*/
```
}

 public String addNews(String id,String title, String content)
```
   /*添加一个无图片新闻*/
```
  {
    try
    {
    mydb st = new mydb();
    int B = st.executeUpdate(
"insert into wordsofnews(title,userId,dateupload,content) values('" +
title
 +"','"+id+"',SYSDATE,'" + content+"')");
```
/*在 Oracle 中，可以直接用 Oracle 中的"SYSDATE"关键字来进行系统时间的赋值*/
```
      st.close();
      if (B > 0)
      {
        return "success";
      }
```

```
      else
      {
        return "fail";
      }
    }
    catch (Exception e)
    {
      e.printStackTrace();
/* e.printStackTrace();可以显示出异常上抛的传递路径*/
      return "exception:"+e.getMessage()+ e.toString();
    }
  }


  public String addPic(String title, String picName,String userid)
  /*添加一个图片*/
  {
    try
    {
      mydb st = new mydb();
    int B = st.executeUpdate("insert into photo(title,name,userId) values('"
+ title
      +"','"+picName+"','"+userid+"')");
      st.close();
      if (B > 0)
      {
        return "success";
      }
      else
      {
        return "fail";
      }
    }
    catch (Exception e)
    {
      e.printStackTrace();
      return "exception:"+e.getMessage()+ e.toString();
    }
  }

  public String [] getInforOfNews(String title )
   {
  /*得到指定题目的新闻的各种信息*/
      String[] result=new String[4];
      try
      {
      mydb st=new mydb();
      rs=st.executeQuery("select * from wordsOfNews where title='"+title+
"'");
    if(rs.next())
      {
        result[0]=rs.getString("title");
```

```
      result[1]=""+rs.getDate("DATEUPLOAD");
      result[2]=rs.getString("userid");
      result[3]=rs.getString("content");
      }
      else
      {
       result[1]=null;
/* result[1]作为判断返回结果是否正常的条件, result[0]中则存放了异常或出错的原因*/
      result[0]="你单击的新闻不存在!";
      }
    return result;
    }
    catch(Exception e)
    {
 System.out.print(e.toString());
 result[1]=null;
 result[0]="异常: "+e.toString();
    }
    return result;
  }


public String getNews()
 {
/*得到所有的新闻信息的记录集给 rs,返回操作状态*/
   try
   {
   mydb st=new mydb();
   rs=st.executeQuery("select * from wordsOfNews order  by
DATEUPLOAD DESC  ");
/*注意这里的返回结果给了全局变量 rs, 供下面的 getNextNews 使用*/
return "success";
   }
   catch(Exception e)
   {
 System.out.print(e.toString());
 return "exception:"+e.toString();
   }
 }


public String[] getNextNews()
 {
/*逐条读出下一条新闻的信息*/
 String[] re=new String[2];
/*re 时返回值, 正常返回时包含新闻的相关信息, 出现记录集为空或异常情况时, 返回 null*/
try
{
  if(rs.next())
  {
   re[0]=rs.getString("title");
   re[1]=""+rs.getDate("DATEUPLOAD");
```

```
        }
        else
        {
        re=null;
        }
    return re;
    }
    catch(Exception e)
    {
    System.out.print(e.toString());
    return null;
    }
    }


    public String getPics()
    {
/*得到包含图片信息的记录集,与getNews相似*/
        try
        {
        mydb st=new mydb();
        rs=st.executeQuery("select * from photo");
        return "success";
        }
        catch(Exception e)
        {
    System.out.print(e.toString());
    return "exception";
        }
    }


    public String getPics( String title)
    {
        /*得到题目为title的新闻对应的图片的名称*/
        /*注意getPics( String title) 与getPics()的含义不相同,但是可以共用
getNextPic()这个函数作为下一步逐条读取的函数*/
        try
        {
        mydb st=new mydb();
        rs=st.executeQuery("select * from photo where title='"+title+"'");
        return "success";
        }
        catch(Exception e)
        {
    System.out.print(e.toString());
    return "exception";
        }
    }


    public String[] getNextPic()
    {
/*逐条读出图片的信息*/
```

```java
String[] re=new String[2];
 try
{
    if(rs.next())
    {
re[0]=rs.getString("name");
re[1]=rs.getString("title");
    }
    else
    {
re=null;
    }
 return re;
  }
  catch(Exception e)
  {
System.out.print(e.toString());
 return null;
  }
}


  public String deletePic( String picName)
  {
/*删除名称为 picName 的图片*/
 try
{
  mydb st=new mydb();
   int E=st.executeUpdate("delete FROM  photo where  name='"+picName+"'");
if(E>0)
{
return("从数据库中成功删除:"+picName);
}
else
{
return("没有删除"+picName+",该图可能不存在");
}
 }
  catch(Exception e)
  {
  System.out.print(e.toString());
  return "exception: "+e.toString();
  }
}


  public String deleteNews( String title)
{
/*删除一条新闻*/
 try
{
    mydb st=new mydb();
```

```
    int F=st.executeUpdate("delete FROM  photo  where
title='"+title+"'");
    int E=st.executeUpdate("delete FROM  wordsofnews  where
    title='"+title+"'");
/*一定注意,这里要先删除photo表中对应title的记录,再删除wordsofnews中相应记
录,不然会违反一致性约束,抛出异常*/
  if(E>0)
  {
  return("从数据库中成功删除:"+title);
  }
  else
  {
  return("没有删除"+title+",该新闻可能不存在");
  }
}
catch(Exception e)
{
System.out.print(e.toString());
return "exception: "+e.toString();
}
}
}
```

## 3.5.4  用户注册

该模块主要是用于用户注册,由 adduser.jsp、adduserDone.jsp 两个文件组成,分别实现用户信息提交和注册。下面逐一介绍两个文件的实现。

### 1. adduser.jsp

在该文件中,首先对注册数据在客户端进行了预处理,使用的是 JavaScript 技术,这样做的好处是避免将一些可以在客户端完成的工作留给服务器去做,既减少了用户交互的次数,提高了效率,又减轻了服务器的流量及处理负担。如图 3-28 所示,这是 adduser.jsp 的运行界面,下面是其中的源代码。

```
<%@ page contentType="text/html; charset=gb2312"
language="java"errorPage="" %>
<head>
<meta http-equiv="Content-Type" content="text/html; charset=gb2312" />
<title>用户注册</title>
<script language="javascript">
<!--这里嵌入javascript代码-->
function checkvalue()
{
<!--该函数实现对输入值的客户端检测-->
    var f = document.forms["main"];
    <!--这里的检测规则比较简单,读者可以仿照以下代码对检测规则进行修改-->
    <!--用户名长度合法性检测-->
    if( f.newUserName1.value.length<6 )
    {
```

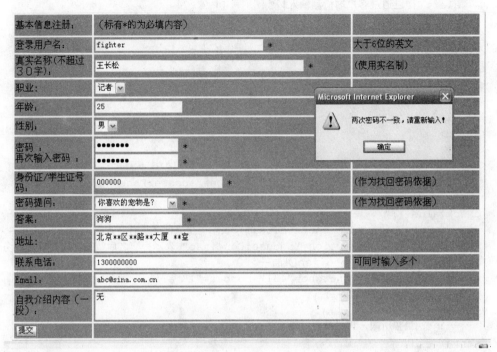

**图 3-28　adduser.jsp 的运行界面**

```
        alert( "请输入 6 位以上的用户名！" );
        f.newUserName1.focus();
        return false;
    }
<!--密码长度合法性检测-->
    if( f.passWord1.value.length==6 )
    {
        alert( "请输入 6 位以上密码！" );
        f.passWord1.focus();
        return false;
    }
    if( f.passWord2.value.length==6 )
    {
        alert( "请输入 6 位以上的确认密码！" );
        f.passWord2.focus();
        return false;
    }
<!--密码确认合法性检测-->
    if( f.passWord1.value!=f.passWord2.value )
    {
        alert( "两次密码不一致，请重新输入！" );
        f.passWord1.value="";
        f.passWord2.value="";
```

```
        f.passWord1.focus();
        return false;
    }
    alert( "已通过客户端检测输入！" );
    return true;
}
</script>
<style type="text/css">
<!--
-->
</style>
</head>
<body>
<div align="center" class="STYLE1">注册一个商户</div>
  <form name="main" method="post" action="adduserDone.jsp"
onSubmit="return
 checkvalue();"/>
  <!--onSubmit="return checkvalue(); 表示提交之前先进行客户端的合法性检测-->
  <!--method="post" action="adduserDone.jsp" 表示提交之后数据将被传递到服务器
端，并调用执行 adduserDone.jsp 页面-->
  <table width="855" height="451" border="1" align="center">
  <!--表的一些属性的设置-->
  <tr>
/*…… …… 篇幅所限，详见光盘 …… ……*/
  </tr>
  </table>
  </form>
  </body>
  </html>
```

### 2. adduserDone.jsp

该 jsp 文件通过调用 user 类中的 adduser 方法来完成用户数据的添入，由于 adduser.jsp 中已经对数据进行了检测，所以数据质量高，adduser 方法的逻辑结构也相对减轻。在这个过程中还可能会出现一些异常，这些异常尽量通过 adduser.jsp 中的 JavaScript 来实现，读者可以加以改进，尽量避免出现，又要对不可能避免的异常进行合理捕捉、处理。

图 3-29 所示为 adduserDone.jsp 的运行界面。

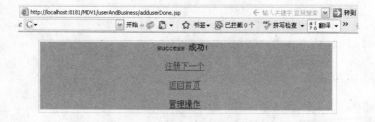

图 3-29  adduserDone.jsp 的运行界面

adduserDone.jsp 中的源代码如下：

```
<html><%@ page contentType="text/html; charset=gb2312" language="java"
```

```jsp
import="java.util.* " errorPage="" %>
<%@ page import=" java.lang.*" %>
<%@ page import="logic.user" %>
<!--注意, 如上所示, import 可以有多种书写样式-->
<head>
<meta http-equiv="Content-Type" content="text/html; charset=gb2312">
<title>无标题文档</title>
<style type="text/css">
<!--
.style1 {
    font-size: 36px;
}
body {
    background-color: #FFFFFF;
}
-->
</style>
</head>
<body>
<table width="601" height="138" border="1" align="center"
bordercolor="#BBBBFF">
    <tr>
      <td width="591" bgcolor="#6699CC"><div align="center">
        <%
user u=new user();
String id=request.getParameter("newUserName1");
String name=request.getParameter("newUserName2");
String age=request.getParameter("age");
String sex=request.getParameter("sex");
String kind=request.getParameter("kind");
String password=request.getParameter("passWord1");
String password2=request.getParameter("passWord2");
String idCard=request.getParameter("idcard");
String QUESTION=request.getParameter("question");
String ANSWER=request.getParameter("answer");
String ADDRESS=request.getParameter("address");
String PHONENO=request.getParameter("phoneno");
String EMAIL=request.getParameter("mail");
String INTRODUCE=request.getParameter("introduce");
<!--通过 request.getParameter ("参数")就可以得到从 adduser.jsp 表单中传过来的数
据, 其中参数就是表单项的名称-->
String result= u.addUser
(id,password,name,sex,age,idCard,"0",QUESTION,ANSWER,ADDRESS,PHONENO,
EMAIL,INTRODUCE);
%>
      <p align="center"><%=result%>
        <%
        if( result.equals("success"))
        {
session .setAttribute("loginIdMD",id);///写入了当前用户名
session .setAttribute("roleMD",kind);///写入了当前用户名类型
```

```
out.println("成功! ");
    }
    else
    {
out.println("失败! ");
    }
    %> </p>
    <p align="center"><a href="adduser.jsp">注册下一个</a></p>
    <p align="center"><a href="../index.htm">返回首页</a></p>
    <p align="center"><a href="new1/manage.jsp">管理操作</a></p>
    <TR><TD></TD><TD>
</TABLE>

<%!public String toChi(String input)
{
/*编码转换，这一点非常重要，因为我们在网页中的编码是gb2312*/
try {
byte[] bytes = input.getBytes("ISO8859-1");
return new String(bytes);
}catch(Exception ex) {
}
return null;
}
%>
</body>
</html>
```

如果填入过长真实姓名然后提交，就会出现异常，因为其长度超出了数据库表的列长设置，如图 3-30 所示。如图 3-31 所示，真实名称输入长度超过了 20 个字符单位(一个汉字占两个字符单位)，所以出现如图 3-32 所示的异常。

| 名称 | 数据类型 | 大小 | 小数位 | 可否为空? |
|---|---|---|---|---|
| USERID | VARCHAR2 | 40 | | |
| PASSWORD | VARCHAR2 | 20 | | ✔ |
| NAME | VARCHAR2 | 20 | | ✔ |
| SEX | VARCHAR2 | 20 | | ✔ |

图 3-30　部分数据库表

| 注册一个商户 | | |
|---|---|---|
| 基本信息注册, | (标有*的为必填内容) | |
| 登录用户名, | wangcx | * | 大于6位的英文 |
| 真实名称(不超过30字); | 北京大学软件与微电子学院王长松 | * | (使用实名制) |

图 3-31　adduser.jsp 的运行界面示例

图 3-32　adduserDone.jsp 的运行界面示例

解决的办法是修改 adduser 里面的检测规则，添加如下代码：

```
function checkvalue()
{
…
    if( f.newUserName1.value.length<6 | f.newUserName1.value.length>20)
    {
        alert( "请输入 6 位以上 20 位以下的用户名(一个汉字占两位)！");
        f.newUserName1.focus();
        return false;
    }
}
```

## 3.5.5　用户登录

该部分由 downIndex.htm、land.jsp 组成，主要完成用户的登录，使得用户有权限完成上传新闻、编辑等工作，下面对这两个源文件进行分析。

### 1. downIndex.htm

图 3-33 所示为 downIndex.htm 的运行界面。这是一个简单的静态页面，我们将通过该页面的源代码了解如何对页面风格进行设置。

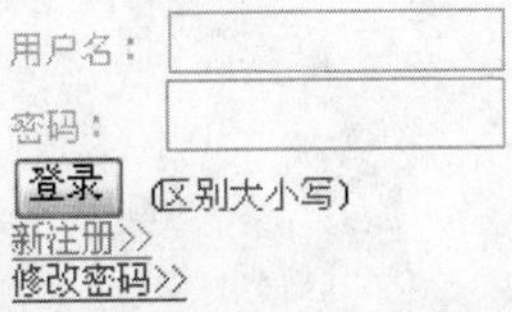

图 3-33　downIndex.htm 的运行界面

```
<%@ page contentType="text/html; charset=gb2312" language="java"
import="java.sql.*" errorPage="" %>
<head>
<meta http-equiv="Content-Type" content="text/html; charset=gb2312" />
<title>无标题文档</title>
<style type="text/css">
<!--
.style3 {font-size: 12px}
body {
    background-color: #FFFFFF;
}
.STYLE4 {color: #FF0000}
-->
</style>
<style type="text/css">
<!--下面是对页面风格的设置-->
a:link {color: #00CC00} /* 未被访问的链接设为红色 */
a:visited {color: #006600} /* 已被访问过的链接设为绿色 */
a:hover {color: #FF0000} /* 鼠标悬浮在上的链接设为橙色 */
```

```
a:active {color: #FFCC00}  /* 由鼠标单击而激活的链接设为蓝色 */
.STYLE13 {color: #FE8D00}
.style14 {color: #0000CC}
</style>
</head>
<body>
<table width="190" height="90" border="1" align="center" cellpadding="1"
bordercolor="#FFFFFF" bgcolor="#FFFFFF">
  <tr>
    <td width="185" height="100"><form action="land.jsp" method="post"
name="form1" target="_top" class="style3" id="form1">
      <span class="STYLE13">用户名:
        <input name="userName" type="text" size="15" height="14"/>
        <br>
      密码:
        <input name="passWord" type="password" size="17" height="14"/>
      </span><br>
        <input type="submit" name="Submit3" value="登录" />
        (<span class="STYLE4">区别大小写</span>)<br>
        <span class="style3"><span class="style14"><a href="login.jsp"
target="_blank">新注册&gt;&gt;</a><br>
        </span></span><span class="style14"><a href="changepassword.jsp"
target="_blank">修改密码>></a>
        <br>
        </span>
    </form>
    </td>
  </tr>
</table>
</body>
</html>
```

## 2. land.jsp

图 3-34 所示为 land.jsp 的运行界面,该页面通过调用 user 中的 land 函数实现了用户登录检测,同时在属于该用户与服务器交互的一个 Session(会话)中加入了当前用户名的信息,使其进入登录状态。

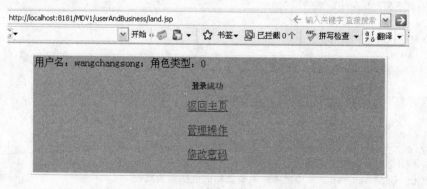

图 3-34　land.jsp 的运行界面

```jsp
<%@ page contentType="text/html; charset=gb2312" language="java"
errorPage="" %>
    <html>
    <%@ page import="logic.user" %>
    <head>
    <meta http-equiv="Content-Type" content="text/html; charset=gb2312">
    <title>无标题文档</title>
    <style type="text/css">
    <!--
    .style1 {
        font-size: 36px;
    }
    body {
        background-color: #FFFFFF;
    }
    .STYLE2 {font-size: 16px; }
    .STYLE3 {
        color: #FF0000;
        font-weight: bold;
    }
    .STYLE5 {font-size: 12; }
    -->
    </style>
    </head>
    <body>
    <table width="561" height="117" border="1" align="center">
      <tr>
        <td bgcolor="#6699CC"><%
    user u=new user();
    String result=
     u.land(toChi(request.getParameter("userName")),
toChi(request.getParameter("passWord")));
        if(result.equals("0")|result.equals("1"))
      {
    session.setAttribute("loginIdMD",toChi(request.getParameter("userName"))
);//写入了当前的用户名
    session.setAttribute("roleMD",result);//
    String id1=""+session.getAttribute("loginIdMD");
    String id2=""+session.getAttribute("roleMD");
    out.println("用户名："+id1+"; 角色类型："+id2);
    /*看写入得是否正确*/
    %>
        <p align="center" class="STYLE5">登录<span class="STYLE3">成功
    </span><br><br>
        <a href="../index.htm">返回主页>></a>
        <p align="center"><a href="news/manage.jsp">管理操作</a></p>
        <br>
        <a href="changepassword.jsp">修改密码</a>
        </p>
        <div align="center" class="STYLE5">
```

```
        <%
}
else{
%>
        </div>
        <p align="center" class="STYLE2"><span class="STYLE5">登录<span
    class="STYLE3">失败</span>请<a href="downIndex.htm">重新登录
</a></span></p>
        <p>
<%
}
%>
<%!public String toChi(String input) {
try {
byte[] bytes = input.getBytes("ISO8859-1");
return new String(bytes);
}catch(Exception ex) {
}
return null;
}
%>
</p></td>
</tr>
</table>
</body>
</html>
```

## 3.5.6 新闻及图片信息提交

对新闻的编辑包括新闻上传和编辑两大功能模块，如图 3-35 所示。

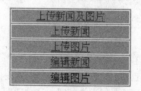

图 3-35　后台管理的主要链接

### 1. addNews.jsp

本界面主要实现新闻文字的提交(新闻名称、用户名及内容的提交)，另外，还包括图片的上传。文字信息、图片名称等相关信息提交后直接存入数据库，图片则写入相应文件夹存放。

如果没有登录就打开该网页，将会出现如图 3-36 所示的页面。

图 3-36　addPicNews.jsp 的运行界面(1)

登录后的界面如图 3-37 所示。

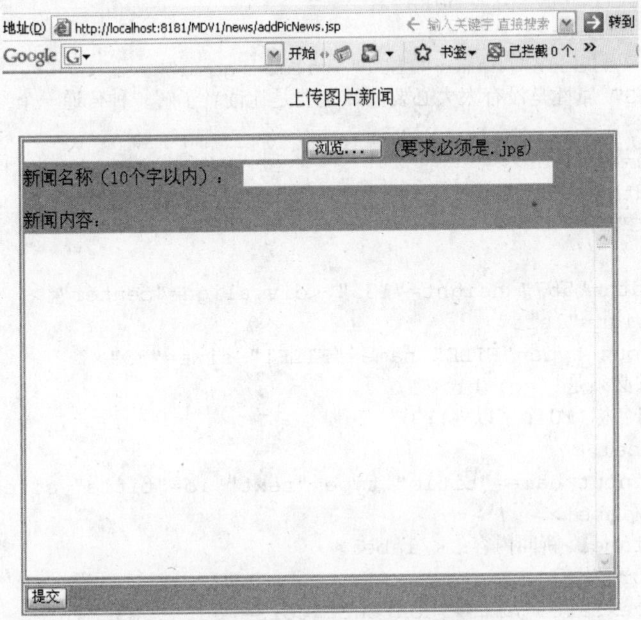

图 3-37　addPicNews.jsp2 的运行界面(2)

下面是 addPicNews.jsp 的内容。

```
<%@ page contentType="text/html; charset=gb2312" language="java"
errorPage="" %>
<%@ page import="java.io.File" %>
<head>
<meta http-equiv="Content-Type" content="text/html; charset=gb2312" />
<title>文件上传</title>
<style type="text/css">
<!--
.style1 {font-size: 24px}
-->
</style>
</head>
<body>
<%
String id2=""+session.getAttribute("roleMD");
/**注意，这里不需要进行字符转换，大家可以执行以下代码来测试：
* session.setAttribute("name","中国人");
* out.print(session.getAttribute("name"));
*/
```

```
/*首先从 Session 中得到当前 roleMD 值的情况*/
if(id2.equals("0"))
/*当前 roleMD 的值为 0，说明是记者，记者可以进行当前操作*/

{
%>
  <div align="center">上传图片新闻</div>
  <FORM METHOD="POST" ACTION="addPicNewsDone.jsp"
ENCTYPE="multipart/form-data">
  <div align="left">
<input type="hidden" name="TEST" value="good">
<!--这里的 TEST 属性是没有太大必要的，主要是让读者了解一种传递一个参数的方法-->
  </div>
  <div align="center">
  <table width="571" border="3" bordercolor="#FFFFFF"
bgcolor="#6699CC">
    <tr>
      <td width="557" height="135"><div align="center" >
        <p align="left">
         <input type="FILE" name="FILE1" size="35">
         (要求必须是.jpg)<br>
         新闻名称(10 个字以内)：
         <label>
           <input name="title" type="text" id="title" size="45" />
           </label>
           <label>新闻内容：</label>
           <br />
           <textarea name="content" cols="80" rows="20"
id="content"></textarea>
           </label>
        </p>
      </div></td>
    </tr>
    <tr>
      <td><div align="center" >

        <div align="left">
          <input type="submit" name="Submit" value="提交" />
        </div>
      </div></td>
    </tr>
  </table></div>
</FORM>
<%
}
else
{
%>
只有记者才能使用该功能，<a href="../userAndBusiness/downIndex.htm">重新登录
</a>
<%
```

```
}
%>
</body>
<%!
public String toChi(String input) {
/*…… ……; 篇幅所限，详见光盘 …… ……*/
}
%>
</html>
```

### 2．addPicNewsDone.jsp

本 JSP 文件调用 logic 包中 news 类的 addnews 和 addPic 两个函数来实现文字部分及图片信息的提交(其运行界面如图 3-38 所示)。并调用 com.jspsmart.upload 包里的 SmartUpload、File 两个类的相关函数来实现图片的上传。注意这里的 File 是 com.jspsmart.upload 包中的 File 类(com.jspsmart.upload.File)，不是 java.io 包中的那个 File 类，两者只是名字相同而已。

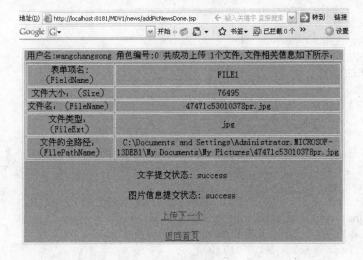

图 3-38　addPicNewsDone.jsp 的运行界面

```
<html><%@ page contentType="text/html; charset=gb2312" language="java"
import="java.util.*,com.jspsmart.upload.*" errorPage="" %>
<!--这里引入了 com.jspsmart.upload 包-->
<%@ page import="logic.news" %>
<head>
<meta http-equiv="Content-Type" content="text/html; charset=gb2312">
<title>无标题文档</title>
<style type="text/css">
<!--
.style1 {
    font-size: 36px;
}
body {
    background-color: #FFFFFF;
}
```

```
-->
</style>
</head>
<body>
<%
String id2=""+session.getAttribute("roleMD");
if(id2.equals("0"))
{
/*角色检测,如前所述*/
%>
<table width="601" height="138" border="1" align="center"
bordercolor="#BBBBFF">
    <tr>
      <td width="591" bgcolor="#6699CC"><div align="center">
        <%
// 我们使用 SmartUpload 这个类,新建一个 SmartUpload 对象
SmartUpload su = new SmartUpload();
// 上传初始化
su.initialize(pageContext);
// 设定上传限制:
// 文件的大小上限。
su.setMaxFileSize(300000);
// 所有数据的长度
// su.setTotalMaxFileSize(600000);
// 设定允许上传的文件类型,仅允许 jpg 文件。
su.setAllowedFilesList("jpg,JPG");
// 设定禁止上传的文件,例如,出于安全考虑,禁止上传带有 exe,bat,htm,html 的文件
 su.setDeniedFilesList("exe,bat,htm,html");
// 上传文件
su.upload();
String title=su.getRequest().getParameter("title");
String content=su.getRequest().getParameter("content");
/*注意,这里 SmartUpload 重载了 getRequest()函数,所以不能使
用:request.getParameter("参数名");*/
news news1 = new news();
String
result1=news1.addNews(""+session.getAttribute("loginIdMD"),title,content);
/*session.getAttribute("loginIdMD")返回类型是 object,通过一个空字符串的+操作可
以方便地转换成 String 类型//如果没有登录就上传新闻会返回异常:*/
/*这里可以测试  news1.addNews("fi","title","content");*/
/*会提示:违反完整约束条件(SYSTEM.SYS_C002672)- 未找到父项关键字*/
int count = su.save("/MDV1/news/image/");
/*这里比较特别,是从 ROOT 开始计。*/
/*读者可以考虑如何避免文件重名带来的覆盖问题*/
out.println("用户名:"+session.getAttribute("loginIdMD"));
///写入了当前用户名
out.println("角色编号:"+session.getAttribute("roleMD"));
///写入了当前用户名类型
%>

共成功上传 <%=count%>个文件,文件相关信息如下所示:</span><br>
```

```
<%
com.jspsmart.upload.File file=null;
com.jspsmart.upload.File file2=null;
String result2="";
/*逐一提取上传文件信息，同时可保存文件。*/
for (int i=0;i<su.getFiles().getCount();i++)
{
if(i==0)
{
 file = su.getFiles().getFile(i);
}

if(i==1)
{
 file2 = su.getFiles().getFile(i);
}
//如果你需要同时上传多个图片，可以仿照如上修改

// 若文件不存在则继续
if (file.isMissing()) continue;
result2=news1.addPic(title,file.getFileName(),""+session.getAttribute("l
oginIdMD"));

// 显示当前文件信息
%>
<table BORDER=1 BORDER=3 bordercolor="#FFFFFF" bgcolor="#6699CC" >
<TR><TD></TD><TD>
<%

out.println("<TR><TD>表单项名:(FieldName)</TD><TD>"
+ file.getFieldName() + "</TD></TR>");
out.println("<TR><TD>文件大小：(Size)</TD><TD>" +
file.getSize() + "</TD></TR>");
out.println("<TR><TD>文件名：(FileName)</TD><TD>"
+ file.getFileName() + "</TD></TR>");
out.println("<TR><TD>文件类型：(FileExt)</TD><TD>"
+ file.getFileExt() + "</TD></TR>");
out.println("<TR><TD>文件的全路径：(FilePathName)</TD><TD>"
+ file.getFilePathName() + "</TD>");
%></TR></TABLE>
<BR><%
}
%>
    <p align="center">文字提交状态：<%=result1%> </p>
    <p align="center">图片信息提交状态：<%=result2%> </p>
    <p align="center"><a href="addPicNews.jsp">上传下一个</a></p>
    <p align="center"><a href="../index.jsp">返回首页</a></p>
<%
}
else
{
```

```
%>
```
只有记者才能使用该功能, <a href="../userAndBusiness/downIndex.htm">重新登录
</a>
```
<%
}
%>
<%!public String toChi(String input) {
try {
/*…… …… 篇幅所限, 详见光盘 …… ……*/
}
%>
</body>
</html>
```

另外, 还有两个功能相似的模块, 一个用于只上传文字, 另一个用于只上传图片。由于篇幅限制, 我们仅对有代表性的代码段作出解释。

addPic.jsp 文件通过调用 logic.news 的 getNews 及 getNextNews 方法, 提供了已经存在的新闻名称的下拉菜单, 这样一来既减轻了记者输入名称的负担, 又减少了可能出现的异常(外码的一致性约束)。

addPic.jsp 的运行界面如图 3-39 所示。下面为其源代码。

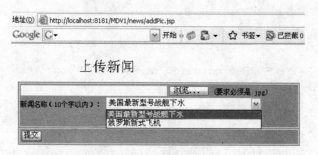

图 3-39  addPic.jsp 的运行界面

```
…
<select name="title" id="title" style="width: 200pt;">
<%
news news1=new news();
 news1.getNews();
  String[] r=news1.getNextNews();
while( r!=null)
  {
  out.print("<option>"+ r[0]+"</option>");
    r=news1.getNextNews();
  }
%>
</select>
…
```

addNews.jsp 在这里没有引入 com.jspsmart.upload, 所以这里使用 toChi 方法得到表单项的值, 如下:

```
toChi(request().getParameter("参数"))
```

而没有使用下面的语句：

```
su.getRequest().getParameter("参数")。
```

addNews.jsp 的运行界面如图 3-40 所示。下面是 addNews.jsp 有别于 addPic.jsp 的两句用于得到表单项的语句。

图 3-40　addNews.jsp 的运行界面

```
…
String title=chi(request.getParameter("title"));
/*编码转换*/
String content=chi(request.getParameter("content"));
…
```

## 3.5.7　新闻管理

该功能由 manageNews.jsp 文件实现，由实际的逻辑业务及其数据库约束条件可知，在删除新闻的同时，也会而且必须删除这些新闻的相关图片。manageNews.jsp 的运行界面如图 3-41 所示。

图 3-41　manageNews.jsp 的运行界面

manageNews.jsp 中的源代码如下：

```
<%@ page contentType="text/html; charset=gb2312" language="java"
 import="java.sql.*" errorPage="" %>
```

```
<%@ page import="logic.news" %>
<!--引入 news 类的目的，一是要利用 getNews、getNextNews 函数来读取新闻的题目，另
外，还要利用 deleteNews 来删除新闻-->
<head>
<title>新闻删除</title>
<style type="text/css">
<!--
.STYLE1 {
    color: #FF0000;
    font-size: 12px;
}
.STYLE2 {color: #FF0000}
-->
</style>
</head>
<body>
<p class="STYLE1">
  <%
String id2=""+session.getAttribute("roleMD");
out.print("角色类型: "+id2);
if(id2.equals("1"))
/*说明是以编辑的身份登录的*/
{
 String[] picked =  request.getParameterValues("deleteBox");
  if (picked != null)
/*说明有需要删除的*/
  {
  for (int i = 0;i < picked.length; i++)
  {
news news1=new news();
String result=news1.deleteNews( toChi(picked[i]));
/*注意：这里必须进行字符转换。*/
/*删除题目为 toChi(picked[i])的新闻*/
  }
  }
  else
  {
   out.println ("");
  }
%>
</p>
<form id="form1" name="form1" method="post" action="manageNews.jsp">
  <table width="700" height="75" border="1" bgcolor="#6699CC">
<tr>
    <td width="312" bgcolor="#999900"><span class="STYLE1">新闻主题:
</span></td>
  </tr>
<%
news news1=new news();
out.println("数据库状态:  "+news1.getNews());
/* news1.getNews()可能的返回值有成功、失败、异常 3 种状态*/
```

```
String[] r=news1.getNextNews();
while( r!=null)
  {
/*先得到一个数组，再进入循环可以避免出现空指针异常*/
%>
  <tr>
    <td><span class="STYLE1">
      <input name="deleteBox" type="checkbox" value=<%=r[0]%> />
<!--  这样 checkbox 表单项传递的值就是新闻的题目-->
      <%=r[0]%></span></td>
    <td><%=r[1]%></td>
  </tr>
<%
r=news1.getNextNews();
  }
%>
<tr><td><input  type="submit"  name="SubmitDelete"  value="删除选中的" />
</td></tr>
</table>
</form>
<%
}
else
{
%>
只有主编才能使用该功能,  <a href="../userAndBusiness/downIndex.htm">重新登录
</a>
<%
}
%>
</body>
<%!
public String toChi(String input) {
/*…… …… 篇幅所限，详见光盘 …… ……*/
}
%>
</html>
```

## 3.5.8　图片管理

该模块与新闻管理十分类似，同样是引入了 news 类，读取图片信息使用了 getPics 和 getNext 函数，删除调用了 deletePic 函数，篇幅所限，不再赘述。managePic.jsp 的运行界面如图 3-42 所示。

**图 3-42　managePic.jsp 的运行界面**

### 3.5.9 新闻主页显示

这部分对应的文件是 index.htm，这里我们是将另外两个网页嵌入到这个页面了，这样做的好处是使模块划分更清晰，修改更方便。

#### 1. 新闻条主页

index.htm 的运行界面如图 3-43 所示。

图 3-43　index.htm 的运行界面

index.htm 中的源代码如下：

```
<head>
<meta http-equiv="Content-Type" content="text/html; charset=gb2312" />
<title>Untitled Document</title>
<style type="text/css">
<!--
.style1 {font-size: 24px}
-->
</style>
</head>
<body>
<div align="center">
  <table width="520" border="2" align="center" bordercolor="#FFFFFF"
bgcolor="#6699CC">
    <tr>
      <td colspan="2"><div align="center"><span class="style1">新闻发布系统
V1.0
  </span></div></td>
    </tr>
    <tr>
      <td colspan="2"><div align="right"></div></td>
    </tr>
    <tr>
      <td width="395" height="130"><iframe src="news/showWordNews.jsp"
    width="340" height=180 marginwidth="0" marginheight="0" hspace="0"
vspace="0"
    frameborder="0" scrolling="no"></iframe></td>
<!--  <iframe> </iframe>标签就是用于嵌入另外网页的, 这里的大小一定要调整好, 被
    嵌入的网页的内容一定要居中-->
      <td width="109"><iframe src="userAndBusiness/downIndex.htm"
width="200"
```

```
height=180 marginwidth="0" marginheight="0" hspace="0" vspace="0"
frameborder="0"
    scrolling="no"></iframe></td>
      </tr>
    </table>
</div>
</body>
</html>
```

showWordNews.jsp：

这个文件中大部分技术与前面重复，不再赘述，但有一段代码是值得注意的：

```
…
<%
news news1=new news();
news1.getNews();
String[] r=news1.getNextNews();
while( r!=null)
   {
%>
<TR>
<TD class=12b align=left width=350 height=22><IMG
src="pic/sign.gif"><span
 class="STYLE2">
<A class=in2  href="showANews.jsp?newsNameMD=<%=r[0]%>" target=_blank>
<%=r[0]%>...(<%=r[1]%>)
</A></span></TD> </TR>
<!-- 这里通过"?newsNameMD=*"来显式地传递参数-->
<%
r=news1.getNextNews();
  }
%>
…
```

HTTP 协议中存在 get 和 post 两个方法。二者有明显的区别：

get 是 form 的默认方法，但是相比之下，post 方法往往更有优势。

get 方法的格式是按照 variable=value 的形式，添加在 URL 的后面，并用问号隔开，不同变量之间用"&"号隔开；post 是以表单项的方式将数据存放在 form 的体中，然后以变量和值的方式成对传递。

很显然，显式传递的 get 方法不太安全，即便是关掉浏览器之后，URL 往往会在客户端留下日志；post 的所有操作对用户来说都是不可见的，更安全。

URL 是有长度限制的，这就意味着 get 传输的数据长度也有限制；而 post 却没有这样的限制，特别是如果传递一个较大的文件就必须用 post 方法。

编码限制也不同，get 限制 form 表单的数据集的值必须为 ASCII 字符；而 post 支持整个 ISO10646 字符集。

本代码之所以这样写，就是为了让大家体会 get 与 post 的不同。

### 2. 新闻详细显示

本模块用于显示指定题目的新闻的内容及其图片，新闻题目是在 URL 中显式传递的："showANews.jsp?newsNameMD=这里是新闻的题目*******"，这是不同于前面所讲的 post 传递方式的另一种传递方式。显示的内容通过 news 类的 getInforOfNews、getPics、getNextPic 函数来完成。

图 3-44 为 index.htm 的运行界面。

图 3-44　index.htm 的运行界面

index.htm 中的源代码如下：

```jsp
<%@ page contentType="text/html; charset=gb2312" language="java"
import="java.sql.*"
 errorPage="" %>
<head>
<%@  page import="logic.news" %>
<meta http-equiv="Content-Type" content="text/html; charset=gb2312" />
<title>新闻</title>
<style type="text/css">
<!--
.STYLE2 {color: #FE8D00}
.STYLE4 {font-size: 12px}
.STYLE5 {
    font-size: 18px;
    font-weight: bold;
}
.STYLE6 {
    font-size: 24px;
    font-weight: bold;
}
-->
```

```
</style>
</head>
<body>
<%
String newsNameMD= toChi(request.getParameter("newsNameMD"));
/*得到新闻的题目*/
/*注意这里也要进行编码转换*/
news news1=new news();
String[] infor= news1.getInforOfNews(newsNameMD);
/*得到新闻的文字信息*/
if(infor==null)
{
out.print("你单击的新闻"+newsNameMD+"不存在！");
}
else
{
 out.println("图片显示状态："+news1.getPics(newsNameMD));
/*得到新闻的图片信息*/
%>
<table width="583" height="781" border="1" align="center">
  <tr>
    <td width="573" valign="top">
    <table width="572" border="0">
     <tr bordercolor="#ECE9D8" bgcolor="#FFFFCC">
       <td width="578"  valign="top" bgcolor="#6699cc"><br>
        <div align="center"><span
class="STYLE6"><%=infor[0]%></span></div></td>
       </tr>
       <%
       String[] picName =news1.getNextPic();
       while(picName!=null)
       {
       %>
     <tr bordercolor="#ECE9D8" bgcolor="#FFFFCC">
      <td height="8" valign="top" bgcolor="#6699cc"><div
align="center"><img
   src="image/<%=picName[0]%>" width="260" height="220" /></div></td>
       </tr>


       <%
       picName =news1.getNextPic();
       }
       %>
         <tr bordercolor="#ECE9D8" bgcolor="#FFFFCC">
       <td valign="top" bgcolor="#FFFFFF"><div align="center">[时间:
   <%=infor[1]%>_____记者：<%=infor[2]%>]</div></td>
       </tr>
     <tr bordercolor="#ECE9D8" bgcolor="#FFFFCC">
       <td valign="top" bgcolor="#6699cc"><span class="STYLE4">
<%=infor[3]%></span></td>
       </tr>
```

```
    </table>
    <div align="center"></div></td>
  </tr>
</table>
<%
}
%>
</body>
<%!
public String toChi(String input) {
……  ……  ……
}%>
</html>
```

注：另外还有密码修改等模块，其中的知识点在前几节都已涉及，篇幅所限，这里就不再赘述，源代码见光盘。

# 第 4 章　JDBC 基础——缴费系统

本案例为政府公基金缴费系统，它是一个投入实际应用的案例，案例较其他程序大很多，一共有近万行代码，主要是因为程序十分注重对各种异常的合理捕捉、处理和大量的界面处理，才使得程序量较大。但是，里面涉及的数据库操作知识并不复杂，比较基础，而且很全面地涵盖了所有常用数据库操作，可以很好地承担 JDBC 基础案例的角色。

## 4.1　JDBC-ODBC 桥接

我们已经介绍了 JDBC、JDBC-ODBC 桥接的相关知识，这里，针对 JDBC-ODBC 桥接作简单的回顾。

JDBC 既支持 2 层模型也支持 3 层数据库访问模型。所谓 2 层模型就是 Java 直接通过 JDBC 驱动器，向数据库传递 SQL 语句，并接受返回的执行结果；而在 3 层结构中，SQL 语句首先被发送给中间层，然后中间层再将 SQL 语句发送给数据库。返回结果的执行过程类似，先返回给中间层，然后由中间层返回给 JDBC 层。

JDBC-ODBC 桥接正是基于这样的 3 层结构，目的是兼容现在已经被广泛认可的 ODBC 技术，或者是应付连接还没有开发专用 JDBC 的数据库。

本案例正是使用了 JDBC-ODBC 作为中转，访问 Access 数据库的。对于较小的系统，使用 Windows 平台时，Access 是一个不错的选择。

JDBC-ODBC 桥是一个 JDBC 驱动程序，具体是由 sun.jdbc.odbc.JdbcOdbcDriver 实现的。这个包作为一个基本的 Java 包，在安装 JDK 时会自动安装，不需要特意配置路径。使用时，首先将桥的驱动类 sun.jdbc.odbc.JdbcOdbcDriver 添加到一个名为 jdbc.drivers 的 java.lang.System 属性中，或者也可以显式地加载 Java 类如下：

```
Class.forName("sun.jdbc.odbc.JdbcOdbcDriver").newInstance();
```

作为中间层，JDBC-ODBC 桥很显然会支持 JDBC URL，如下所示：

```
con = DriverManager.getConnection("jdbc:odbc:db","gly","hdmima");
```

其中 db 是数据源名称，用户名 gly，密码 hdmima。我们只需要几条语句就得到了链接对象，对于开发人员相当方便。

## 4.2　系 统 介 绍

下面首先在整体上认识一下这个系统的应用背景，以及如何安装、配置系统的运行环境。

### 4.2.1 系统需求

作为政府性基金的票据其实也是一种发票，不同的是它专门用作事业单位、政府机关等收费项目的凭证，这部分费用要进入财政代收费账户，单位不可以直接使用，所以它必须单独管理，于是它需要一套包括管理、日常操作、统计、打印等一系列服务的独立系统，以改善其工作效率、提高操作准确度。

由于本系统较为独立，可以在单机上完成包括业务、数据存储在内的所有工作，所以一个单机软件即可满足其需求。数据库选用 Access，由 Java 语言编写，实现的是一个 Application 程序。本系统之所以使用 JDBC-ODBC 桥接，是考虑到必要时可较为方便地更换数据库。

数据库的相关文件见光盘"第4章子目录\jkSYS\classes\db"下的 db.mdb，密码 hdmima。

### 4.2.2 环境配置

Java 环境的运行和配置这里就不再赘述，主要针对数据库的配置加以说明。

安装 j2sdk，安装过程中选项都按默认即可，完成相应环境变量的配置。

将光盘内容复制到硬盘任意位置(有足够大的空间存放数据库中日益积累的数据)。

下面配置 Access 数据源，依次选择【开始】→【控制面板】→【性能和维护】→【管理工具】→【数据源(ODBC)】，打开【ODBC 数据源管理器】对话框，单击【系统 DSN】标签，在打开的选项卡中单击【添加】按钮，选择 Microsoft Acess Driver [*mdb]，单击【完成】按钮，在【数据源名】处填入"db"，如图 4-1 所示。

图 4-1 数据源

然后单击【选择】按钮，这时出现如图 4-2 的界面，找到用户复制后的文件夹 jkSYS/classes/db。

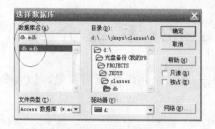

图 4-2 关联相应数据库

双击 db.mdb，单击【确定】按钮。

直接运行 jkSYS 中的 jk.jar 即可启动本程序。

## 4.3　管理员模块程序的实现及运行结果

在登录时，选择管理员身份，初始管理员用户名为 name，密码为 password1(原始用户名、密码)，进入管理员窗口。

下面我们看看管理员模式下可以做些什么。

在菜单管理员项中，单击【密码重设】，进入密码重设窗口，修改管理员名、密码(都不能为空)。

进入初始化，然后进入表单初始化，该窗口可以进行单据 NO 的初始化(需要填入的是下一张票据上将要打印的，以后的系统自动加 1)，添入 NO 后单击【确定】。

票据项目的初始化包括：

- 添加：将"****"行改为所要添加的内容(输入完请按 Enter 键，字体变大成正常大小，才表示完成输入)，然后单击【更新】按钮。当 8 个空行***都添加完后可以单击【更新】按钮，生成另 8 行***供插入新数据。

- 删除：选中所要删除的行，单击【删除】按钮，之后如同添加操作，系统也会进行强制检查(如图 4-3 所示)。

- 修改：在表中直接修改要修改的项目并回车，单击【更新】按钮，之后如同添加操作，系统同样会进行强制检查。

添加修改操作员：

进入【操作员管理】界面，其操作员名称、密码的添加、删除、修改与上面表单初始化相同。由于操作员会成为单据打印中的"制单人"，所以建议直接用真实姓名。

数据格式化：

进入数据格式化子菜单，如图 4-3 所示，单击【删除】按钮，使用前慎重考虑，因为它将删除所有打印票据记录的数据(不删除各种初始化设置及人员名称/密码数据)。

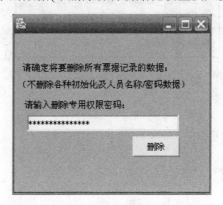

图 4-3　专用权限

还有一些其他操作，与上面几个类似，这里就不再一一列举，其中查询统计的功能在操作员模块介绍。

下面我们就其中几个功能，结合代码讲解是如何实现的。

## 4.3.1 登录管理

本类主要是实现用户的登录，用户有两种身份，对应独立的两个数据库表。密码数据的次数有限制，提高了安全性。登录失败信息区分了用户名不存在和密码错误。实现登录管理的 login 类的结构及继承关系如图 4-4 所示。

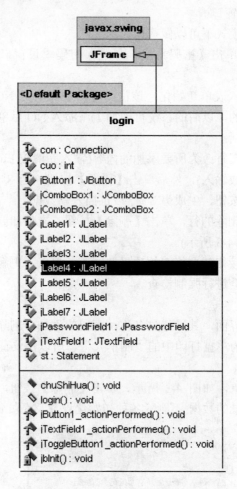

图 4-4　login 类的结构与继承关系

login.java 的代码如下：

```java
import javax.swing.*;
import java.awt.*;
import java.awt.event.*;
import java.sql.*;
import javax.sql.*;
import java.lang.*;
import javax.swing.*;
import java.awt.*;
import java.awt.event.*;
```

```
import java.sql.*;
import javax.sql.*;
import java.lang.*;
/**
 * <p>Title: </p>
 * <p>Description: </p>
 * <p>Copyright: Copyright (c) 2005</p>
 * <p>Company: </p>
 * @author 王长松 秦琴
 * @version 1.0
 */
public class login extends JFrame {
  Connection con;
  Statement st;
  int cuo;
  JButton jButton1 = new JButton();
  JTextField jTextField1 = new JTextField();
  JLabel jLabel1 = new JLabel();
  JLabel jLabel2 = new JLabel();
  JLabel jLabel3 = new JLabel();
  JLabel jLabel4 = new JLabel();
  JLabel jLabel5 = new JLabel();
  JLabel jLabel6 = new JLabel();
  JPasswordField jPasswordField1 = new JPasswordField();
  JComboBox jComboBox1 = new JComboBox();
  JLabel jLabel7 = new JLabel();
  JComboBox jComboBox2 = new JComboBox();
  public login() {
    try {
      jbInit();
    }
    catch(Exception e) {
      e.printStackTrace();
    }
    chuShiHua();
    jTextField1.setText("");
    this.setSize(new Dimension(299, 300));
    this.show(true);
  }
  public void chuShiHua()
  {
  Connection con;
  Statement st,st1;
  try
  {
/*1 表示用户名不对，2 表示密码不对*/
Class.forName("sun.jdbc.odbc.JdbcOdbcDriver").newInstance();
con = DriverManager.getConnection("jdbc:odbc:db","gly","hdmima");
st = con.createStatement
(ResultSet.TYPE_SCROLL_INSENSITIVE,ResultSet.CONCUR_UPDATABLE);
st1 = con.createStatement
```

```
(ResultSet.TYPE_SCROLL_INSENSITIVE,ResultSet.CONCUR_UPDATABLE);

ResultSet oRs=st.executeQuery("select* from operater");
    if(oRs.first())
    {
      do
      {
      String str1= oRs.getString("name");
      jComboBox2.addItem(str1);
      }
      while(oRs.next());
    }
    oRs=st.executeQuery("select* from manager");
    if(oRs.first())
     {
      do
      {
      String str1= oRs.getString("name");
      jComboBox2.addItem(str1);
      }
      while(oRs.next());
    }
}
catch(ClassNotFoundException e1)
{
System.out.println("[DBManager][connect] Unable to connect: "+
e1.toString());
}
catch(SQLException e1)
{
System.out.println("[DBManager][connect] Unable to connect: "+
e1.toString());
}
catch(InstantiationException e1)
{
System.out.println("[DBManager][connect] Unable to connect: "+
e1.toString());
}
catch(IllegalAccessException e1)
{
System.out.println("[DBManager][connect] Unable to connect: "+
e1.toString());
}
}
private void jbInit() throws Exception {
  cuo=0;
  this.getContentPane().setLayout(null);
  jButton1.setBounds(new Rectangle(183, 140, 84, 29));
  jButton1.setFont(new java.awt.Font("Dialog", 0, 15));
  jButton1.setVerifyInputWhenFocusTarget(true);
  jButton1.setHorizontalAlignment(SwingConstants.CENTER);
```

```
    jButton1.setMargin(new Insets(2, 14, 2, 14));
    jButton1.setText("确定");
    jButton1.addActionListener(new login_jButton1_actionAdapter(this));
/*
…… …… ……
```
部分界面设置代码省略，见光盘
```
*/
    this.getContentPane().add(jTextField1, null);
    jComboBox1.addItem("操作员");
    jComboBox1.addItem("管理员");
    jTextField1.setVisible(false);
    this.repaint();
  }
  void jButton1_actionPerformed(ActionEvent e) {
int wrong=0;
    try
    {
//1 表示用户名不对，2 表示密码不对
Class.forName("sun.jdbc.odbc.JdbcOdbcDriver").newInstance();
con = DriverManager.getConnection("jdbc:odbc:db","gly","hdmima");
st = con.createStatement
    (ResultSet.TYPE_SCROLL_INSENSITIVE,ResultSet.CONCUR_UPDATABLE);
System.out.print(jComboBox1.getSelectedIndex());
if(jComboBox1.getSelectedIndex()==1)
    {
      ResultSet oRs=st.executeQuery("select* from manager");
      oRs.first();
            if((!oRs.first())|jPasswordField1.getText().equals(""))
            {
              if(!oRs.first())
              {
                jLabel3.setText("系统尚未初始化，请与开发者联系");
              }
              else
              {
                  jLabel3.setText("密码不能为空");
              }
            }
            else{
              String name=new String();
              String password=new String();
              do{
          name=oRs.getString("name");
          password=oRs.getString("password");
          System.out.print(name);
          System.out.print(password);
           if( name.equals(jComboBox2.getSelectedItem().toString() ))
          {
            if(password.equals(jPasswordField1.getText()))
            {
              Frame2 f1= new Frame2();
```

```
                    f1.setVisible(true);
                    this.show(false);
                     }
                    else
                    {
                      wrong=2;
                    }
                 }
                 else
                 {
                   if(wrong!=2)
                   {wrong=1;}
                 }
              }while(oRs.next());
                 }
          }
     if(jComboBox1.getSelectedIndex()==0)
     {
        ResultSet oRs=st.executeQuery("select* from operater");
oRs.first();
          if((!oRs.first())||jPasswordField1.getText().equals(""))
          {
            if(!oRs.first())
            {
            jLabel3.setText("还没有分配任何操作员，请联系管理员");
            }
            else
            {
              jLabel3.setText("密码不能为空");
            }
          }
          else{
            String name=new String();
            String password=new String();
            do{
    name=oRs.getString("name");
    password=oRs.getString("password");
    System.out.print(name);
    System.out.print(password);
     if( name.equals(jComboBox2.getSelectedItem().toString() ))
     {
      if(password.equals(jPasswordField1.getText()))
      {
        Frame1 f1= new Frame1(jComboBox2.getSelectedItem().toString());
    f1.setVisible(true);
    this.setVisible(false);
      }
      else
      {
        wrong=2;
      }
```

```
        }
    else
        {
          if(wrong!=2)
          {wrong=1;}
        }
      }while(oRs.next());
        }
    }
    catch(ClassNotFoundException e1)
    {
    System.out.println("[DBManager][connect] Unable to connect: "+
e1.toString());
    }
    catch(SQLException e1)
    {
    System.out.println("[DBManager][connect] Unable to connect: "+
e1.toString());
    }
    catch(InstantiationException e1)
    {
    System.out.println("[DBManager][connect] Unable to connect: "+
e1.toString());
    }
    catch(IllegalAccessException e1)
    {
    System.out.println("[DBManager][connect] Unable to connect: "+
e1.toString());
    }
    if(wrong==1)
     {
        jLabel3.setText("该用户不存在");
        cuo++;
     }
    if(wrong==2)
     {
        jLabel3.setText(jComboBox2.getSelectedItem().toString()+" 你的密码输入
错误");
        cuo++;
     }
      jLabel4.setText(""+cuo);
    if (cuo==4)
    {
      System.exit(0);
    }
    }
      void jToggleButton1_actionPerformed(ActionEvent e)
    {
        if (jComboBox2.getSelectedItem().toString().equals("用户"))
            {
```

```
         if(jPasswordField1.getText().equals("123"))
          {
         Frame1 f1= new Frame1("");
         Frame2 f2= new Frame2();
         f1.setVisible(true);
         f2.setVisible(true);
         this.setVisible(false);
          }
          else
          {
            jLabel3.setText("密码错误");
            cuo++;
          }
         }
         else
         {
         jLabel3.setText("该用户不存在");
         cuo++;
         }
         jLabel4.setText(""+cuo);
         if (cuo==4)
         {
            System.exit(0);
         }
        }
    void jTextField1_actionPerformed(ActionEvent e) {
    }
   }
   class login_jButton1_actionAdapter implements
java.awt.event.ActionListener {
    login adaptee;
    login_jButton1_actionAdapter(login adaptee) {
      this.adaptee = adaptee;
    }
    public void actionPerformed(ActionEvent e) {
      adaptee.jButton1_actionPerformed(e);
    }
   }
   class login_jTextField1_actionAdapter implements
java.awt.event.ActionListener {
    login adaptee;
    login_jTextField1_actionAdapter(login adaptee) {
      this.adaptee = adaptee;
    }
    public void actionPerformed(ActionEvent e) {
      adaptee.jTextField1_actionPerformed(e);
    }
   }
```

运行 login.java，得到的登录界面如图 4-5 所示。

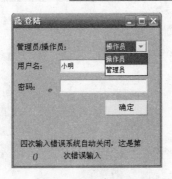

图 4-5　登录界面

## 4.3.2　管理员窗口

这个类是一个 JFrame 的子类，实现了管理员的操作界面，包括了管理员所有的操作：管理员信息管理、操作员管理、数据管理、初始化和注册等。Frame2 类的结构及继承关系如图 4-6 所示。

图 4-6　Frame2 类的结构及继承关系

实现管理员窗口及其功能的代码如下。

```
import javax.swing.*;
import java.awt.event.*;
import javax.swing.event.*;
import java.awt.*;

/**
 * <p>Title: </p>
 * <p>Description: </p>
 * <p>Copyright: Copyright (c) 2005</p>
 * <p>Company: </p>
 * @author not attributable
 * @version 1.0
 */

public class Frame2 extends JFrame {
  String st;
  JMenuItem jMenuHelpAbout = new JMenuItem();
/*
...... ...... ......
此处部分代码省略，见光盘
*/
  JMenu jMenu5 = new JMenu();
  JMenuItem jMenuItem9 = new JMenuItem();

  public Frame2() {
    try {
      jbInit();
    }
    catch(Exception e) {
      e.printStackTrace();
    }
    this.setSize(600,500);
    this.show(true);
    this.repaint();
  }
  private void jbInit() throws Exception {
    this.getContentPane().setLayout(null);
    jMenuFile.setText("系统");
    jMenuFile.setActionCommand("系统");
    jMenuFile.setFont(new java.awt.Font("Dialog", 0, 13));
/*
...... ...... ......
此处部分代码省略，见光盘
*/
    jMenu5.add(jMenuItem9);
    this.setJMenuBar(jMenuBar1);
  }
  void jMenuItem5_mouseReleased(MouseEvent e) {
    addOperater a=new addOperater();
a.setVisible(true);
  }
```

```java
  void jMenuItem3_mouseReleased(MouseEvent e) {
    quanxian q=new quanxian();
    q.setVisible(true);
  }
  void jMenuItem2_mouseReleased(MouseEvent e) {
    biaodanchushihua b=new biaodanchushihua();
    b.setVisible(true);
  }
  void jMenuItem1_mouseReleased(MouseEvent e) {
    caxun c=new caxun();
    c.setVisible(true);
  }
  void jMenuItem4_mouseReleased(MouseEvent e) {
    gChangPassword a=new gChangPassword();
    a.setVisible(true);
  }
  void jMenuFileExit_mouseReleased(MouseEvent e) {
System.exit(0);
  }
  void jMenuItem6_mouseReleased(MouseEvent e) {
jiaoKuanDanWeiChuShiHua j =new jiaoKuanDanWeiChuShiHua();
    j.setVisible(true);
  }
  void jMenuItem7_mouseReleased(MouseEvent e) {
    quanxian q=new quanxian();
    q.setVisible(true);
  }
  void jMenuItem8_mouseReleased(MouseEvent e) {
zuoFei zf= new  zuoFei();
    zf.setVisible(true);
  }
  void jMenuItem9_mouseReleased(MouseEvent e) {
zhuCe zc=new zhuCe();
    zc.setVisible(true);
  }
}

class Frame2_jMenuItem1_keyAdapter extends java.awt.event.KeyAdapter {
  Frame2 adaptee;

  Frame2_jMenuItem1_keyAdapter(Frame2 adaptee) {
    this.adaptee = adaptee;
  }
}
/*
…… …… ……
```

此处部分代码省略，见光盘
```
*/
```

运行 Frame2.java，得到的管理员窗口如图 4-7 所示。

图 4-7　管理员窗口

## 4.3.3　管理员信息维护

管理员信息维护常用功能主要是密码修改。修改过程中会对权限、身份和密码合法性作检验。实现该功能的代码如下。

```java
import javax.swing.*;
import java.awt.*;
import java.awt.event.*;
import java.sql.*;
import javax.sql.*;
import java.lang.*;

/**
 * <p>Title: </p>
 * <p>Description: </p>
 * <p>Copyright: Copyright (c) 2005</p>
 * <p>Company: </p>
 * @author not attributable
 * @version 1.0
 */

public class gChangPassword
  extends JFrame {
  JButton jButton1 = new JButton();
  JLabel jLabel1 = new JLabel();
  JTextField jTextField1 = new JTextField();
  JLabel jLabel2 = new JLabel();
  JPasswordField jPasswordField1 = new JPasswordField();
  JLabel jLabel7 = new JLabel();
```

```java
JTextField jTextField2 = new JTextField();
JLabel jLabel4 = new JLabel();
JLabel jLabel5 = new JLabel();
JPasswordField jPasswordField2 = new JPasswordField();
JPasswordField jPasswordField3 = new JPasswordField();
JLabel jLabel3 = new JLabel();
JLabel jLabel6 = new JLabel();
public gChangPassword() {
  try {
    jbInit();
  }
  catch (Exception e) {
    e.printStackTrace();
  }
  this.setSize(350, 300);
  this.show(true);
}
private void jbInit() throws Exception {
  this.getContentPane().setLayout(null);
  jButton1.setBounds(new Rectangle(225, 209, 77, 31));
  /*
  …… …… ……

  界面设置代码省略，见光盘
  */
  this.getContentPane().add(jLabel6, null);
  this.getContentPane().add(jButton1, BorderLayout.WEST);
}

void jButton1_actionPerformed(ActionEvent e) {
  int wrong = 0;
  Connection con;
  Statement st, st1;
  try {
    Class.forName("sun.jdbc.odbc.JdbcOdbcDriver").newInstance();
    con = DriverManager.getConnection("jdbc:odbc:db", "gly", "hdmima");

    st = con.createStatement(ResultSet.TYPE_SCROLL_INSENSITIVE,
                    ResultSet.CONCUR_UPDATABLE);
    st1 = con.createStatement(ResultSet.TYPE_SCROLL_INSENSITIVE,
                     ResultSet.CONCUR_UPDATABLE);
    ResultSet oRs = st.executeQuery("select* from manager");
    oRs.first();
    if ( (!oRs.first()) | jTextField1.getText().equals("") |
        jPasswordField1.getText().equals("") |
        jTextField2.getText().equals("") |
        jPasswordField2.getText().equals("") |
        jPasswordField3.getText().equals("")) {
      if (!oRs.first()) {
        jLabel3.setText("系统尚未初始化");
      }
      else {
```

```java
    if (jTextField1.getText().equals("") |
      jTextField2.getText().equals("")) {
     jLabel3.setText("用户名不能为空");
    }
    else {
     jLabel3.setText("密码不能为空");
    }
   }
  }
  else {
   String name = new String();
   String password = new String();
   do {
    name = oRs.getString("name");
    password = oRs.getString("password");
    System.out.print(name);
    System.out.print(password);
    if (name.equals(jTextField1.getText())) {
     if (password.equals(jPasswordField1.getText())) {
       if
(jPasswordField2.getText().equals(jPasswordField3.getText())) {
          int A = st1.executeUpdate("delete from manager   where
name='" +
                               jTextField1.getText() + "'");
          int B = st.executeUpdate(
              "insert into manager(name,password) values ('" +
              jTextField2.getText() + "','" +
jPasswordField2.getText() +
              "')");
          System.out.print(A);
          System.out.print(B);
          if (B == 1 & A == 1) {
            wrong = 5;
          }
          else {
            if (wrong < 5) {
              wrong = 4;
            }
          }
       }
       else {
        if (wrong < 4) {
         wrong = 3;
        }
       }
     }
     else {
      if (wrong < 3) {
       wrong = 2;
      }
     }
```

```
            }
        else {
          if (wrong < 2) {
            wrong = 1;
          }
        }
      }
      while (oRs.next());
    }
  }
  catch (ClassNotFoundException e1) {
    System.out.println("[DBManager][connect] Unable to connect: " +
                e1.toString());
  }
  catch (SQLException e1) {
    System.out.println("[DBManager][connect] Unable to connect: " +
                e1.toString());
  }
  catch (InstantiationException e1) {
    System.out.println("[DBManager][connect] Unable to connect: " +
                e1.toString());
  }
  catch (IllegalAccessException e1) {
    System.out.println("[DBManager][connect] Unable to connect: " +
                e1.toString());
  }
  if (wrong == 1) {
    jLabel3.setText("该用户不存在");
  }
  if (wrong == 2) {
    jLabel3.setText(jTextField1.getText() + " 你的密码输入错误");
  }
  if (wrong == 3) {
    jLabel3.setText("两次输入密码不一致");
  }
  if (wrong == 4) {
    jLabel3.setText("数据库写入失败，与开发人员联系");
  }
  if (wrong == 5) {
    jLabel3.setText("修改成功,新管理员为" + jTextField2.getText());
  }
  }
}
class gChangPassword_jButton1_actionAdapter
  implements java.awt.event.ActionListener {
  gChangPassword adaptee;
  gChangPassword_jButton1_actionAdapter(gChangPassword adaptee) {
  this.adaptee = adaptee;
  }
  public void actionPerformed(ActionEvent e) {
    adaptee.jButton1_actionPerformed(e);
```

```
        }
    }
```

运行以上代码出现的管理员信息维护界面如图 4-8 所示。

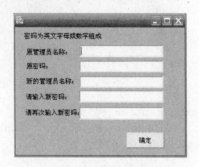

图 4-8　管理员信息维护

## 4.3.4　表单初始化

该类是为了完成日常操作前的初始化工作，主要是项目条目和初始化单据开始编号。其中要说明的是，删除功能是建立在表格的单击动作基础上，通过调用：

```
row = jTable1.getSelectedRow();
```

得到删除的标志。

实现表单初始化功能的代码如下：

```java
import javax.swing.*;
import java.awt.*;
import java.awt.event.*;
import java.sql.*;
import javax.sql.*;
import java.lang.*;

/**
 * <p>Title: </p>
 * <p>Description: </p>
 * <p>Copyright: Copyright (c) 2005</p>
 * <p>Company: </p>
 * @author not attributable
 * @version 1.0
 */

public class biaodanchushihua
    extends JFrame {
  Connection con;
  Statement st;
  JLabel jLabel1 = new JLabel();
  JTextField jTextField1 = new JTextField();
  JButton jButton1 = new JButton();

  JLabel jLabel2 = new JLabel();
```

```
String[] columnNames = {
"项目编码", "收费项目", "计费单位", "计费标准"};
Object[][] data = new Object[3][4];
JScrollPane jScrollPane1 = new JScrollPane();
JTable jTable1 = new JTable();
JButton jButton3 = new JButton();
JLabel jLabel3 = new JLabel();
JLabel jLabel4 = new JLabel();
JLabel jLabel5 = new JLabel();
JButton jButton2 = new JButton();
JButton jButton4 = new JButton();
JLabel jLabel6 = new JLabel();
JLabel jLabel7 = new JLabel();
public biaodanchushihua() {
  try {
    jbInit();
  }
  catch (Exception e) {
    e.printStackTrace();
  }
  jButton2.show(false);
  biaoShow();
  this.setSize(780, 550);
  this.show(true);
}

private void jbInit() throws Exception {
  jLabel1.setFont(new java.awt.Font("Dialog", 0, 15));
  jLabel1.setAlignmentX( (float) 0.0);
  jLabel1.setText("设定下一张回单 NO: ");
  jLabel1.setBounds(new Rectangle(13, 58, 159, 36));
  this.getContentPane().setLayout(null);
  /*
  …… …… ……
  此处 ji 界面设置代码省略，见光盘
  */
  this.getContentPane().add(jButton3, null);
  jScrollPane1.getViewport().add(jTable1, null);
}

void jButton1_actionPerformed(ActionEvent e) {
  double a = 0;
  int ok = 1;
  try {
    a = StringToDouble(jTextField1.getText());
  }
  catch (NumberFormatException eeee) {
    jLabel7.setText("NO 中有非法数字输入");
    ok = 2; //非法输入 NO
    jingGao jg = new jingGao("NO 中有非法数字输入");
    jg.setVisible(true);
```

```
        }
      Connection con;
      Statement st, st1;
      if (ok == 1) {
        try {
          Class.forName("sun.jdbc.odbc.JdbcOdbcDriver").newInstance();
          con = DriverManager.getConnection("jdbc:odbc:db", "gly",
"hdmima");
          st = con.createStatement(ResultSet.TYPE_SCROLL_INSENSITIVE,
                          ResultSet.CONCUR_UPDATABLE);
          st1 = con.createStatement(ResultSet.TYPE_SCROLL_INSENSITIVE,
                          ResultSet.CONCUR_UPDATABLE);
          int A = st1.executeUpdate("delete from chuShiNO ");
          int B = st.executeUpdate("insert into chuShiNO (NO) values(" + a
+ ")");
          ResultSet oRs = st.executeQuery("select* from chuShiNO");
          oRs.first();
          double f = oRs.getDouble("NO");
          double d = f + 1;
          System.out.print(d);
          System.out.print("d-f");
          System.out.print(d - f);
        }
        catch (ClassNotFoundException e1) {
          System.out.println("[DBManager][connect] Unable to connect: " +
                        e1.toString());
        }
        catch (SQLException e1) {
          System.out.println("[DBManager][connect] Unable to connect: " +
                        e1.toString());
        }
        catch (InstantiationException e1) {
          System.out.println("[DBManager][connect] Unable to connect: " +
                        e1.toString());
        }
        catch (IllegalAccessException e1) {
          System.out.println("[DBManager][connect] Unable to connect: " +
                        e1.toString());
        }
      }
    }
    public static float stringToFloat(String floatstr) {
      Float floatee;
      floatee = Float.valueOf(floatstr);
      return floatee.floatValue();
    }

    public void biaoShow() {
      int no = 0;
      try {
        Class.forName("sun.jdbc.odbc.JdbcOdbcDriver").newInstance();
```

```
con = DriverManager.getConnection("jdbc:odbc:db", "gly", "hdmima");
st = con.createStatement(ResultSet.TYPE_SCROLL_INSENSITIVE,
                    ResultSet.CONCUR_UPDATABLE);
ResultSet oRs = st.executeQuery(
    "select* from cuShiBiaoDan order by bianMa ");
System.out.print("jjjjjjj");
int y = 0;
int i = 0;
Object[][] data;
if (!oRs.first()) {
  jLabel3.setText("0");
  System.out.print("hahaha");
}
else {
  do {
    System.out.print("ggg");
    y++;
  }
  while (oRs.next());
}
System.out.print("row");
System.out.print(y + 8);
data = new Object[y + 8][4];
if (!oRs.first()) {
  System.out.print("hahaha");
}
else {
  System.out.print("ooooooooooo");
  oRs.first();
  String bianMa = new String();
  String souFeiXiangMu = new String();
  String jiFeiDanWei = new String();
  float danJia;
  do {
    bianMa = oRs.getString("bianMa");
    souFeiXiangMu = oRs.getString("souFeiXiangMu");
    jiFeiDanWei = oRs.getString("jiFeiDanWei");
    danJia = oRs.getFloat("danJia");
    System.out.print("bianMa");
    System.out.print(bianMa);
   if (! (bianMa.equals("------"))) {
      data[i][0] = bianMa;
      data[i][1] = souFeiXiangMu;
      data[i][2] = jiFeiDanWei;
      data[i][3] = "" + danJia;
      System.out.print(data[i][1]);
      i++;
    }
  }
  while (oRs.next());
}
```

```
for (int j = 0; j < 9; j++) {
  data[j + i][0] = "***";
  data[j + i][1] = "***";
  data[j + i][2] = "***";
  data[j + i][3] = "" + 0;
}
jLabel3.setText("" + i);
String[] columnNames = {
    "项目编码", "收费项目", "计费单位", "计费标准"};
jTable1.setVisible(false);
jTable1 = new JTable(data, columnNames);
jTable1.setRowHeight(20);
jTable1.setFont(new java.awt.Font("Dialog", 0, 13));
jScrollPane1.getViewport().add(jTable1, null);
jTable1.show();
}
catch (ClassNotFoundException e1) {
  System.out.println("[DBManager][connect] Unable to connect: " +
              e1.toString());
}
catch (SQLException e1) {
  System.out.println("[DBManager][connect] Unable to connect: " +
              e1.toString());
}
catch (InstantiationException e1) {
  System.out.println("[DBManager][connect] Unable to connect: " +
              e1.toString());
}
catch (IllegalAccessException e1) {
  System.out.println("[DBManager][connect] Unable to connect: " +
              e1.toString());
}
}
public static long stringToLong(String intstr) {
  Integer integer;
  integer = Integer.valueOf(intstr);
  return integer.longValue();
}
public static double StringToDouble(String intstr) {
  Double d = java.lang.Double.valueOf(intstr);
  return d.doubleValue();
}

void jButton3_actionPerformed(ActionEvent e) {
  try {
    Class.forName("sun.jdbc.odbc.JdbcOdbcDriver").newInstance();
    con = DriverManager.getConnection("jdbc:odbc:db", "gly", "hdmima");
    st = con.createStatement(ResultSet.TYPE_SCROLL_INSENSITIVE,
                    ResultSet.CONCUR_UPDATABLE);
    System.out.print(jTable1.getRowCount());
    int wrong1 = 0;
```

```
float d = 0;
int goOn = 0;
for (int i = 0; i < jTable1.getRowCount(); i++) {
  for (int j = 0; j < 3; j++) {
    if (jTable1.getValueAt(i, j).toString().equals("")) {
      jLabel7.setText("表中不能有空，没有请填无");
      jingGao jg = new jingGao("表中不能有空，没有请填无");
      jg.setVisible(true);
      wrong1 = 2;
    }
  }
  try {
    String s = jTable1.getValueAt(i, 3).toString();
    Float f = java.lang.Float.valueOf(s);
    d = f.floatValue();
    System.out.print("d:");
    System.out.print(d);
  }
  catch (java.lang.NumberFormatException e3) {
    if (wrong1 < 2) {
      wrong1 = 1;
      jLabel7.setText("非法操作，请在计费标准中填入数字,没有填 0");
      jingGao jg = new jingGao("非法操作,
      请在计费标准中填入数字,没有填 0");
      jg.setVisible(true);
    }
  }
}
int delete = 0;
if (wrong1 == 0) {
  for (int i = 0; i < jTable1.getRowCount(); i++) {
    if (! (jTable1.getValueAt(i, 0).toString().equals("***"))) {
      Object o = jTable1.getValueAt(i, 3);
      String s = o.toString();
      float dd = java.lang.Float.valueOf(s).floatValue();
      System.out.print("s:");
      System.out.print(s);
      String b = jTable1.getValueAt(i, 0).toString();
      String c = jTable1.getValueAt(i, 1).toString();
      String z = jTable1.getValueAt(i, 2).toString();
      System.out.print(b);
      System.out.print(c);
      System.out.print(z);
      if (delete == 0) {
        int A = st.executeUpdate("delete from  cuShiBiaoDan");
        delete = 1;
        this.repaint();
      }
      int B = st.executeUpdate(
          "insert into cuShiBiaoDan
          (bianMa,souFeiXiangMu,jiFeiDanWei,danJia)
```

```
                    values ('" +b + "','" + c + "','" + z + "'," + dd + ")");
            }
        }
        int B = st.executeUpdate(
            "insert into cuShiBiaoDan
(bianMa,souFeiXiangMu,jiFeiDanWei,danJia)
            values ('------','------','------',0)");
    }
    con.close();
}
catch (ClassNotFoundException e1) {
    System.out.println("[DBManager][connect] Unable to connect: " +
                e1.toString());
}
catch (SQLException e1) {
    System.out.println("[DBManager][connect] Unable to connect: " +
                e1.toString());
}
catch (InstantiationException e1) {
    System.out.println("[DBManager][connect] Unable to connect: " +
                e1.toString());
}
catch (IllegalAccessException e1) {
    System.out.println("[DBManager][connect] Unable to connect: " +
                e1.toString());
}
biaoShow();
}
void jButton2_actionPerformed(ActionEvent e) {
    biaoShow();
    this.repaint();
}

void jButton4_actionPerformed(ActionEvent e) {
    int row = -1;
    row = jTable1.getSelectedRow();
    if (row == -1) {
        jLabel7.setText("请单击要删除的行");
    }
    else {
        try {

            Class.forName("sun.jdbc.odbc.JdbcOdbcDriver").newInstance();
            con = DriverManager.getConnection("jdbc:odbc:db", "gly",
"hdmima");
            st = con.createStatement(ResultSet.TYPE_SCROLL_INSENSITIVE,
                        ResultSet.CONCUR_UPDATABLE);
            String a = jTable1.getValueAt(row, 0).toString();
            String b = jTable1.getValueAt(row, 1).toString();
            String c = jTable1.getValueAt(row, 2).toString();
            String d = jTable1.getValueAt(row, 3).toString();
```

```
        float dd = java.lang.Float.valueOf(d).floatValue();
        this.repaint();
        int A = st.executeUpdate("delete from  cuShiBiaoDan where
bianMa='" +
                        a + "'and souFeiXiangMu='" + b +
                        "'and jiFeiDanWei='" + c + "' and danJia=" +
                        dd);
        jLabel7.setText("");
        con.close();
    }
    catch (ClassNotFoundException e1) {
      System.out.println("[DBManager][connect] Unable to connect: " +
                e1.toString());
    }
    catch (SQLException e1) {
      System.out.println("[DBManager][connect] Unable to connect: " +
                e1.toString());
    }
    catch (InstantiationException e1) {
      System.out.println("[DBManager][connect] Unable to connect: " +
                e1.toString());
    }
    catch (IllegalAccessException e1) {
      System.out.println("[DBManager][connect] Unable to connect: " +
                e1.toString());
    }
  }
  biaoShow();
 }
}

class biaodanchushihua_jButton1_actionAdapter
    implements java.awt.event.ActionListener {
 biaodanchushihua adaptee;
 biaodanchushihua_jButton1_actionAdapter(biaodanchushihua adaptee) {
 this.adaptee = adaptee;
 }
 public void actionPerformed(ActionEvent e) {
   adaptee.jButton1_actionPerformed(e);
 }
}
```

运行以上代码，出现的表单初始化界面如图 4-9 所示。

图 4-9 表单初始化

## 4.3.5 单据作废

对于输入错误的表单，如果已经填入数据库，那么就必须通过管理员权限来删除，这就是表单删除功能。实现此功能的代码如下：

```java
import javax.swing.*;
import java.awt.*;
import java.awt.event.*;
import javax.swing.*;
import java.awt.*;
import java.awt.event.*;
import java.sql.*;
import javax.sql.*;
import java.lang.*;

/**
 * <p>Title: </p>
 * <p>Description: </p>
 * <p>Copyright: Copyright (c) 2005</p>
 * <p>Company: </p>
 * @author not attributable
 * @version 1.0
 */

public class zuoFei
    extends JFrame {
  JLabel jLabel1 = new JLabel();
```

```java
JTextField jTextField1 = new JTextField();
JButton jButton1 = new JButton();
JLabel jLabel2 = new JLabel();
public zuoFei() {
  try {
    jbInit();
  }
  catch (Exception e) {
    e.printStackTrace();
  }
  this.setSize(200, 200);
}

private void jbInit() throws Exception {
  this.getContentPane().setLayout(null);
  jLabel1.setFont(new java.awt.Font("Dialog", 0, 13));
  jLabel1.setText("请输入要作废的单据 NO: ");
  /*
  …… …… ……
  此处 ji 界面设置代码省略，见光盘
  */
  this.getContentPane().add(jLabel2, null);
}

void jButton1_actionPerformed(ActionEvent e) {
  double l = 0;
  try {
    l = java.lang.Double.valueOf(jTextField1.getText().toString()).
      doubleValue();
  }
  catch (Exception el) {
    jingGao jg = new jingGao("非法数据输入");
  }
  Connection con;
  Statement st;
  try {
    Class.forName("sun.jdbc.odbc.JdbcOdbcDriver").newInstance();
    con = DriverManager.getConnection("jdbc:odbc:db", "gly", "hdmima");
    st = con.createStatement(ResultSet.TYPE_SCROLL_INSENSITIVE,
                    ResultSet.CONCUR_UPDATABLE);
    int A = st.executeUpdate("delete from xiangMu where NO1=" + l);
    int B = st.executeUpdate("delete from dan2 where dan2.NO=" + l);
    jLabel2.setText("成功删除! ");
    con.close();
  }
  catch (ClassNotFoundException el) {
    System.out.println("[DBManager][connect] Unable to connect: " +
                e1.toString());
  }
  catch (SQLException el) {
    System.out.println("[DBManager][connect] Unable to connect: " +
```

```
                    e1.toString());
    }
    catch (InstantiationException e1) {
      System.out.println("[DBManager][connect] Unable to connect: " +
                    e1.toString());
    }
    catch (IllegalAccessException e1) {
      System.out.println("[DBManager][connect] Unable to connect: " +
                    e1.toString());
    }
  }
}

class zuoFei_jButton1_actionAdapter
   implements java.awt.event.ActionListener {
   zuoFei adaptee;
   zuoFei_jButton1_actionAdapter(zuoFei adaptee) {
   this.adaptee = adaptee;
  }
  public void actionPerformed(ActionEvent e) {
    adaptee.jButton1_actionPerformed(e);
  }
}
```

运行以上代码出现的单据作废界面如图 4-10 所示。

图 4-10　作废单据

　　其他功能的实现使用的技术在前几节都已经涉及，不再赘述。查询统计功能的实现将在操作员模块讲解。

# 4.4　操作员模块的实现及运行结果

　　操作员界面的功能与管理员功能相仿，代码也类似，此处不再赘述。下面介绍操作员模块中票据的日常输入和查询统计的实现。

## 4.4.1　票据输入

　　这其实也是一个 JFrame 子类，模拟了一个单据，是一个比较传统的数据采集窗口。

这个类的特点是：首先，尽量提高输入的效率，很多数据来自单据的初始化，有的不用输入，有的只需要进行一下选择即可；其次，这个采集窗口实现了数据的动态核实、计算，也就是不是到提交时才开始计算工作，如果有错误的输入，可以在第一时间发现。以上两个特征对于提高工作效率和工作准确度很有帮助。实现票据输入功能的代码如下：

```java
import javax.swing.*;
import java.awt.*;
import java.util.*;
import java.awt.event.*;
import java.sql.*;
import javax.sql.*;
import java.lang.*;
import java.awt.event.*;
import javax.swing.event.*;

/**
 * <p>Title: </p>
 * <p>Description: </p>
 * <p>Copyright: Copyright (c) 2005</p>
 * <p>Company: </p>
 * @author 王长松 秦琴
 * @version 1.0
 */

public class danju
    extends JFrame {
  int tan = 0;
  String str1;
  String[] danWei = new String[1];
  double NO = 0;
  Connection con;
  Statement st;
  java.util.Date date;
  int year;
  int month;
  int day;
  JLabel jLabel1 = new JLabel();
  JLabel jLabel2 = new JLabel();
  JTextField jTextField1 = new JTextField();
  JLabel jLabel3 = new JLabel();
/*
…… …… ……
```

此处部分代码省略，见光盘

```java
*/
  JMenuItem jMenuItem1 = new JMenuItem();
  JMenu jMenu1 = new JMenu();
  JMenuBar jMenuBar1 = new JMenuBar();
  public danju(String name, String danWeiMingCheng, String danWeiBianMa)
{
    try {
```

```
      jbInit();
    }
    catch (Exception e) {
      e.printStackTrace();
    }
    System.out.print("danWeiMingCheng");
    System.out.print(danWeiMingCheng);
    date = new java.util.Date();
    year = date.getYear() - 100 + 2000;
    month = date.getMonth() + 1;
    day = date.getDate();
    if (month < 10) {
      jLabel6.setText("0" + month);
    }
    else {
      jLabel6.setText("" + month);
    }
    jLabel4.setText("" + year);
    if (day < 10) {
      jLabel8.setText("0" + day);
    }
    else {
      jLabel8.setText("" + day);
    }
    str1 = name;
    jLabel40.setText(str1);
    jComboBox1.addItem("");
    jComboBox3.addItem("------");
    jComboBox6.addItem("------");
    jComboBox9.addItem("------");
    jComboBox12.addItem("------");
    jComboBox19.addItem("------");
    jComboBox16.addItem("------");
    jLabel38.setText("");
    chuShiHua();
    jLabel12.setText(danWeiMingCheng);
    jLabel14.setText(danWeiBianMa);
    this.setSize(770, 600);
    this.show();
    this.repaint();
}
private void jbInit() throws Exception {
    jLabel1.setFont(new java.awt.Font("Dialog", 0, 20));
    jLabel1.setText("行政事业性收费政府性基金缴款书(回单)");
    jLabel1.setBounds(new Rectangle(3, 0, 448, 50));
    this.getContentPane().setLayout(null);
    this.getContentPane().setBackground(new Color(180, 180, 210));
    /*
    ...... ...... ......

    此处界面设置代码省略，见光盘
    */
```

```java
    jMenuBar1.add(jMenu1);
  this.setJMenuBar(jMenuBar1);
}

public void chuShiHua() {
  try {
    Class.forName("sun.jdbc.odbc.JdbcOdbcDriver").newInstance();
    con = DriverManager.getConnection("jdbc:odbc:db", "gly", "hdmima");
    st = con.createStatement(ResultSet.TYPE_SCROLL_INSENSITIVE,
                      ResultSet.CONCUR_UPDATABLE);
    ResultSet oRs = st.executeQuery("select* from chuShiNo ");
    if (!oRs.first()) {
      jLabel25.setText("还有没初始化的数据，请联系管理员，或手动输入");
    }
    else {
      NO = oRs.getDouble("NO");
      Double floatee = new Double(NO);
      System.out.print(floatee.longValue());
      jTextField1.setText("" + floatee.longValue());
    }
    oRs.close();
    oRs = st.executeQuery("select* from danWeiChuShiHua");
    if (!oRs.first()) {
    jLabel25.setText("还有没初始化的数据，请联系管理员，或手动输入");
    }
    else {
      do {
        jComboBox1.addItem(oRs.getString("danWeiLeiXing"));
      }
      while (oRs.next());
    }
    oRs.close();
    getAllBianMa();
  }
  catch (ClassNotFoundException e1) {
    System.out.println("[DBManager][connect] Unable to connect: " +
                e1.toString());
  }
  catch (SQLException e1) {
    System.out.println("[DBManager][connect] Unable to connect: " +
                e1.toString());
  }
  catch (InstantiationException e1) {
    System.out.println("[DBManager][connect] Unable to connect: " +
                e1.toString());
  }
  catch (IllegalAccessException e1) {
    System.out.println("[DBManager][connect] Unable to connect: " +
                e1.toString());
  }
}
```

```
void jComboBox14_actionPerformed(ActionEvent e) {
}

public boolean isIn(String s, String[] sz) {
  for (int i = 0; i < sz.length; i++) {
    if (sz[i].equals(s)) {
      return true;
    }
  }
  return false;
}

public void getAllBianMa() {
  try {
    Class.forName("sun.jdbc.odbc.JdbcOdbcDriver").newInstance();
    con = DriverManager.getConnection("jdbc:odbc:db", "gly", "hdmima");
    st = con.createStatement(ResultSet.TYPE_SCROLL_INSENSITIVE,
                      ResultSet.CONCUR_UPDATABLE);
    ResultSet oRs = st.executeQuery(
       "select Distinct bianMa  from cuShiBiaoDan");
    if (!oRs.first()) {
      jLabel25.setText("还有没初始化的数据，请联系管理员");
    }
    else {
      jComboBox2.addItem("------");
      jComboBox5.addItem("------");
      jComboBox11.addItem("------");
      jComboBox15.addItem("------");
      jComboBox18.addItem("------");
      jComboBox8.addItem("------");
      do {
        String b = oRs.getString("bianMa");
        System.out.print("String b= oRs.getString()");
        System.out.print(b);
        if (!b.equals("------")) {
          jComboBox2.addItem(b);
          jComboBox5.addItem(b);
          jComboBox11.addItem(b);
          jComboBox15.addItem(b);
          jComboBox18.addItem(b);
          jComboBox8.addItem(b);
        }
      }
      while (oRs.next());
    }
    oRs.close();
  }
  catch (ClassNotFoundException e1) {
    System.out.println("[DBManager][connect] Unable to connect: " +
                 e1.toString());
  }
```

```
    catch (SQLException e1) {
      System.out.println("[DBManager][connect] Unable to connect: " +
                  e1.toString());
    }
    catch (InstantiationException e1) {
      System.out.println("[DBManager][connect] Unable to connect: " +
                  e1.toString());
    }
    catch (IllegalAccessException e1) {
      System.out.println("[DBManager][connect] Unable to connect: " +
                  e1.toString());
    }
  }
  void jComboBox2_popupMenuWillBecomeInvisible(PopupMenuEvent e) {
    if (jComboBox2.getItemCount() > 0) {
      jComboBox3.removeAllItems();
      jComboBox3.addItem("------");
      System.out.print(jComboBox2.getSelectedItem());
      String s = jComboBox2.getSelectedItem().toString();
      try {
        Class.forName("sun.jdbc.odbc.JdbcOdbcDriver").newInstance();
        con = DriverManager.getConnection("jdbc:odbc:db", "gly",
"hdmima");
        st = con.createStatement(ResultSet.TYPE_SCROLL_INSENSITIVE,
                        ResultSet.CONCUR_UPDATABLE);
        ResultSet oRs = st.executeQuery(
          "select Distinct souFeiXiangMu from cuShiBiaoDan where
bianMa='" +
            s + "'");
        if (!oRs.first()) {
          jLabel25.setText("还有没初始化的数据，请联系管理员，或手动输入");
        }
        else {
          do {
            String b = oRs.getString("souFeiXiangMu");
            jComboBox3.addItem(b);
          }
          while (oRs.next());
          jLabel26.setText("");
          jComboBox4.removeAllItems();
          jLabel32.setText("0");
        }
        oRs.close();
      }
      catch (ClassNotFoundException e1) {
        System.out.println("[DBManager][connect] Unable to connect: " +
                    e1.toString());
      }
      catch (SQLException e1) {
        System.out.println("[DBManager][connect] Unable to connect: " +
                    e1.toString());
```

```
        }
      catch (InstantiationException e1) {
        System.out.println("[DBManager][connect] Unable to connect: " +
                    e1.toString());
      }
      catch (IllegalAccessException e1) {
        System.out.println("[DBManager][connect] Unable to connect: " +
                    e1.toString());
      }
    }
  }
  /*
  ...... ...... ......
```

此处相似代码省略，见光盘

```
  */
  void jButton1_actionPerformed(ActionEvent e) {
  /*表单提交*/
    float aa = 0, bb = 0, cc = 0, dd = 0, ff = 0, gg = 0, hh = 0;
    try {
      aa = java.lang.Float.valueOf(jLabel32.getText()).floatValue();
      bb = java.lang.Float.valueOf(jLabel33.getText()).floatValue();
      cc = java.lang.Float.valueOf(jLabel34.getText()).floatValue();
      dd = java.lang.Float.valueOf(jLabel35.getText()).floatValue();
      ff = java.lang.Float.valueOf(jLabel36.getText()).floatValue();
      gg = java.lang.Float.valueOf(jLabel37.getText()).floatValue();
      hh = java.lang.Float.valueOf(jLabel38.getText()).floatValue();
    }
    catch (java.lang.NumberFormatException eee) {
    }
    if (hh == aa + bb + cc + dd + ff + gg) {
      tan = 0;
      try {
        Class.forName("sun.jdbc.odbc.JdbcOdbcDriver").newInstance();
        con = DriverManager.getConnection("jdbc:odbc:db", "gly",
"hdmima");
        st = con.createStatement(ResultSet.TYPE_SCROLL_INSENSITIVE,
                      ResultSet.CONCUR_UPDATABLE);
        try {
          double d = java.lang.Double.valueOf(jTextField1.getText()).
            doubleValue();
          ;
          String jkr = jComboBox1.getSelectedItem().toString() +
            jTextField2.getText();
          String nian = "" + year;
          String yue = "" + month;
          String ri = "" + day;
          float hj =
java.lang.Float.valueOf(jLabel38.getText()).floatValue();
          String zd = jLabel40.getText();
          if (! (jLabel32.getText().equals("0"))) {
            String bianMa = jComboBox2.getSelectedItem().toString();
```

```
                String xiangMuMingCheng =
jComboBox3.getSelectedItem().toString();
                String danWei = jLabel26.getText();
                long shuLiang = java.lang.Long.valueOf(jSpinner1.getValue().
                    toString()).longValue();
                float biaoZhun = 0;
                if (jComboBox4.getItemCount() > 0) {
                  biaoZhun =
java.lang.Float.valueOf(jComboBox4.getSelectedItem().
                                        toString()).floatValue();
                }
                float jinE =
java.lang.Float.valueOf(jLabel32.getText()).floatValue();
                System.out.print("这里是 SQL: ");
                int B = st.executeUpdate("insert into
                xiangMu( NO1,bianMa,xiangMuMingCheng,danWei,shuLiang,
                biaoZhun,jinE)values (" +
                                d + ",'" + bianMa + "','" +
                                xiangMuMingCheng + "','"+ danWei + "',"+
                                shuLiang + "," + biaoZhun + "," + jinE +
                                ")");
              }
          if (! (jLabel33.getText().equals("0"))) {
                String bianMa = jComboBox5.getSelectedItem().toString();
                String xiangMuMingCheng =
jComboBox6.getSelectedItem().toString();
                String danWei = jLabel27.getText();
                long shuLiang = java.lang.Long.valueOf(jSpinner2.getValue().
                    toString()).longValue();
                float biaoZhun = 0;
                if (jComboBox7.getItemCount() > 0) {
                  biaoZhun =
java.lang.Float.valueOf(jComboBox7.getSelectedItem().
                                        toString()).floatValue();
                }
                float jinE =
java.lang.Float.valueOf(jLabel33.getText()).floatValue();
                int B = st.executeUpdate("insert into
                xiangMu( NO1,bianMa,xiangMuMingCheng,danWei,shuLiang,
                biaoZhun,jinE) values (" +
                                d + ",'" + bianMa + "','" +
                                xiangMuMingCheng + "','"+danWei + "'," +
                                shuLiang + "," + biaoZhun + "," + jinE +
                                ")");
              }
      /*
      …… …… ……

此处相似代码省略，见光盘
      */
```

```
        if (! (jLabel37.getText().equals("0"))) {
            String bianMa = jComboBox15.getSelectedItem().toString();
            String xiangMuMingCheng =
jComboBox16.getSelectedItem().toString();
            String danWei = jLabel31.getText();
            long shuLiang = java.lang.Long.valueOf(jSpinner6.getValue().
                toString()).longValue();
            float biaoZhun = 0;
            if (jComboBox17.getItemCount() > 0) {
             biaoZhun =
java.lang.Float.valueOf(jComboBox17.getSelectedItem().
                                        toString()).floatValue();
            }
            float jinE =
java.lang.Float.valueOf(jLabel37.getText()).floatValue();
            int B = st.executeUpdate("insert into
            xiangMu( NO1 ,bianMa,xiangMuMingCheng,danWei,shuLiang,
            biaoZhun,jinE) values ( " +
                            d + ",'" + bianMa + "','" +
                            xiangMuMingCheng + "','" + danWei +"',"+
                            shuLiang + "," + biaoZhun + "," + jinE +
                            ")");
        }
        String strRiQi = jLabel4.getText() + jLabel6.getText() +
            jLabel8.getText();
        long lRiQi = java.lang.Integer.valueOf(strRiQi).longValue();
        int j = st.executeUpdate(
            "insert into dan2(NO,riQi,jiaoKuanRen,heJi,zhiDan) values ("
+ d +
            "," + lRiQi + ",'" + jkr + "'," + hj + ",'" + zd + "')");
        d++;
        jTextField1.setText("" + d);
        int A = st.executeUpdate("delete from chuShiNo");
        int kk = st.executeUpdate("insert  into chuShiNo (NO) values ("
+ d +
                        ")");
    }
    catch (java.lang.NumberFormatException eee) {
        tan = 1;
        jLabel25.setText("合计了吗？ ");
    }
}
catch (ClassNotFoundException e1) {
    System.out.println("[DBManager][connect] Unable to connect: " +
                e1.toString());
}
catch (SQLException e1) {
    System.out.println("[DBManager][connect] Unable to connect: " +
                e1.toString());
}
```

```
        catch (InstantiationException e1) {
          System.out.println("[DBManager][connect] Unable to connect: " +
                    e1.toString());
        }
        catch (IllegalAccessException e1) {
          System.out.println("[DBManager][connect] Unable to connect: " +
                    e1.toString());
        }
      }
      else {
        tan = 1;
        jLabel25.setText("数据和出错，请再次合计，并保证每行数据都已更新");
      }
      /*打印开始*/
      if (tan == 0) {
        String[] sz = new String[45];
        sz[0] = jLabel4.getText();
        sz[1] = jLabel6.getText();
        sz[2] = jLabel8.getText();
        sz[3] = jLabel12.getText();
        sz[4] = "" + jComboBox1.getSelectedItem() + jTextField2.getText();
        sz[5] = jLabel14.getText();
        if (! (jLabel32.getText().equals("0") |
jLabel32.getText().equals("0.0"))) {
            sz[6] = "" + jComboBox2.getSelectedItem();
            sz[7] = "" + jComboBox3.getSelectedItem();
            sz[8] = jLabel26.getText();
            sz[9] = "" + jSpinner1.getValue();
            sz[10] = "" + jComboBox4.getSelectedItem();
        }
        else {
            sz[6] = "------";
            sz[7] = "------";
            sz[8] = "------";
            sz[9] = "0";
            sz[10] = "0";
        }
        sz[11] = jLabel32.getText();
    /*
    …… …… ……
    此处相似代码省略，见光盘
    */
        sz[41] = jLabel37.getText();
        sz[42] = jLabel39.getText();
        sz[43] = jLabel38.getText();
        sz[44] = jLabel40.getText();
        Frame3 f = new Frame3(sz);
```

```
        f.setVisible(true);
        jComboBox2.removeAllItems();
        jComboBox3.removeAllItems();
        jComboBox4.removeAllItems();
        jComboBox5.removeAllItems();
        jComboBox6.removeAllItems();
    /*
    ...... ...... ......
```
此处相似代码省略，见光盘
```
    */
        this.getContentPane().add(jSpinner6, null);
        this.repaint();
        chuShiHua();
      }
    }

    void jComboBox3_popupMenuWillBecomeInvisible(PopupMenuEvent e) {
      if (jComboBox3.getItemCount() > 0) {
        String s = jComboBox3.getSelectedItem().toString();
        try {
          Class.forName("sun.jdbc.odbc.JdbcOdbcDriver").newInstance();
          con = DriverManager.getConnection("jdbc:odbc:db", "gly",
"hdmima");
          st = con.createStatement(ResultSet.TYPE_SCROLL_INSENSITIVE,
                        ResultSet.CONCUR_UPDATABLE);
          ResultSet oRs = st.executeQuery(
            "select jiFeiDanWei ,danJia from cuShiBiaoDan where
souFeiXiangMu='" +
            s + "'");
          jComboBox4.removeAllItems();
          if (!oRs.first()) {
            jLabel25.setText("还有没初始化的数据，请联系管理员，或手动输入");
          }
          else {
            System.out.print("tttttttt");
            do {
              String a = oRs.getString("jiFeiDanWei");
              jLabel26.setText(a);
              String b = oRs.getString("danJia");
              jComboBox4.addItem(b);
            }
            while (oRs.next());
          }
          oRs.close();
        }
        catch (ClassNotFoundException e1) {
          System.out.println("[DBManager][connect] Unable to connect: " +
                        e1.toString());
```

```
     }
     catch (SQLException e1) {
       System.out.println("[DBManager][connect] Unable to connect: " +
                 e1.toString());
     }
     catch (InstantiationException e1) {
       System.out.println("[DBManager][connect] Unable to connect: " +
                 e1.toString());
     }
     catch (IllegalAccessException e1) {
       System.out.println("[DBManager][connect] Unable to connect: " +
                 e1.toString());
     }
    }
  }
/*
…… …… ……
```

此处相似代码省略，见光盘

```
*/
  void jComboBox4_popupMenuWillBecomeInvisible(PopupMenuEvent e) {
    if (jComboBox4.getItemCount() > 0) {
      int wrong2 = 0;
      float f = 0;
      float g = 0;
      String a = jSpinner1.getValue().toString();
      String tt = jComboBox4.getSelectedItem().toString();
      try {
        f = java.lang.Float.valueOf(a).floatValue();
        g = java.lang.Float.valueOf(tt).floatValue();
      }
      catch (java.lang.NumberFormatException e3) {
        jLabel25.setText("收费标准中请填入数字");
        wrong2 = 1;
      }
      if (wrong2 == 0) {
        jLabel32.setText("" + f * g);
      }
    }
  }


/*
…… …… ……
```

此处相似代码省略，见光盘

```
*/
  void jButton2_actionPerformed(ActionEvent e) {
    float a = java.lang.Float.valueOf(jLabel32.getText()).floatValue();
    float b = java.lang.Float.valueOf(jLabel33.getText()).floatValue();
```

```
    float c = java.lang.Float.valueOf(jLabel34.getText()).floatValue();
    float d = java.lang.Float.valueOf(jLabel35.getText()).floatValue();
    float f = java.lang.Float.valueOf(jLabel36.getText()).floatValue();
    float g = java.lang.Float.valueOf(jLabel37.getText()).floatValue();
    jLabel38.setText("" + (a + b + c + d + f + g));
    String ss = ChineseMoney.getChineseMoney("" + (a + b + c + d + f + g)
+ "0");
    System.out.print(ss);
    jLabel39.setText(ss);
}


void jButton3_actionPerformed(ActionEvent e) {
    jComboBox2.removeAllItems();
    jComboBox3.removeAllItems();
    jComboBox4.removeAllItems();
    jComboBox5.removeAllItems();
/*
…… …… ……
此处相似代码省略，见光盘
*/
    jComboBox9.addItem("------");
    jComboBox12.addItem("------");
    jComboBox19.addItem("------");
    jComboBox16.addItem("------");
    chuShiHua();
}


void jMenuItem1_mousePressed(MouseEvent e) {
}


void jMenuItem1_mouseReleased(MouseEvent e) {
    weiTiao w = new weiTiao();
    w.setVisible(true);
}


void jComboBox2_keyReleased(KeyEvent e) {

    if (jComboBox2.getItemCount() > 0) {
        jComboBox3.removeAllItems();
        jComboBox3.addItem("------");
        System.out.print(jComboBox2.getSelectedItem());
        String s = jComboBox2.getSelectedItem().toString();
        try {
            Class.forName("sun.jdbc.odbc.JdbcOdbcDriver").newInstance();
            con = DriverManager.getConnection("jdbc:odbc:db", "gly",
"hdmima");
            st = con.createStatement(ResultSet.TYPE_SCROLL_INSENSITIVE,
```

```
                    ResultSet.CONCUR_UPDATABLE);
    ResultSet oRs = st.executeQuery(
        "select Distinct souFeiXiangMu from cuShiBiaoDan where
bianMa='" +
        s + "'");
    if (!oRs.first()) {
      jLabel25.setText("还有没初始化的数据，请联系管理员，或手动输入");
    }
    else {
      do {
        String b = oRs.getString("souFeiXiangMu");
        jComboBox3.addItem(b);
      }
      while (oRs.next());
      jLabel26.setText("");
      jComboBox4.removeAllItems();
      jLabel32.setText("0");
    }
    oRs.close();
  }
  catch (ClassNotFoundException e1) {
    System.out.println("[DBManager][connect] Unable to connect: " +
                e1.toString());
  }
  catch (SQLException e1) {
    System.out.println("[DBManager][connect] Unable to connect: " +
                e1.toString());
  }
  catch (InstantiationException e1) {
    System.out.println("[DBManager][connect] Unable to connect: " +
                e1.toString());
  }
  catch (IllegalAccessException e1) {
    System.out.println("[DBManager][connect] Unable to connect: " +
                e1.toString());
  }
  }
}

void jComboBox3_keyReleased(KeyEvent e) {
  if (jComboBox3.getItemCount() > 0) {
    String s = jComboBox3.getSelectedItem().toString();
    try {
      Class.forName("sun.jdbc.odbc.JdbcOdbcDriver").newInstance();
      con = DriverManager.getConnection("jdbc:odbc:db", "gly",
"hdmima");
      st = con.createStatement(ResultSet.TYPE_SCROLL_INSENSITIVE,
```

```
                                        ResultSet.CONCUR_UPDATABLE);
            ResultSet oRs = st.executeQuery(
                "select jiFeiDanWei ,danJia from cuShiBiaoDan where
souFeiXiangMu='" +
                s + "'");
            jComboBox4.removeAllItems();
            if (!oRs.first()) {
                jLabel25.setText("还有没初始化的数据，请联系管理员，或手动输入");
            }
            else {
                System.out.print("tttttttt");
                do {
                    String a = oRs.getString("jiFeiDanWei");
                    jLabel26.setText(a);
                    String b = oRs.getString("danJia");
                    jComboBox4.addItem(b);
                }
                while (oRs.next());
            }
            oRs.close();
        }
        catch (ClassNotFoundException e1) {
            System.out.println("[DBManager][connect] Unable to connect: " +
                        e1.toString());
        }
        catch (SQLException e1) {
            System.out.println("[DBManager][connect] Unable to connect: " +
                        e1.toString());
        }
        catch (InstantiationException e1) {
            System.out.println("[DBManager][connect] Unable to connect: " +
                        e1.toString());
        }
        catch (IllegalAccessException e1) {
            System.out.println("[DBManager][connect] Unable to connect: " +
                        e1.toString());
        }
    }
}
/*
…… …… ……

此处相似代码省略，见光盘
*/
  void jComboBox16_keyReleased(KeyEvent e) {
    if (jComboBox16.getItemCount() > 0) {
      String s = jComboBox16.getSelectedItem().toString();
      try {
```

```
        Class.forName("sun.jdbc.odbc.JdbcOdbcDriver").newInstance();
        con = DriverManager.getConnection("jdbc:odbc:db", "gly",
"hdmima");
        st = con.createStatement(ResultSet.TYPE_SCROLL_INSENSITIVE,
                        ResultSet.CONCUR_UPDATABLE);
            ResultSet oRs = st.executeQuery(
          "select jiFeiDanWei, danJia from cuShiBiaoDan where
souFeiXiangMu='" +
            s + "'");
        jComboBox17.removeAllItems();
        if (!oRs.first()) {
          jLabel25.setText("还有没初始化的数据，请联系管理员，或手动输入");
        }
        else {
          do {
            String a = oRs.getString("jiFeiDanWei");
            jLabel31.setText(a);
            String b = oRs.getString("danJia");
            jComboBox17.addItem(b);
          }
          while (oRs.next());
        }
        oRs.close();
      }
      catch (ClassNotFoundException e1) {
        System.out.println("[DBManager][connect] Unable to connect: " +
                    e1.toString());
      }
      catch (SQLException e1) {
        System.out.println("[DBManager][connect] Unable to connect: " +
                    e1.toString());
      }
      catch (InstantiationException e1) {
        System.out.println("[DBManager][connect] Unable to connect: " +
                    e1.toString());
      }
      catch (IllegalAccessException e1) {
        System.out.println("[DBManager][connect] Unable to connect: " +
                    e1.toString());
      }
    }
  }
}


class danju_jComboBox14_actionAdapter
    implements java.awt.event.ActionListener {
  danju adaptee;
```

```
danju_jComboBox14_actionAdapter(danju adaptee) {
  this.adaptee = adaptee;
}
public void actionPerformed(ActionEvent e) {
  adaptee.jComboBox14_actionPerformed(e);
}
}
/*
…… …… ……
此处相似代码省略，见光盘
*/
```

首先，登录时，要选择操作员身份，登录进入操作员窗口，如图 4-11 所示。

图 4-11　操作员窗口

进入操作员窗口后，用户可以修改自己的信息(操作员名、密码都不可以为空)，由于在单据打印时操作员会自动设置为"制单人"(见图 4-12)，所以建议直接用真实姓名。

选择【单据】|【新建单据】命令，打开票据输入窗口。

其中有一个打印微调项，主要用于整体打印位置不理想时进行水平/垂直移动，这一点对于票据打印十分重要。选择【打印设置】|【打印位置微调】命令，打开微调窗口，依据提示进行总体位置调节。打印设置界面如图 4-13 所示。

再回到票据窗口。

NO、时间、执行单位名称、执行单位编码都自动生成(见图 4-14)，第一次使用时，请检查是否正确，以后会自动更新。

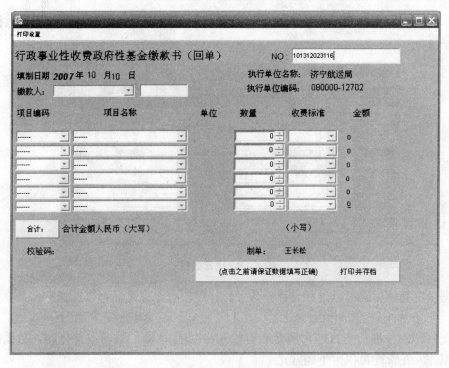

图 4-12　单据提交

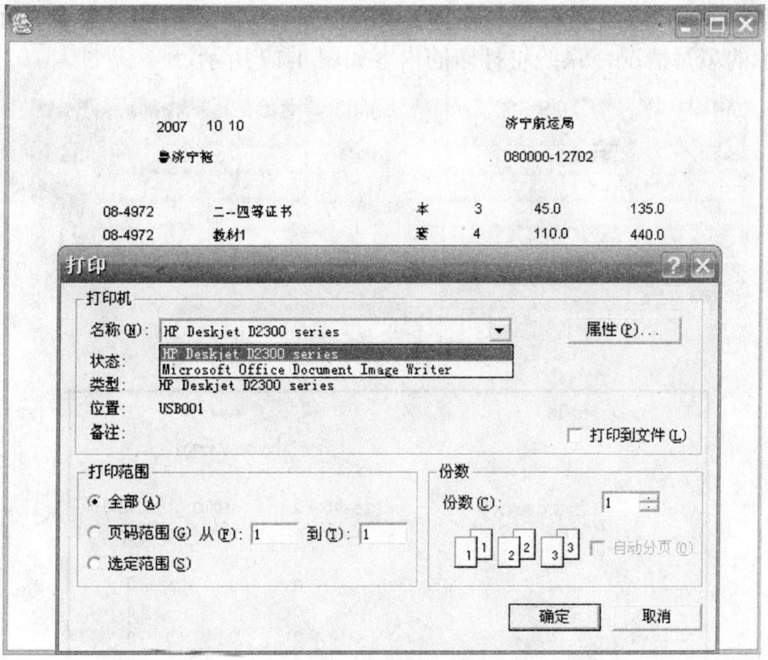

图 4-13　打印设置

缴款人由两部分组成，可以在下拉列表框中选择，或在输入框中输入。最终缴款人名称将由这两部分一起组成。

对于图 4-15 所示表格可以利用 Tab 键以从左到右、从上到下的顺序一行行填写其内容。这个表格有动态的自动跟踪计算、保持数据的一致性的功能，及时保证了数据的安全、完整性。

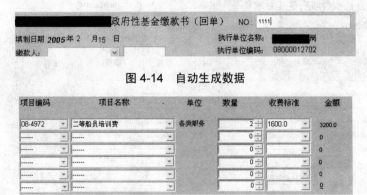

**图 4-14　自动生成数据**

| 项目编码 | 项目名称 | 单位 | 数量 | 收费标准 | 金额 |
|---|---|---|---|---|---|
| 08-4972 | 二等船员培训费 | 各类职务 | 2 | 1600.0 | 3200.0 |
| ------ | ------ |  | 0 |  | 0 |
| ------ | ------ |  | 0 |  | 0 |
| ------ | ------ |  | 0 |  | 0 |
| ------ | ------ |  | 0 |  | 0 |

**图 4-15　填写数据**

数据填写完毕后就可以进行合计操作了。仔细检查数据之后可以选择打印票据并将数据存档。

实现打印：仔细检查打印内容是否有输入错误(注：即便这时取消打印，数据也已经存入数据库，在管理员权限下删除)。

返回到票据窗口：这时窗口已经被自动更新，可以下一次制单了。

注意：系统只对有效数据入库，对于无效的不参与统计、打印，自动进行打印规整。如图 4-16 所示的填写情况，系统将打印的内容如图 4-17 所示。

| 项目编码 | 项目名称 | 单位 | 数量 | 收费标准 | 金额 |
|---|---|---|---|---|---|
| 08-4972 | 二等船员培训费 | 各类职务 | 2 | 1600.0 | 3200.0 |
| ------ | ------ |  | 0 |  | 0 |
| ------ | ------ |  | 0 |  | 0 |
| ------ | ------ |  | 0 |  | 0 |
| 08-4984 | 船舶检验证书（正本） | 本 | 0 | 50.0 | 0 |
| 08-4972 | ------ |  | 2 |  | 0 |

**图 4-16　填写示例**

```
    2005   02 18                                    ****  局

                                              080000-12702


08-4972      二等船员培训费        各类职务 2   1600.0      3200.0
------       ------               ------ 0    0           0
------       ------               ------ 0    0           0
------       ------               ------ 0    0           0
------       ------               ------ 0    0           0

            叁仟贰佰元整                                    3200.0


                                              小明
```

**图 4-17　待打印内容**

其中打印微调是在打印时，读取了数据库中存放的偏移数据而实现的。下面

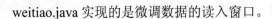

weitiao.java 实现的是微调数据的读入窗口。

```java
/*weitiao.java*/
import javax.swing.*;
import java.awt.*;
import java.awt.event.*;
import java.sql.*;
import javax.sql.*;
import java.lang.*;

/**
 * <p>Title: </p>
 * <p>Description: </p>
 * <p>Copyright: Copyright (c) 2005</p>
 * <p>Company: </p>
 * @author not attributable
 * @version 1.0
 */
public class weiTiao
    extends JFrame {
  JSpinner jSpinner1 = new JSpinner();
  JSpinner jSpinner2 = new JSpinner();
  JLabel jLabel1 = new JLabel();
  JLabel jLabel2 = new JLabel();
  JLabel jLabel3 = new JLabel();
  JLabel jLabel4 = new JLabel();
  JButton jButton1 = new JButton();
  JLabel jLabel5 = new JLabel();
  JLabel jLabel6 = new JLabel();
  public weiTiao() {
    try {
      jbInit();
    }
    catch (Exception e) {
      e.printStackTrace();
    }
    this.setSize(600, 300);
    this.show(true);
  }
  private void jbInit() throws Exception {
    this.getContentPane().setLayout(null);
    jSpinner1.setBounds(new Rectangle(220, 23, 148, 33));
    jSpinner2.setBounds(new Rectangle(220, 67, 148, 31));
    jLabel1.setFont(new java.awt.Font("Dialog", 0, 13));
    jLabel1.setTexL("水平方向再移动");
    jLabel1.setBounds(new Rectangle(88, 23, 123, 32));
/*
…… …… ……

此处相似代码省略，见光盘
*/
  }
```

```
        void jButton1_actionPerformed(ActionEvent e) {
          Connection con;
          Statement st, st1;
          try {
            Class.forName("sun.jdbc.odbc.JdbcOdbcDriver").newInstance();
            con = DriverManager.getConnection("jdbc:odbc:db", "gly", "hdmima");
            st = con.createStatement(ResultSet.TYPE_SCROLL_INSENSITIVE,
                              ResultSet.CONCUR_UPDATABLE);
            ResultSet oRs = st.executeQuery("select* from weiTiao");
            oRs.first();
            int s = oRs.getInt("shuiPing");
            int c = oRs.getInt("chuiZhi");
            s = s
+java.lang.Integer.valueOf(jSpinner1.getValue().toString()).intValue();
            c = c
+java.lang.Integer.valueOf(jSpinner2.getValue().toString()).intValue();
            int A = st.executeUpdate("delete from  weiTiao");
            int B = st.executeUpdate(
                "insert into weiTiao (shuiPing,chuiZhi) values('" + s + "','" +
                c +"')");
          }
          catch (ClassNotFoundException e1) {
            System.out.println("[DBManager][connect] Unable to connect: " +
                          e1.toString());
          }
          catch (SQLException e1) {
            System.out.println("[DBManager][connect] Unable to connect: " +
                          e1.toString());
          }
          catch (InstantiationException e1) {
            System.out.println("[DBManager][connect] Unable to connect: " +
                          e1.toString());
          }
          catch (IllegalAccessException e1) {
            System.out.println("[DBManager][connect] Unable to connect: " +
                          e1.toString());
          }
          this.setVisible(false);
        }
    }
    class weiTiao_jButton1_actionAdapter
        implements java.awt.event.ActionListener {
      weiTiao adaptee;
      weiTiao_jButton1_actionAdapter(weiTiao adaptee) {
        this.adaptee = adaptee;
      }
      public void actionPerformed(ActionEvent e) {
        adaptee.jButton1_actionPerformed(e);
      }
    }
```

运行以上代码，得到如图 4-18 所示的微调信息录入界面。

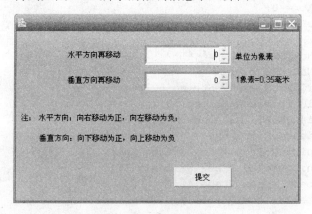

图 4-18 微调信息录入

## 4.4.2 查询与统计

查询统计功能是本系统的核心功能，所涉及的统计项目、参数选项都较多，而且还包括打印等要求。我们这里仅提及其中与数据库有关的部分，其中一个核心的思路就是对 SQL 语句的正确组合。为了控制复杂度，我们使用的 SQL 语句都是结构较为简单的，并没有使用复杂的 SQL 语句。

```java
import javax.swing.*;
import java.awt.*;
import java.awt.event.*;
import java.sql.*;
import javax.sql.*;
import java.lang.*;
import com.borland.dbswing.*;
import java.awt.*;
import java.awt.event.*;
import java.io.*;
import javax.swing.*;
import javax.print.*;
import javax.print.event.*;
import java.util.*;

/**
 * <p>Title: </p>
 * <p>Description: </p>
 * <p>Copyright: Copyright (c) 2005</p>
 * <p>Company: </p>
 * @author not attributable
 * @version 1.0
 */

public class caxun
    extends JFrame {
```

```
    int riQiFromAt = 0;
    int riQiToAt = 0;
    int xiangMuBianMaAt = 0;
    int xiangMuMingChengAt = 0;
    int huiDanNoFromAt = 0;
    int huiDanNoEndAt = 0;
    String[] riQiFrom = new String[50];
    String[] riQiTo = new String[50];
    String[] xiangMuBianMa = new String[50];
    String[] xiangMuMingCheng = new String[50];
    String[] huiDanNoFrom = new String[50];
    String[] huiDanNoEnd = new String[50];
    JLabel jLabel1 = new JLabel();
    JLabel jLabel2 = new JLabel();
    /*
```
…… …… ……
此处部分代码省略，见光盘
```
*/
    JLabel jLabel26 = new JLabel();
    JCheckBox jCheckBox12 = new JCheckBox();
    public caxun() {
        try {
            jbInit();
        }
        catch (Exception e) {
            e.printStackTrace();
        }
        times = 0;
        hang = 0;
        now = 0;
        lie = 0;
        jComboBox3.addItem("NO");
        jComboBox3.addItem("时间");
        jComboBox3.addItem("缴款人");
        jComboBox3.addItem("本单合计");
        jComboBox3.addItem("制单人");
        jComboBox3.addItem("编码");
        jComboBox3.addItem("项目名称");
        jComboBox3.addItem("计费单位");
        jComboBox3.addItem("数量");
        jComboBox3.addItem("单价");
        jComboBox3.addItem("小计");
        cuShiHua();
        chuShiHua2();
        this.setSize(800, 650);
        this.show(true);
        this.repaint();
    }
    public void cuShiHua() {
        Connection con;
        Statement st, st1;
```

```java
    try {
      Class.forName("sun.jdbc.odbc.JdbcOdbcDriver").newInstance();
      con = DriverManager.getConnection("jdbc:odbc:db", "gly", "hdmima");
      st = con.createStatement(ResultSet.TYPE_SCROLL_INSENSITIVE,
                      ResultSet.CONCUR_UPDATABLE);
      st1 = con.createStatement(ResultSet.TYPE_SCROLL_INSENSITIVE,
                        ResultSet.CONCUR_UPDATABLE);
      ResultSet oRs = st.executeQuery(
          "select Distinct bianMa  from cuShiBiaoDan");
      if (!oRs.first()) {
        jLabel16.setText("还有没初始化的数据，请联系管理员");
      }
      else {
        do {
          String b = oRs.getString("bianMa");
          if (!b.equals("------")) {
            jComboBox1.addItem(b);
          }
        }
        while (oRs.next());
        oRs.close();
      }
    }
    catch (ClassNotFoundException e1) {
      System.out.println("[DBManager][connect] Unable to connect: " +
                    e1.toString());
    }
    catch (SQLException e1) {
      System.out.println("[DBManager][connect] Unable to connect: " +
                    e1.toString());
    }
    catch (InstantiationException e1) {
      System.out.println("[DBManager][connect] Unable to connect: " +
                    e1.toString());
    }
    catch (IllegalAccessException e1) {
      System.out.println("[DBManager][connect] Unable to connect: " +
                    e1.toString());
    }
  }
public void chuShiHua2() {
  Connection con;
  Statement st, st1;
  try {
    Class.forName("sun.jdbc.odbc.JdbcOdbcDriver").newInstance();
    con = DriverManager.getConnection("jdbc:odbc:db", "gly", "hdmima");
    st = con.createStatement(ResultSet.TYPE_SCROLL_INSENSITIVE,
                      ResultSet.CONCUR_UPDATABLE);
    ResultSet oRs = st.executeQuery(
        "select souFeiXiangMu  from cuShiBiaoDan");
    if (!oRs.first()) {
```

```
            jLabel16.setText("还有没初始化的数据，请联系管理员");
        }
        else {
            do {
                String b = oRs.getString("souFeiXiangMu");
                if (!b.equals("------")) {
                    jComboBox2.addItem(b);
                }
            }
            while (oRs.next());
            oRs.close();
        }
    }
    catch (ClassNotFoundException e1) {
        System.out.println("[DBManager][connect] Unable to connect: " +
                        e1.toString());
    }
    catch (SQLException e1) {
        System.out.println("[DBManager][connect] Unable to connect: " +
                        e1.toString());
    }
    catch (InstantiationException e1) {
        System.out.println("[DBManager][connect] Unable to connect: " +
                        e1.toString());
    }
    catch (IllegalAccessException e1) {
        System.out.println("[DBManager][connect] Unable to connect: " +
                        e1.toString());
    }
}
private void jbInit() throws Exception {
    this.getContentPane().setLayout(null);
    jLabel1.setFont(new java.awt.Font("DialogInput", 2, 20));
    jLabel1.setText("查询   统计  打印");
/*
…… …… ……

此处部分代码省略，见光盘

*/
    this.getContentPane().add(jLabel15, null);
    this.getContentPane().add(jLabel14, null);
}
void jButton2_actionPerformed(ActionEvent e) {
    String y = jSpinner1.getValue().toString();
    String m = jSpinner2.getValue().toString();
    String r = jSpinner3.getValue().toString();
    String y1 = jSpinner4.getValue().toString();
    String m1 = jSpinner5.getValue().toString();
    String r1 = jSpinner6.getValue().toString();
    if (java.lang.Integer.valueOf(m).longValue() < 10) {
        m = "0" + m;
    }
```

```
    if (java.lang.Integer.valueOf(r).longValue() < 10) {
      r = "0" + r;
    }
    if (java.lang.Integer.valueOf(m1).longValue() < 10) {
      m1 = "0" + m1;
    }
    if (java.lang.Integer.valueOf(r1).longValue() < 10) {
      r1 = "0" + r1;
    }
    riQiFrom[riQiFromAt] = y + m + r;
    riQiFromAt++;
    riQiTo[riQiToAt] = y1 + m1 + r1;
    riQiToAt++;
    System.out.print(riQiFrom[riQiFromAt - 1]);
    caXin();
  }
/*
…… …… ……
```
此处部分代码省略，见光盘
```
*/
  void jButton11_actionPerformed(ActionEvent e) {
    String sql = new String();
    sql = "select* from dan2 xiangMu where";
    int ciShu = riQiFromAt;
    if (riQiFromAt == 0) {
      ciShu = 1;
    }
    int ciShu1 = xiangMuBianMaAt;
    if (xiangMuBianMaAt == 0) {
      ciShu1 = 1;
    }
    int ciShu2 = xiangMuMingChengAt;
    if (xiangMuMingChengAt == 0) {
      ciShu2 = 1;
    }
    int ciShu3 = huiDanNoFromAt;
    if (huiDanNoFromAt == 0) {
      ciShu3 = 1;
    }
    System.out.print("begin");
    System.out.print(riQiFromAt);
    System.out.print("begin");
    System.out.print(riQiToAt);
    System.out.print("begin");
    System.out.print(ciShu1);
    System.out.print("begin");
    System.out.print(xiangMuBianMaAt);
    System.out.print("begin");
    System.out.print(ciShu2);
    System.out.print("begin");
    System.out.print(ciShu3);
```

```
        String sql1 = "", sql2 = "", sql3 = "", sql4 = "";
        String sqlT = "";
        int firstDown = 0;
        int isNull = 0;
        for (int i = 0; i < ciShu; i++) {
          System.out.print(0);
          if (riQiFromAt == 0) {
          }
          else {
            if (isNull != 0) {
            }
            isNull = 1;
            sql1 = " riQi> " + riQiFrom[i] + " and riQi<" + riQiTo[i];
          }
          for (int j = 0; j < ciShu1; j++) {
            System.out.print(1);
            if (xiangMuBianMaAt == 0) {
            }
            else {
              String sql11 = "";
              if (isNull != 0) {
                sql11 = sql1 + " and ";
              }
              isNull = 1;
              sql2 = sql11 + " bianMa= " + xiangMuBianMa[j];
            }
            for (int k = 0; k < ciShu2; k++) {
              System.out.print(2);
              if (xiangMuMingChengAt == 0) {
              }
              else {
                String sql21 = "";
                if (isNull != 0) {
                  sql21 = sql2 + " and ";
                }
                isNull = 1;
sql3 = sql21 + " xiangMuMingCheng= " + xiangMuMingCheng[k];
              }
              for (int l = 0; l < ciShu3; l++) {
                System.out.print(3);
                if (huiDanNoFromAt == 0) {
                }
                else {
                  String sql31 = "";
                  if (isNull != 0) {
                    sql31 = sql3 + " and ";
                  }
                  isNull = 1;
                  sql = sql + sql31 + " No> " + huiDanNoFrom[l] + "  and  No<"+
                      huiDanNoEnd[l];
```

```
            }
          sql = sql + " or ";
        }
      }
    }
  }
  sql = sql.substring(0, sql.length() - 3);
  System.out.print(sql);
  Connection con;
  Statement st, st1;
  try {
    /*1 表示用户名不对，2 表示密码不对*/
    Class.forName("sun.jdbc.odbc.JdbcOdbcDriver").newInstance();
    con = DriverManager.getConnection("jdbc:odbc:db", "gly", "hdmima");
    st = con.createStatement(ResultSet.TYPE_SCROLL_INSENSITIVE,
                    ResultSet.CONCUR_UPDATABLE);
    st1 = con.createStatement(ResultSet.TYPE_SCROLL_INSENSITIVE,
                    ResultSet.CONCUR_UPDATABLE);
    ResultSet oRs = st.executeQuery(sql);
    oRs.first();
  }
  catch (ClassNotFoundException e1) {
    System.out.println("[DBManager][connect] Unable to connect: " +
                e1.toString());
  }
  catch (SQLException e1) {
    System.out.println("[DBManager][connect] Unable to connect: " +
                e1.toString());
  }
  catch (InstantiationException e1) {
    System.out.println("[DBManager][connect] Unable to connect: " +
                e1.toString());
  }
  catch (IllegalAccessException e1) {
    System.out.println("[DBManager][connect] Unable to connect: " +
                e1.toString());
  }
}

void jButton7_actionPerformed(ActionEvent e) {
/*
…… …… ……
此处部分代码省略，见光盘
*/
}

public Object[][] quTong(Object[][] da, int h) {
  int longNow = 0;
  Object[][] da2 = new Object[da.length][h];
  for (int j = 0; j < da.length; j++) {
    int isThere = 0;
```

```
      for (int i = 0; i < longNow; i++) {
        int geShu = 0;
        for (int k = 0; k < h; k++) {
          if ( (da2[i][k]).equals(da[j][k])) {
            geShu++;
          }
        }
        if (geShu == h) {
          isThere = 1;
        }
      }
      if (isThere == 0) {
        for (int k = 0; k < h; k++) {
          da2[longNow][k] = da[j][k];
        }
        longNow++;
      }
    }
    Object[][] da3 = new Object[longNow][h];
    for (int j = 0; j < longNow; j++) {
      for (int k = 0; k < h; k++) {
        da3[j][k] = da2[j][k];
      }
    }
    hang = longNow;
    return da3;
  }
  void jButton8_actionPerformed(ActionEvent e) {
    String sql =
        "select dan2.* , xiangMu.* from dan2 , xiangMu
        where dan2.NO=xiangMu.NO1 ";
    String sql1 = "";
    String sql2 = "";
    String sql3 = "";
    String sql4 = "";
    float zJinE = 0;
    int zShuLiang = 0;
    if (riQiFromAt == 0) {
    }
    else {
      sql1 = "(" + sql1;
      for (int i = 0; i < riQiFromAt; i++) {
        sql1 = sql1 + "( dan2.riQi> " + riQiFrom[i] + " and dan2.riQi<" +
          riQiTo[i] + ")" + " or ";
        System.out.print(riQiFrom[i]);
        System.out.print(riQiTo[i]);
      }
      sql1 = sql1.substring(0, sql1.length() - 3) + ") and";
    }
    if (xiangMuBianMaAt == 0) {
    }
```

```
    else {
      sql2 = "(" + sql2;
      for (int i = 0; i < xiangMuBianMaAt; i++) {
        sql2 = sql2 + " xiangMu.bianMa= '" + xiangMuBianMa[i] + "' or ";
      }
      sql2 = sql2.substring(0, sql2.length() - 3) + ") and";
    }
    if (xiangMuMingChengAt == 0) {
    }
    else {
      sql3 = "(" + sql3;
      for (int i = 0; i < xiangMuMingChengAt; i++) {
        sql3 = sql3 + "xiangMu.xiangMuMingCheng= '"+xiangMuMingCheng[i]+
            "' or ";
      }
      sql3 = sql3.substring(0, sql3.length() - 3) + ") and";
    }
    if (huiDanNoFromAt == 0) {
    }
    else {
      sql4 = "(" + sql4;
      for (int i = 0; i < huiDanNoFromAt; i++) {
        sql4 = sql4 + " (dan2.NO> " + huiDanNoFrom[i] + " and dan2.NO<" +
            huiDanNoEnd[i] + ")" + " or ";
      }
      sql4 = sql4.substring(0, sql4.length() - 3) + ") and";
    }
    if (riQiFromAt != 0 | xiangMuBianMaAt != 0 | xiangMuMingChengAt != 0

        huiDanNoFromAt != 0) {
      sql = sql + " and " + sql1 + sql2 + sql3 + sql4;
      sql = sql.substring(0, sql.length() - 4);
    }
    else {
    }
    String stri = jComboBox3.getSelectedItem() + "";
    String orderBy = "";
    if (stri.equals("NO")) {
      orderBy = "NO";
    }
    if (stri.equals("时间")) {
      orderBy = "riQi";
    }
/*
…… …… ……

此处部分代码省略，见光盘
*/
    if (stri.equals("小计")) {
      orderBy = "jinE";
    }
```

```
        sql = sql + "order by  " + orderBy;
        System.out.print(sql);
        Connection con;
        Statement st, st1, st2, st3;
        try {
          Class.forName("sun.jdbc.odbc.JdbcOdbcDriver").newInstance();
          con = DriverManager.getConnection("jdbc:odbc:db", "gly", "hdmima");
          st1 = con.createStatement(ResultSet.TYPE_SCROLL_INSENSITIVE,
                            ResultSet.CONCUR_UPDATABLE);
        double a = 1;
        double b = 2;
        ResultSet oRs = st1.executeQuery(sql);
        oRs.first();
        int y = 0;
        int s = 0;
        String[] sely = new String[12];
        int[] isCheck = new int[12];
        if (jCheckBox1.isSelected()) {
          isCheck[s] = 2;
          sely[y] = "NO";
          y++;
        }
        s++;
        if (jCheckBox2.isSelected()) {
          isCheck[s] = 2;
          sely[y] = "riQi";
          y++;
        }
        s++;
    /*
    …… …… ……
```

此处部分代码省略，见光盘

```
    */
        int x = 0;
        if (!oRs.first()) {
          jLabel15.setText("0");
        }
        else {
          do {
            x++;
          }
          while (oRs.next());
        }
        data = new Object[x][y];
        columnNames = new String[y];
        s = 0;
        if (jCheckBox1.isSelected()) {
          columnNames[s] = jCheckBox1.getText();
          s++;
        }
    /*
```

```
…… …… ……
此处部分代码省略，见光盘
*/
  }
  public void caXin() {
    String s = "";
    for (int i = 0; i < riQiFromAt; i++) {
      s = s + "日期起始于" + riQiFrom[i] + "结束于" + riQiTo[i] + " 或";
    }
    if (riQiFromAt > 0) {
      s = s.substring(0, s.length() - 2);
      s = s + '\n';
    }
    for (int i = 0; i < xiangMuBianMaAt; i++) {
      s = s + "项目编码等于" + xiangMuBianMa[i] + " 或";
    }
    if (xiangMuBianMaAt > 0) {
      s = s.substring(0, s.length() - 2);
      s = s + '\n';
    }
    for (int i = 0; i < xiangMuMingChengAt; i++) {
      s = s + "项目名称等于 " + xiangMuMingCheng[i] + " 或";
    }
    if (xiangMuMingChengAt > 0) {
      s = s.substring(0, s.length() - 2);
      s = s + '\n';
    }
    for (int i = 0; i < huiDanNoFromAt; i++) {
      s = s + "NO 起始于" + huiDanNoFrom[i] + "结束于" + huiDanNoEnd[i] + "
或";
    }
    if (huiDanNoFromAt > 0) {
      s = s.substring(0, s.length() - 2);
    }
    jTextArea1.setText(s);
  }
  void jToggleButton1_actionPerformed(ActionEvent e) {
    printFrameAction();
  }

  private void printFrameAction() {
    Toolkit kit = Toolkit.getDefaultToolkit(); //获取工具箱
    Properties props = new Properties();
    props.put("awt.print.printer", "durango"); //设置打印属性
    props.put("awt.print.numCopies", "2");
    if (kit != null) {
//获取工具箱自带的打印对象
      PrintJob printJob = kit.getPrintJob(this, "Print Frame", props);
      if (printJob != null) {
        Graphics pg = printJob.getGraphics(); //获取打印对象的图形环境
        if (pg != null) {
```

```
        try {
          this.printAll(pg); //打印该窗体及其所有的组件
        }
        finally {
          pg.dispose(); //注销图形环境
        }
      }
      printJob.end(); //结束打印作业
    }
  }
}
void jButton1_actionPerformed(ActionEvent e) {
  if (jCheckBox12.isSelected()) {
    data = quTong(data, columnNames.length);
  }
  jLabel15.setText("" + data.length);
  now = 0;
  System.out.print("hang");
  System.out.print(hang);
  System.out.print("lie");
  System.out.print(lie);
  if (hang == 0 | lie == 0) {
    jLabel16.setText("符合条件的行数或列数为0，请确认查询条件");
  }
  else {
    while (newData()) {
      daYinBiao d = new daYinBiao(subData, columnNames);
    }
  }
}
public boolean newData() {
  int left = hang - now;
  if (left > 37) {
    times = 37;
  }
  else {
    if (left == 0) {
      return false;
    }
    times = left;
  }
  subData = new Object[times][lie];
  System.out.print("hahahahaha");
  System.out.print("   " + now + "  " + left + "  " + times);
  System.out.print("  " + data.length);
  System.out.print("   " + subData.length);
  for (int i = 0; i < times; i++) {
    for (int j = 0; j < lie; j++) {
      subData[i][j] = data[now + i][j];
    }
  }
}
```

```
    now = now + times;
    System.out.print("  " + now + "  " + left);
    }
    return true;
  }
}
class caxun_jButton2_actionAdapter
    implements java.awt.event.ActionListener {
  caxun adaptee;
  caxun_jButton2_actionAdapter(caxun adaptee) {
    this.adaptee = adaptee;
  }
  public void actionPerformed(ActionEvent e) {
    adaptee.jButton2_actionPerformed(e);
  }
}
}
/*
…… …… ……
此处部分代码省略，见光盘
*/
}
```

在菜单中选择【数据】|【数据查询窗口】，该窗口提供了功能齐全、灵活的查询、
统计、打印功能，如图 4-19 所示。

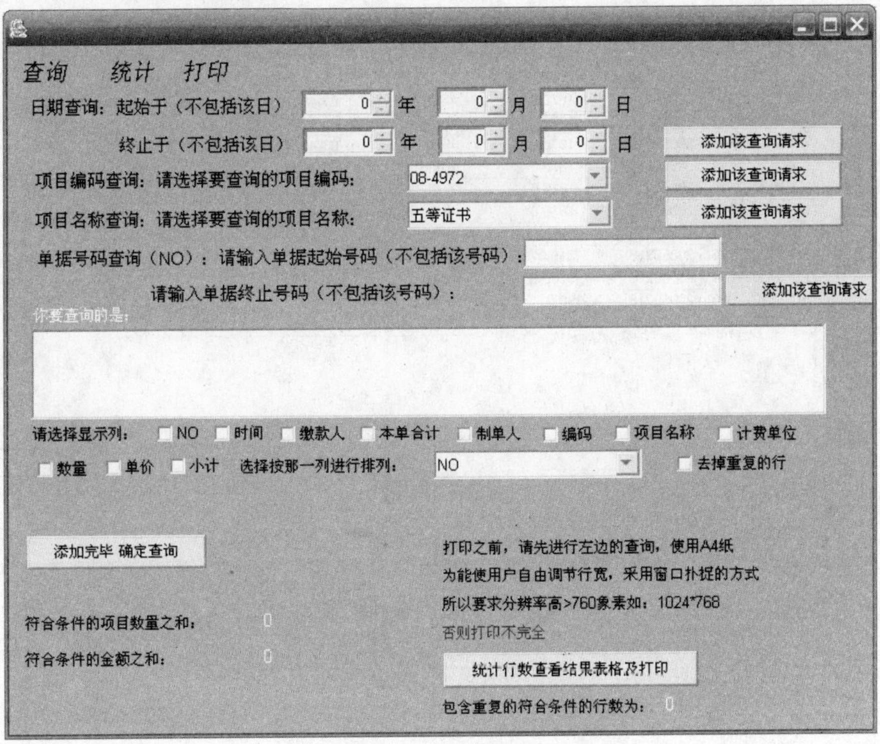

图 4-19　查询与统计

用户可以任意组合查询条件，包括日期/项目编码、项目名称、NO，如图 4-20 所示。

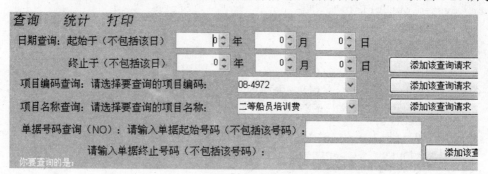

图 4-20　添加条件

输入查询条件后，单击【添加查询条件】按钮，将添加查询条件。每一项都可以多次添加，其间关系为"或"。

举例：查询 2005-1-1 到 2005-2-1 这段时间及 2005-4-1 到 2005-5-1 的二等船员培训费的总金额，即得到该项目所在单据 NO 及具体是哪一天开出的一张表，并按时间排序显示。

首先填入时间范围，然后单击后面相应【添加查询请求】按钮。选择项目名称，然后单击后面相应【添加查询请求】按钮。选择要统计的列，最后选择按哪一行排序，提交后显示统计数据。即可得到查询统计的结果，如图 4-21 所示。

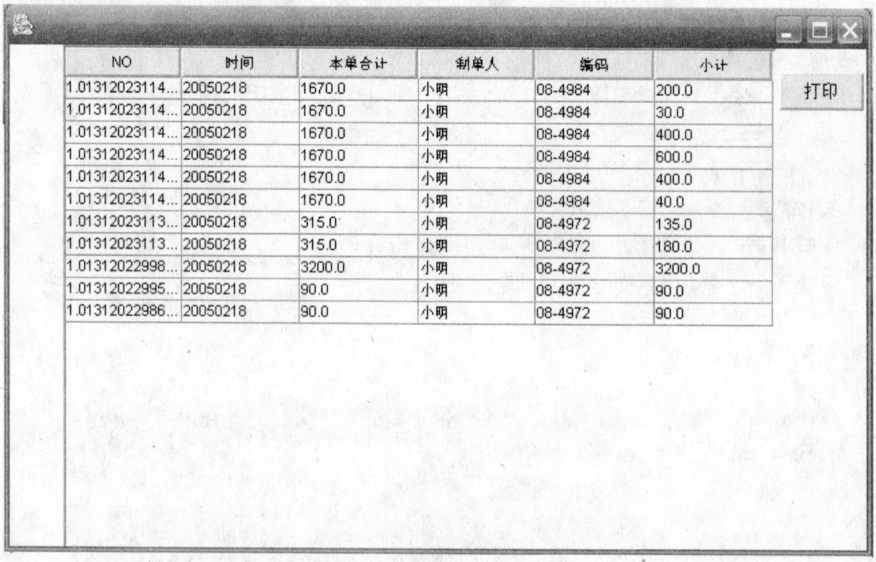

| NO | 时间 | 本单合计 | 制单人 | 编码 | 小计 |
|---|---|---|---|---|---|
| 1.01312023114... | 20050218 | 1670.0 | 小明 | 08-4984 | 200.0 |
| 1.01312023114... | 20050218 | 1670.0 | 小明 | 08-4984 | 30.0 |
| 1.01312023114... | 20050218 | 1670.0 | 小明 | 08-4984 | 400.0 |
| 1.01312023114... | 20050218 | 1670.0 | 小明 | 08-4984 | 600.0 |
| 1.01312023114... | 20050218 | 1670.0 | 小明 | 08-4984 | 400.0 |
| 1.01312023114... | 20050218 | 1670.0 | 小明 | 08-4984 | 40.0 |
| 1.01312023113... | 20050218 | 315.0 | 小明 | 08-4972 | 135.0 |
| 1.01312023113... | 20050218 | 315.0 | 小明 | 08-4972 | 180.0 |
| 1.01312022998... | 20050218 | 3200.0 | 小明 | 08-4972 | 3200.0 |
| 1.01312022995... | 20050218 | 90.0 | 小明 | 08-4972 | 90.0 |
| 1.01312022986... | 20050218 | 90.0 | 小明 | 08-4972 | 90.0 |

打印

图 4-21　查询统计结果

# 第 5 章　JDBC 拓展——学员管理系统

本章的实例是一个学员管理系统，选用该案例的目的是想以此为载体，为读者介绍 JDBC 的一些拓展的特性，例如 PreparedStatement、CallableStatement、ResultSetMetaData、大对象、DataSource 等。

## 5.1　理　论　基　础

如前所述，JDBC 是 Java 连接数据库的统一接口 API，另外，还有许多其他 Java 操作数据库的技术，例如 SQLJ、EJB、JDO，但是它们的基础还是 JDBC，只不过在其上进行了一层屏蔽，将 JDBC 的应用隐藏起来。以 SQLJ 为例，我们可以直接把 SQL 语句嵌入到 Java 代码中，然后通过 SQLJ 的预处理器进行预处理，预处理后的代码其实还是基于 JDBC 技术。

这些更高级的封装技术虽然避免了直接使用 JDBC 的枯燥繁琐，但同时增加了要学习这些技术的工作量，同时减弱了开发的灵活性，使用不当还有可能带来效率低的问题。

除了繁琐，直接使用 JDBC 还存在一个问题，就是会使 Java 源代码和数据库设计之间形成强耦合。但是，这两个问题完全可以通过自己的一层简单封装，实现对象级别的映射而较好的解决，就像案例新闻发布那样，我们设计了对 JDBC 的第一层封装解决了直接使用 JDBC 的繁琐问题，通过逻辑封装解决了耦合问题。

在讨论 JDBC 的以下知识之前，首先确保开发、运行环境已经配置好，主要包括 Java 数据库运行环境和基本的连接功能；Oracle 数据库的安装参考具体案例新闻发布系统中的知识介绍小节，这里仅强调一下，不管什么情况，都要以(.;)开始，因为这里的句号其实也是一个变量，代表了当前路径，定义了它，系统寻找类时会查找当前目录。当我们没有指定所要调用的类的路径时，系统会寻找当前路径和 Java 虚拟机的路径，如果去掉(.;)，系统将不会寻找当前路径。

注意：Oracle 在../jdbc/lib 中提供 JDBC 程序，如果用户使用的是 Java 1.1，应该使用 classes11.zip；如果使用的是 Java 1.2 或更高的版本，应该使用 classes 12.zip。我们推荐使用 1.4 及以上版本。

## 5.1.1　JDBC 连接基本知识回顾

首先引入必需的包：

```
import java.sql.*;
import oracle.jdbc.driver.*;
```

其中前者是 Java 安装虚拟机时包含的包，后者就在我们的 classes12.zip 包中，如果我们没有设置正确的环境变量，编译时将抛出异常，提示如下：

```
C:\>javac test.java
test.java:1: package oracle.jdbc.driver does not exist
import oracle.jdbc.driver.*;
^
1 error
C:\>
```

然后装载并注册 JDBC 驱动器，下面两种方法都可以：

```
Class.forName("oracle.jdbc.driver.OracleDriver");
```

或者

```
DriverManager.registerDriver(new oracle.jdbc.OracleDriver ());
```

后者更清晰地表示了驱动的注册。

建立连接，建立连接时的参数包括路径、服务器名、端口、用户名和密码。使用
DriverManager.getConnection 函数来实现。DriverManager.getConnection 函数的参数形式有
很多，下面仅仅是其中一种：

```
Connection conn=DriverManager.getConnection(url,user,password);
```

当我们在 URL 中写入部分参数：

```
"jdbc:oracle:thin:@服务器名称:端口:数据库系统标识符"
```

这时，就可以执行 SQL 语句了，示例如下：

```
Statement stmt=conn.createStatement();
ResultSet rs=stmt.executeQuery("select * from user");
```

注意，以上调用都有异常必须捕捉或抛向上一级的调用。

## 5.1.2　PreparedStatement 与 CallableStatement

另外两种可以替代 statement 的类分别是 PreparedStatement 和 CallableStatement，下面
分别介绍这两个类。

### 1. PreparedStatement

PreparedStatement 允许在 SQL 语句中为变量嵌入占位符(?)，这样一来就固定了 SQL
语句的格式，而 statement 类则是在执行时才定义 SQL 语句的格式：

```
Preparedstatement p=new conn..preparedStatement(" insert into user
(?,?,?)");
```

设置语句中的变量，格式为 set**()，方法包括：setInt()、setLong()、setfloat()、
setDouble()、setString()、setDate()和 setTime()。

```
p.setInt(1,1111);
p.setString(2,"name");
p.setString(1,"man");
/*执行预定义语句*/
p.executeUpdate();
```

## 2. CallableStatement

CallableStatement 也 同 样 可 以 使 用 占 位 符 , 但 与 PreparedStatement 不 同 ,
CallableStatement 是用于调用函数和存储过程,PreparedStatement 则用于调用标准的 SQL
DDL 和 DML 语句。PreparedStatement 调用一个函数可以通过 Oracle 特有的 PL/SQL 块或
标准的 SQL-92。其语法分别如下。

```
"begin ? :=func(?); end; "
"{?=call func(?)}"
```

以上两句完成的工作是等效的。假设我们定义过程如下:

```
CREATE OR REPLACE PROCEDURE GET_COUNT(
IN_NAME  IN  VARCHAR2,
IN_AGE  OUT  NUMBER,
OUT_COUNT  OUT  NUMBER)
AS
BEGIN
SELECT  AGE INTO IN_AGE  FROM  USER
    WHERE  NAME = IN_NAME;
SELECT COUNT(*)  INTO  OUT_COUNT  FROM  USER
    WHERE  AGE = IN_AGE;
END;
```

其中,IN_NAME 是输入参数,OUT_COUNT 是输出变量,IN_AGE 既是输入参数又是输
出变量。

然后,便可以通过 CallableStatement 来调用这个过程了,代码如下(PrepareCall 有三种
参数形式,这是其中一种):

```
CallableStatement st=conn.prepareCall("{call GET_COUNT(?,?,?)}");
```

设置输入参数:

```
st.setString(1,"wangchangsong");
```

设置输出值的类型,注意如下第二个参数指明了输出的类型,这里要用对应的标准
SQL 中已有的类型:

```
st.registerOutParameter(2,TYPES.INTEGER);
st.registerOutParameter(3,TYPES.INTEGER);
```

为取得输出参数的值,CallableStatement 对象根据不同参数类型提供了众多 get**()方
法,我们选用合适的方法得到返回值。

```
int age= st.getInt(2);
int count=st. getInt("OUT_COUNT");
/*关闭 Callablestatement 与数据库的接口: */
st.close();
```

调用函数与调用过程的步骤相同,这里就不再赘述。

比较 Statement、PreparedStatement、CallableStatement 可知:Statement 简单、高效,

本身的开销是最小的，使用最为广泛；PreparedStatement 本身开销居中，但是对于 SQL 语句只需要解析一次，适用于同一 SQL 语句更换不同参数多次执行；CallableStatement 本身的开销最大，定义函数、存储过程比较复杂，出于各方面效率考虑一般不会使用。除非有同时执行多条 SQL 语句的必要的情况下，才考虑使用。

### 5.1.3　ResultSetMetaData

ResultSetMetaData 类主要是提供了一系列得到 ResultSet 本身信息的函数，包括表名称、字段数、字段名称、字段类型等信息。

我们可以通过调用相应的 ResultSet 对象的 getMetaData() 函数来得到 ResultSetMetaData 对象，下面给出相应的代码示例：

```
ResultSet rs=st.executeQuery ();
ResultSetMetaData rmd=rs.getMetaData();
int count=rmd.getColumnCount();
for(int i=0;i<count;i++)
  {
    System.out.println("第"+i+"列: "+rmd.getColumnLabel(i));
  }
```

ResultSetMetaData 在后面章节会详细讲解，这里仅仅作简要介绍。

### 5.1.4　大对象 CLOB 和 BLOB

Int、Long、Double、String、Date 等类型都是基本的数据类型，与其不同，SQL 中的大对象是一种没有限制的、(一般不大于 4GB)更灵活的类型，允许用户以基本类型以外的格式存放数据。大对象包括两种：CLOB(character large object)和 BLOB(binary large object)，顾名思义，前者是以字符为基本单位的大对象，后者是以二进制为单位的对象。两者的差别类似于文本文件(.txt、.html、.xml)与声音、图像等多媒体文件的差别。例如我们可以把一个 XML 文件存放在 CLOB 中，而把一个序列化的对象存放在 BLOB 中(实现对象的永久性存储)。

大对象的读写操作可以通过两种方式，一是通过 PreparedStatement 类提供的方法，二是通过 LOB 定位器取得、写入二进制流或字符流，下面分别加以阐述。

#### 1. setBinaryStream()和 setCharacterStream()读写大对象

如果要使用 PreparedStatement 中 setBinaryStream()和 setCharacterStream()方法，只有使用了 Oracle 8.1.6 及更高版本的 OCI JDBC 驱动器才能使用这种方法。下面以 setBinaryStream()方法为例，演示程序的构成：

```
PreparedStatement ps=conn.prepareStatement("insert into user
(id,name,pic)
values(?,?,?)");
ps.setString(1,"001");
ps.setString(2,"wangchangsong");
```

```
File file=new File("d:\\pic.gif");
FileInputStream fStream=new FileInputStream(file);
ps.setBinaryStream(3,fStream,(int)file.length());

ps.executeUpdate();
ps.close();
fStream.close();
```

这里的核心语句是 ps.setBinaryStream(3,fStream,(int)file.length())，我们提供了相应文件的读入流及文件长度作为 setBinaryStream 方法的参数。

### 2．定位器读写大对象

使用定位器读写大数据对象的方法适用范围更广，例如，如果我们使用的是 thin 驱动器，PreparedStatement 类并不支持 setBinaryStream() 这个方法，我们只能使用定位器。

这里注意，大对象的数据其实并没有直接存放在表中，表中存放的是定位器。这就意味着我们要通过数据库生成大对象的空间，而不能通过 Java 创建大对象。SQL 中存在一个 EMPTY_BLOB 函数，可以通过它创建大对象的空间。

```
PreparedStatement ps=conn.prepareStatement("insert into user
(id,name,pic)
                   values(?,?,EMPTY_BLOB())");
ps.setString(1,"001");
ps.setString(2,"wangchangsong");
ps.executeUpdate();
ps.close();
fStream.close();
```

以上代码与上一小节类似，执行完以上代码后我们就创建了一条记录，其中第三列是个定位器，要想写入数据，还必须先取得该定位器，然后得到写入的流，以二进制流的形式写入。在写入之前必须保证两点：一是确保关闭自动提交功能；然后还要使用 select…for update 命令来锁住该条记录：

```
conn.setAutoCommit(false);
ps=conn.prepareStatement("SELECT PIC FROM USER WHERE ID=? FOR UPDATE");
```

设置参数，下面一句话是对 id 为 001 的记录进行操作：

```
ps.setString(1,"001");
ResultSet rs= ps.executeQuery
```

我们是使用 Oracle 的大对象，而不是 JDBC 标准的大对象，所以之后一定要通过 Oracle JDBC 特有的 OracleResultSet 类中的 getBLOB() 函数得到 BLOB 类的对象(import oracle.sql.BLOB)。注意这里不是 JDBC 中标准的 getBlob、Blob：

```
OracleResultSet ors=(OracleResultSet)rs;
BLOB blob=ors.getBLOB(1);
```

下面分别得到大文件二进制流和预写入图片的二进制流：

```
OutputStream oStream=blob.getBinaryOutputStream();
File f=new File("d:\\pic.gif");
```

```
FileInputStream iStream=new FileInputStream(f);
```

读出文件并写入大文件：

```
byte[] b=new byte[blob.getBufferSize()];
int len=-1;
while((len=iStream.read(b))!=-1)
  {
 oStream.write(b,0,len);
  }
iStream.close();
oStream.close();
conn.commit();
ps.close();
rs.close();
```

从大文件中读出数据与写入类似，也是有两种方法，篇幅所限我们就不再赘述，仅给出下面的示例代码。

```
try
{
PreparedStatement ps=conn.prepareStatement("SELECT * FROM USER WHERE
ID=?");
ps.setString(1,"001");
ResultSet rs=ps.executeQuery();
if(rs.next())
{
File f=new File("e:\\pic.gif");
FileOutputStream oStream=new FileOutputStream(f);
InputStream iStream = rs.getBinaryStream("pic");
byte[] b=new byte[1024];
int len=-1;
while((len=iStream.read(b))!=-1)
  {
 oStream.write(b,0,len);
  }
}
iStream.close();
oStream.close();
conn.commit();
ps.close();
rs.close();
}
catch(Exception e )
{
e.printStackTrace();
}
```

## 5.1.5　DataSource

如果 Java 在操作数据库过程中经常性改变数据库信息、配置、用户名密码，那么使用 DriverManager 会遇到一些不方便，而且对 Java 的可移植性造成了影响，这主要是归咎于 DriverManager 需要与数据库过多细节直接绑定。解决这个问题的方法也很多，最简单的是将这些信息存放在配置文件中(XML)，然后运行时读取文件内容，修改也只修改文件的内容即可，不用修改源代码。

遵循 J2EE 的一些思想，SUN 公司提出了 DateSource 类，它的好处是可以通过逻辑名定位连接数据库，这样一来就可以把连接细节封装到更高的层次。我们就可以通过命名服务提供数据源(例如：JNDI)。

```
Context ct=new InitialContext();
DataSource ds=( DataSource) ct.lookup("jdbc/dbname");
Connection conn=ds.getConnection(username,password);
```

当然，如果不使用命名服务器也可以通过设置参数使用 DateSource，但是这样一来 DateSource 优于 DriverManager 的特性将荡然无存，而且相比之下会变得非常复杂。下面我们将不用命名服务情况下的示例程序列举如下。

首先引入 DataSource 类，这个类包含在用户加入环境变量的 JDBC 当中。

```
import oracle.jdbc.pool.OracleDataSource;
```

定义 DataSource，并设置属性，属性包括：driverType、serverName、Network-Protocol、DatabaseName、PortNumber、User、Password，针对每一种属性都有一个对应的 set**()方法用于设置其值。

```
OracleDataSource ords=new OracleDataSource();
ords.setServerName ("servername");
ords.setNetworkProtocol("tcp");
ords.setDescription("thin");
ords.setDatabaseName("dbname");
ords.setPortNumber("1521");
ords.setUser("username");
ords.setPassword("password");
Connection conn=ords.getConnection();
```

这里我们设置 JDBC 的类型是 thin，端口号是 Oracle 默认的端口号 1521。得到 Connection 对象之后的操作前面已经介绍，这里不再赘述。

## 5.2　需求及设计

### 5.2.1　系统分析

本系统开发基于下面的应用背景，假设某学校新成立一个系，没有特定的培养模式，其学员知识背景多样，这就为学校实施教学、安排实习带来了很多不便，开发本系统是为了实现对学员的信息管理和数据统计，为决策提供参考。

本程序主要包括提交信息、查询信息、预览信息、信息统计 4 个模块，实例比较简单，其主要目的是为了向读者演示知识介绍中提及的大对象、PreparedStatement 的使用，以及介绍如何实现关系数据库到对象的合理抽象、封装。

## 1. 功能结构图

功能模块图如图 5-1 所示，由下述 4 个模块组成。

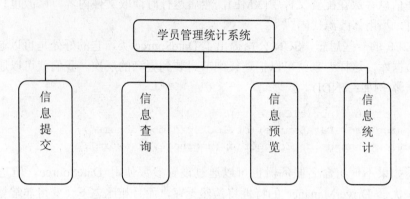

图 5-1　功能模块图

1) 信息提交

需要提交的内容比较多，除了基本的文字信息外，还包括图片、文档。提交的信息永久性存储到数据库，可以随时供查询、统计使用。

2) 信息查询

这里的信息查询指的是以学号为标识的查询，查询出的信息是包括图片在内的完整信息。

3) 信息预览

信息预览是为决策者提供的简便的浏览学员信息的方式。

4) 信息统计

该统计模块的特点是统计的内容繁多，包括与学员背景相关的内容统计、就业意向、老生实习情况、实习满意度等若干项。

## 2. 用例图

根据对系统的分析，我们得到 2 个角色和 4 个主要的功能模块，角色包括学员、决策人员；功能模块包括信息提交、信息统计、信息查询、信息预览，如图 5-2 所示。

## 3. 主要的数据流

本系统主要的数据就是学员的信息，该信息被提交后写入数据库，决策者可以通过查询、预览直接读取数据，也可以通过统计模块得到统计加工后的信息，如图 5-3 所示。

## 4. 设计分析

根据对系统需求的分析，本系统的重点是如何合理实现各种数据库操作，至于整体结构我们完全可以选择通常的电子商务系统的 3 层结构，即表示层(USL)、业务逻辑层(BLL)和数据访问层(DAL)，做到划分明确、利于维护、利于扩展。

- 数据访问层：主要是对数据(数据库、文本文件等)的操作，而不是指数据本身，就本项目而言，是对数据库的操作，而不是数据库。该层为业务逻辑层或表示层提供抽象后的数据操作服务，完成对数据的基本操作。

● 业务逻辑层：主要是针对具体的业务，也可以理解成对数据层的更高的抽象，或者是组装以表达具体的业务流程。本系统将业务进行合理的封装后，存放在不同的 JavaBean 当中。

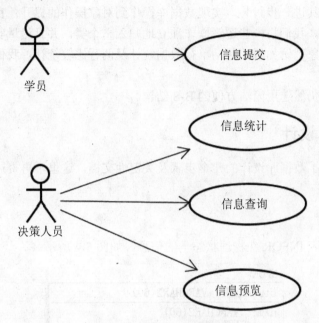

图 5-2　新闻发布系统用例图

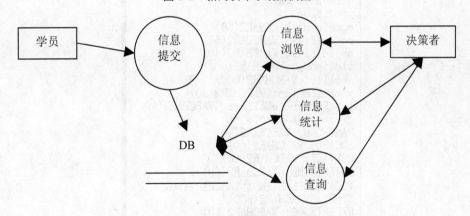

图 5-3　顶层数据流图

● 表示层：主要是提供一个界面，接受用户的请求发送到服务器，然后显示返回的处理结果。表示层可以编写专门的客户端程序，也可以以 Web 的方式用浏览器登录，浏览器可以看成是一种特殊的、操作系统自带的、普及的客户端。本系统选用后者，具体采用的是 JSP 技术。

根据 3 层结构的特点及对本案例的分析，本系统结构具体设计如下。

● 数据库支持层：为了演示知识介绍中的大对象、PreparedStatement 等知识点，我们特意选用了本案例，所以这里要注意这么几个操作：添加信息、查询、统计。

首先，添加信息中有文档(图片)存在，所以大对象有用武之地，作为一个学习案例，我们除了展示如何使用大对象外，作为比较，还设计了另外一种存放方式：文件名存入数据库而文件直接放在硬盘，由操作系统管理。

- 业务逻辑层：JDBC 是个"低级"接口，它直接面向的是 SQL 语句，所以我们很有必要将其进一步封装，实现数据库操作到对象操作的提升，良好地体现面向对象的思想。我们将一些逻辑操作独立地归入一个类，并且尽量实现同类操作划分的高级抽象。例如统计包括单行数据统计及两行比较统计，我们只需要这两个函数即可。
- 表示层：仍然选用简洁方便的 B-S 结构。

## 5.2.2 数据库设计

我们已经熟悉了数据库设计的几个步骤及关键性文档，这里不再赘述，仅将其中几个文档给出。

### 1. E-R 图

下面给出核心表 INFOR 在物理状态下的信息，如图 5-4 所示。

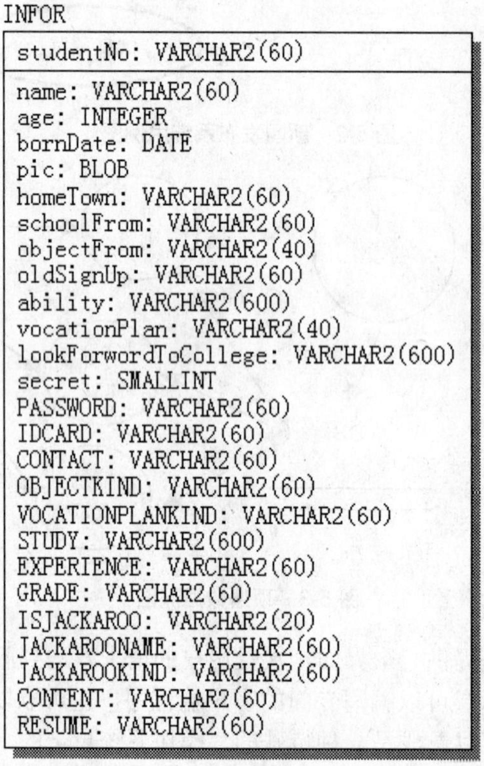

```
INFOR
┌─────────────────────────────────────────────┐
│ studentNo: VARCHAR2(60)                      │
├─────────────────────────────────────────────┤
│ name: VARCHAR2(60)                           │
│ age: INTEGER                                 │
│ bornDate: DATE                               │
│ pic: BLOB                                    │
│ homeTown: VARCHAR2(60)                       │
│ schoolFrom: VARCHAR2(60)                     │
│ objectFrom: VARCHAR2(40)                     │
│ oldSignUp: VARCHAR2(60)                      │
│ ability: VARCHAR2(600)                       │
│ vocationPlan: VARCHAR2(40)                   │
│ lookForwordToCollege: VARCHAR2(600)          │
│ secret: SMALLINT                             │
│ PASSWORD: VARCHAR2(60)                       │
│ IDCARD: VARCHAR2(60)                         │
│ CONTACT: VARCHAR2(60)                        │
│ OBJECTKIND: VARCHAR2(60)                     │
│ VOCATIONPLANKIND: VARCHAR2(60)               │
│ STUDY: VARCHAR2(600)                         │
│ EXPERIENCE: VARCHAR2(60)                     │
│ GRADE: VARCHAR2(60)                          │
│ ISJACKAROO: VARCHAR2(20)                     │
│ JACKAROONAME: VARCHAR2(60)                   │
│ JACKAROOKIND: VARCHAR2(60)                   │
│ CONTENT: VARCHAR2(60)                        │
│ RESUME: VARCHAR2(60)                         │
└─────────────────────────────────────────────┘
```

图 5-4　E-R 图中的 INFOR 表

### 2. INFOR.sql 文件

INFOR.sql 文件主要是定义表格、建立索引和主键。

```
CREATE TABLE INFOR (
     name                  VARCHAR2(60) NULL,
     age                   INTEGER NULL,
     bornDate              DATE NULL,
     pic                   BLOB NULL,
     homeTown              VARCHAR2(60) NULL,
     schoolFrom            VARCHAR2(60) NULL,
     objectFrom            VARCHAR2(40) NULL,
     oldSignUp             VARCHAR2(60) NULL,
     ability               VARCHAR2(600) NULL,
     vocationPlan          VARCHAR2(40) NULL,
     lookForwordToCollege VARCHAR2(600) NULL,
     secret                SMALLINT NULL,
     studentNo             VARCHAR2(60) NOT NULL,
     PASSWORD              VARCHAR2(60) NULL,
     IDCARD                VARCHAR2(60) NULL,
     CONTACT               VARCHAR2(60) NULL,
     OBJECTKIND            VARCHAR2(60) NULL,
     VOCATIONPLANKIND      VARCHAR2(60) NULL,
     STUDY                 VARCHAR2(600) NULL,
     EXPERIENCE            VARCHAR2(60) NULL,
     GRADE                 VARCHAR2(60) NULL,
     ISJACKAROO            VARCHAR2(20) NULL,
     JACKAROONAME          VARCHAR2(60) NULL,
     JACKAROOKIND          VARCHAR2(60) NULL,
     CONTENT               VARCHAR2(60) NULL,
     RESUME                VARCHAR2(60) NULL
);
CREATE UNIQUE INDEX XPKINFOR ON INFOR
(
     studentNo                    ASC
);
ALTER TABLE INFOR
     ADD ( PRIMARY KEY (studentNo) ) ;
```

# 5.3　系统实现、分析及运行结果

## 5.3.1　JDBC 的第一层封装

　　与前一章类似，我们对 JDBC 的第一层封装主要是针对驱动调用及数据源信息这些固定的信息，避免每次操作数据库都要重新输入，为下面的开发节省时间。图 5-5 给出了 dbClass 类的结构与继承关系。

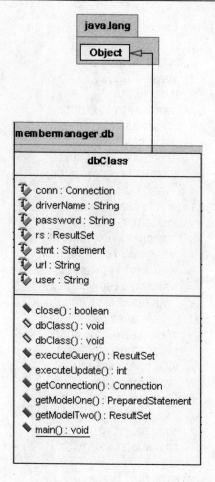

图 5-5　dbClass 类的结构与继承关系

下面是 dbClass.java 文件的具体内容。

```java
package membermanager.db;
/**
 * <p>Title: 成员管理系统</p>
 * <p>Description: 主要用于社团、协会的成员管理系统</p>
 * <p>Copyright: Copyright (c) 2007</p>
 * @author 王长松、秦琴
 * @version 1.0
 */
import java.sql.*;

public class dbClass
{
String driverName ="oracle.jdbc.driver.OracleDriver";
Connection conn = null;
Statement stmt = null;
ResultSet rs = null;
String url="jdbc:oracle:thin:@localhost:1521:INFORMATION";
/* INFORMATION 是你的 SID*/
```

```java
String user ="system";
/*用户名*/
String password = "wangchangsong";
/*密码*/

public dbClass() throws Exception
{
Class.forName(driverName);
}
public dbClass(String driverName,String urlp,String userp,String
passwordp)
throws Exception
{
/*这个构造函数允许你重新设置链接信息*/
Class.forName(driverName);
url=urlp;
user=userp;
password=passwordp;
}
public Connection getConnection() throws SQLException
{
/*返回的是链接，主要提供给生成 PrepareStatement、CallableStatement 用*/
conn = DriverManager.getConnection(url,user,password);
return conn;
}

public ResultSet executeQuery(String sql) throws SQLException
{
conn = DriverManager.getConnection(url,user,password);
Statement stmt = conn.createStatement();
ResultSet rs = stmt.executeQuery(sql);
return rs;
}

public int executeUpdate(String sql) throws SQLException
{
conn = DriverManager.getConnection(url,user,password);
Statement stmt = conn.createStatement();
int a = stmt.executeUpdate(sql);
return a;
}

public boolean close() throws SQLException
{
if (rs!=null) rs.close();
if (stmt!=null) stmt.close();
if (conn!=null) conn.close();
return true;
}

public static void main(String[] args) {
```

```
/*测试一下数据库是否可以连上*/
try{
  dbClass md = new dbClass();
  ResultSet rs= md.executeQuery("select * from INFOR");
  while(rs.next())
  {
  String name=rs.getString("name");
  System.out.println("name:"+name);
  }
  System.out.println(""+rs.getRow());
  md.close();
}
 catch ( Exception e)
 {
  e.printStackTrace();
 }
}


public  PreparedStatement getModelOne( String rowName,
String additionLimit)throws Exception
  {
/*模式一是为了统计 rowName 列, 在 additionLimit 条件下, 不重复的数目, 注意这里
additionLimit 以" where" 开头*/
    conn = DriverManager.getConnection(url,user,password);
    PreparedStatement ps=conn.prepareStatement("SELECT count(*) FROM
INFOR WHERE "+rowName+"=? "+ additionLimit);
    return ps;
  }


public ResultSet getModelTwo( String rowName1,String rowName2,
String additionLimit)throws Exception
  {
/*模式一是为了统计 rowName1 与 rowName1 列值相同, 在 additionLimit 条件下, 不重
复的数目*, 注意这里 additionLimit 以"and"开头/
  ResultSet rs= executeQuery("SELECT count(*) FROM INFOR where
"+rowName1+"="+ rowName2 +additionLimit);
    return rs;
  }
 }
```

## 5.3.2　基本数据操作逻辑封装

设计这个类的目的，主要是对用户信息的常见操作进行封装，实现了用面向对象的操作代替面向关系数据表的操作，使对数据库的开发更加简洁、直观。本类共设计了添加用户、修改密码和登录 3 个方法，读者可以根据本书提供的代码对功能进行进一步的完善。图 5-6 给出了展示 dbToObject 类结构及继承关系的类图。

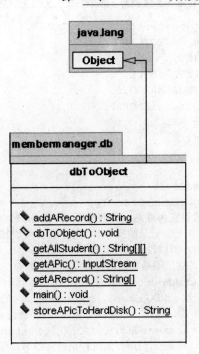

图 5-6　dbToObject 类的结构与继承关系

下面是 dbToObject 类的具体实现。

```
package membermanager.db;
import java.sql.*;
import java.io.*;
import oracle.jdbc.OracleResultSet;
import oracle.sql.BLOB;

/**
 * <p>Title: 成员管理系统</p>
 * <p>Description: 主要用于社团、协会的成员管理系统</p>
 * <p>Copyright: Copyright (c) 2007</p>
 * @author 王长松、秦琴
 * @version 1.0
 */

public class dbToObject {
  public dbToObject() {
  }
  public static void main(String[] args) {
}
  public static String addARecord( String name, int age,String
bornDate,File pic,
    String studentNo,String homeTown,,String schoolFrom,
    String objectFrom,String oldSignUp, String ability,
    String vocationPlan, String lookForwordToCollege,
```

```
String secret ,String password,String IDCARD,
String CONTACT,String OBJECTKIND,
String VOCATIONPLANKIND,
String STUDY,String EXPERIENCE,
String GRADE,String ISJACKAROO,
String JACKAROONAME,String JACKAROOKIND,
String CONTENT,String RESUME)
  {
/*添加一条记录*/
try{
dbClass db=new dbClass();
Connection conn= db.getConnection();
```

/*这里把 addARecord 函数设置为静态，而且选用 PreparedStatement 而不是传统的
Statement 是出于以下原因：添加一条记录的操作其实是一个重复性操作，添加不同的记录变化的仅仅
是参数，而且这个操作要频繁使用，所以没有采用传统的 Statement，而采用了在这种情况下效率更高
的 PraparedStatement，但是，这是不是真的可以提高效率呢？

下面进行一个重要的分析：addARecord 函数中的 PrepareStatement 是否真的带来了高效
率？答案是否定的，我们每调用一次 addARecord，conn.prepareStatement 函数都要执行一次，
带有占位符的 SQL 语句都要解析一次，这样一来并没有体现出 PreparedStatement 解释一次执行多
次的特征，反而因为 PreparedStatement 解析代价大于传统 Statement 而使得时间开销加大，这里
其实可以考虑使用 CallableStatement 调用存储过程来提高效率。那么，怎样才能体现出
PreparedStatement 的优势呢？我们将在 statistic.java 中加以说明。
*/

```
PreparedStatement ps=conn.prepareStatement("insert into infor  "
+"(NAME,AGE,BORNDATE,STUDENTNO,PIC,HOMETOWN,SCHOOLFROM,OBJEC
TFROM,OLDSIGNUP,ABILITY,VOCATIONPLAN,"
+"LOOKFORWORDTOCOLLEGE,SECRET,PASSWORD,IDCARD,CONTACT,OBJECT
KIND,
VOCATIONPLANKIND,STUDY,"
+"EXPERIENCE,GRADE,ISJACKAROO,JACKAROONAME,JACKAROOKIND,
CONTENT,RESUME)" +"values
  (?,?,?,?,EMPTY_BLOB(),?,?,?,?,?,?,?,?,?,?,?,?,?,?,?,?,?,?,?,?,? )");
        ps.setString(1,name);
        ps.setInt(2,age);
        ps.setString(3,bornDate);
        ps.setString(4,studentNo);
        ps.setString(5,homeTown);
        ps.setString(6,schoolFrom);
        ps.setString(7,objectFrom);
        ps.setString(8,oldSignUp);
        ps.setString(9,ability);
        ps.setString(10,vocationPlan);
        ps.setString(11,lookForwordToCollege);
        ps.setString(12,secret);
        ps.setString(13,password);
        ps.setString(14,IDCARD);
        ps.setString(15,CONTACT);
        ps.setString(16,OBJECTKIND);
        ps.setString(17,VOCATIONPLANKIND);
        ps.setString(18,STUDY);
```

```
                ps.setString(19,EXPERIENCE);
                ps.setString(20,GRADE);
                ps.setString(21,ISJACKAROO);
                ps.setString(22,JACKAROONAME);
                ps.setString(23,JACKAROOKIND);
                ps.setString(24,CONTENT);
                ps.setString(25,RESUME);
        ps.executeUpdate();
        ps.close();
        }
        catch(Exception e )
            {
                return "添加失败，原因： " +e.toString();
            }
        /*下面把图片作为大对象添加入数据库*/
        /*
```

因为我们使用的是 thin 驱动器，所以采用应用比较广泛的定位器的方法。

上面我们已经通过添加了一条记录，并使用 SQL 中的 EMPTY_BLOB 函数创建了一个大对象的空间。然后，我们取得定位器，得到写入的流，以二进制流的形式写入。在写入之前我们必须完成两个工作：一是确保关闭自动提交功能；二是使用 select...for update 命令来锁住该条记录。

```
        */
        try
        {
        dbClass db=new dbClass();
        Connection conn= db.getConnection();
        /*关闭自动提交功能*/
        conn.setAutoCommit(false);
        /*锁住该条记录*/
        PreparedStatement ps=conn.prepareStatement("SELECT PIC FROM INFOR
        WHERE STUDENTNO=? FOR UPDATE");
        ps.setString(1,studentNo);
        ResultSet rs= ps.executeQuery();
        OracleResultSet ors=(OracleResultSet)rs;
        if(ors.next())
        {
        /*得到 BLOB 对象*/
        BLOB blob=ors.getBLOB("PIC");
        /*得到流对象*/
        OutputStream oStream=blob.getBinaryOutputStream();

        /*读出要写入的文件*/
        FileInputStream iStream=new FileInputStream(pic);
        byte[] b=new byte[blob.getBufferSize()];
        int len=-1;
        while((len=iStream.read(b))!=-1)
        {
        /*边读出，边写入数据*/
        oStream.write(b,0,len);
        }
        /*记住一定要关闭流和数据库连接*/
```

```
          iStream.close();
          oStream.close();
          conn.commit();
          ps.close();
          rs.close();
        }
        return "成功添加";
      }
        catch( Exception e)
        {
          e.printStackTrace();
          return "添加图片失败";
        }
      }
    public  static InputStream getAPic( String studentNo )
      {
      /*读出大对象中的图片，为提高函数的灵活性我们返回流对象*/
        try
          {
          dbClass dc=new dbClass();
          Connection conn=dc.getConnection();
          PreparedStatement ps=conn.prepareStatement("SELECT PIC FROM INFOR
WHERE
      STUDENTNO=?");
          ps.setString(1,studentNo);
          ResultSet rs=ps.executeQuery();
          if(rs.next())
          {
          InputStream iStream = rs.getBinaryStream("pic");
          return iStream;
        }
          /*这里千万别把 iStream 关掉*/
        conn.commit();
        ps.close();
        rs.close();
        return null;
      }
        catch(Exception e )
        {
        e.printStackTrace();
        return null;
        }
      }

      public  static String storeAPicToHardDisk ( String studentNo )
        {
      /*由于我们使用的是 JSP 技术，所以考虑事先将图片放在相应的文件夹下，我们专门设计了这个
函数*/
          try
            {
          dbClass dc=new dbClass();
```

```
    Connection conn=dc.getConnection();
PreparedStatement ps=conn.prepareStatement("SELECT PIC FROM INFOR WHERE
STUDENTNO=?");
    ps.setString(1,studentNo);
    ResultSet rs=ps.executeQuery();
    if(rs.next())
    {
    InputStream iStream = rs.getBinaryStream("pic");
```
/*这里我们使用了绝对路径，并统一按学号命名，读者运行源代码时要注意，可以将其改成相对路径，此知识点非本书重点，不再赘述*/
```
File f=new File("C:\\Program Files\\Apache Group\\Tomcat
4.1\\webapps\\ROOT\\MDV1\\InforManager\\pic\\"+studentNo+".jpg");
FileOutputStream oStream=new FileOutputStream(f);
    byte[] b=new byte[1024];
    int len=-1;
    while((len=iStream.read(b))!=-1)
    {
    /*写入文件*/
     oStream.write(b,0,len);
     }
    iStream.close();
oStream.close();
 }
    conn.commit();
    ps.close();
    rs.close();
    /*正常返回文件名*/
 return "pic/"+studentNo+".jpg";
    }
    catch(Exception e )
    {
    e.printStackTrace();
 return "异常: " +e.toString();
 }
}
 public  static String[] getARecord( String studentNo )
    {
/*得到一条全记录，以数组的形式返回*/
    try
    {
    dbClass dc=new dbClass();
    Connection conn=dc.getConnection();
    PreparedStatement ps=conn.prepareStatement("SELECT * FROM INFOR
WHERE STUDENTNO=?");
    String[] result =null;
    ps.setString(1,studentNo);
    ResultSet rs=ps.executeQuery();
    if(rs.next())
    {
     result =new String[25];
     result[0]=rs.getString(1);
```

```
            result[1]=""+rs.getInt(2);
            result[2]=rs.getString(3);
            result[3]=rs.getString(5);
            result[4]=rs.getString(6);
            result[5]=rs.getString(7);
            result[6]=rs.getString(8);
            result[7]=rs.getString(9);
            result[8]=rs.getString(10);
            result[9]=rs.getString(11);
            result[10]=rs.getString(12);
            result[11]=rs.getString(13);
            result[12]=rs.getString(14);
            result[13]=rs.getString(15);
            result[14]=rs.getString(16);
            result[15]=rs.getString(17);
            result[16]=rs.getString(18);
            result[17]=rs.getString(19);
            result[18]=rs.getString(20);
            result[19]=rs.getString(21);
            result[20]=rs.getString(22);
            result[21]=rs.getString(23);
            result[22]=rs.getString(24);
            result[23]=rs.getString(25);
            result[24]=rs.getString(26);
            return result;
            }
         rs.close();
         /*如果不存在该同学的信息或出现异常，返回值为空*/
       return null;
            }
        catch(Exception e )
        {
        e.printStackTrace();
        return null;
        }
    }
public static  String[][] getAllStudent()
    {
        try{
        dbClass db=new dbClass();
ResultSet rs= db.executeQuery("select STUDENTNO,NAME from infor order by
STUDENTNO");
int i=0;
/*得到记录集的长度*/
        while(rs.next())
        {
          i++;
        }
        rs= db.executeQuery("select STUDENTNO,NAME
from infor order by STUDENTNO");
        String[][] r=new String[i][2];
```

```
    int j=0;
    while(rs.next())
    {
     r[j][0]=rs.getString("STUDENTNO");
     r[j][1]=rs.getString("NAME");
     j++;
    }
return r;
    }
    catch(Exception e)
    {
     System.out.print(e.toString());
     e.printStackTrace();
     return null;
    }
    }
}
```

## 5.3.3　与统计相关操作的封装

该模块主要实现了统计功能，统计的对象是学员的背景、职业规划等信息，针对不同的数据库操作分类，我们定义了几个比较通用的统计函数。图 5-7 所示为 statistic 类的结构与继承关系。

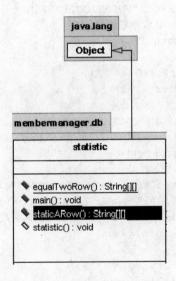

图 5-7　statistic 类的结构与继承关系

下面是 statistic 类的具体实现。

```
package membermanager.db;
import java.sql.*;
/**
 * <p>Title: 成员管理系统</p>
 * <p>Description: 主要用于信息的统计</p>
```

```java
 * <p>Copyright: Copyright (c) 2007</p>
 * @author 王长松、秦琴
 * @version 1.0
 */
public class statistic {
  public statistic() {
  }
    public static void main(String[] args) {
/*我们示例一下如何利用 staticARow 和 equalTwoRow 两个函数来统计信息*/
statistic staticData1 = new statistic();
    String[][] r= statistic.staticARow("OBJECTKIND" ,"");
    System.out.print("本科背景调查: ");
    for(int i=0;i<r.length;i++)
    {
      System.out.print(r[i][0]+" ");
      System.out.println(r[i][1]);
    }
    r= statistic.staticARow("OBJECTKIND" ," and GRADE='06'");
    System.out.print("06 本科背景调查: ");
    for(int i=0;i<r.length;i++)
    {
      System.out.print(r[i][0]+" ");
      System.out.println(r[i][1]);
    }
    r= statistic.staticARow("VOCATIONPLANKIND" ," and GRADE='06'");
    System.out.print("06 职业规划调查: ");
    for(int i=0;i<r.length;i++)
    {
     .System.out.print(r[i][0]+" ");
      System.out.println(r[i][1]);
    }
   r= statistic.staticARow("JACKAROOKIND"," and GRADE='06'" );
   System.out.print("06 不同行业实习满意度: ");
   for(int i=0;i<r.length;i++)
   {
String[][] r2= statistic.staticARow("CONTENT"," and GRADE='06' and
JACKAROOKIND= '"+ r[i][0]+"'  and ISJACKAROO='有'" );
    System.out.print("进入"+ r[i][0]+"实习的满意度: ");
    for(int j=0;j<r2.length;j++)
    {
     System.out.print(r2[j][0]+" ");
     System.out.print (r2[j][1]);
    }
  }
r=  equalTwoRow("VOCATIONPLANKIND","JACKAROOKIND",
"VOCATIONPLANKIND","
and GRADE='07'");
 System.out.print("07 级实习与就业规划相符的");
 for(int i=0;i<r.length;i++)
 {
```

```
        System.out.print(r[i][0]+"   ");
        System.out.println(r[i][1]);
    }
}
```

/*这里 staticARow 和 equalTwoRow 函数同样选用 PreparedStatement 而不是传统的 Statement，它们的效率又会如何呢？ */

```
 public static String[][] staticARow( String rowName ,String
additionLimit)
    {
    /*additionLimit 格式： " and a=b" */
      try
      {
        dbClass dc=new dbClass();
        ResultSet rs1= dc.executeQuery("select distinct "+ rowName+"  from
infor " );
        int j=0;
        while(rs1.next())
        {
        j++;
        }
    /*统计 rowName 列不重复记录的个数*/
        String[][] r = new String[j][2];
    String[] result = null;
        /*得到所有列的名称*/
        rs1= dc.executeQuery("select distinct "+ rowName+"  from infor  ");
    int i=0;
    PreparedStatement ps= dc.getModelOne(rowName,additionLimit);
        while(rs1.next())
    {
    /*
```

下面我们承接 addARecord 函数的分析结果来分析一下：staticARow 中的 PrepareStatement 是否真的带来了高效率，答案是肯定的。我们每次调用 staticARow 时，staticARow 都会只调用一次 getModelOne 函数，getModelOne 函数的代码如下：

```
 public PreparedStatement getModelOne( String rowName ,String
additionLimit)throws Exception
    {
    conn = DriverManager.getConnection(url,user,password);
    PreparedStatement ps=conn.prepareStatement("SELECT count(*)
 FROM INFOR WHERE "+rowName+"=? "+ additionLimit);
        return ps;
    }
```

我们看到，其实每次我们调用 staticARow 时，

```
PreparedStatement ps=conn.prepareStatement("SELECT count(*) FROM INFOR
WHERE "+rowName+"=? "+ additionLimit);
```

这一句只被执行一次，但是我们在 while 循环中通过设定不同的参数，多次调用 ps.executeQuery()，这样一来就体现出了 PreparedStatement 解释一次执行多次的特征，如果循环次数很多，那么效率会大大增加。

```
    */
        String cell= rs1.getString(rowName);
```

```
         ps.setString(1,cell);
         ResultSet rs=ps.executeQuery();
         while(rs.next())
    {
    /*分别存放列的值和无重复的数目*/
        r[i][0] = cell;
        r[i][1] = rs.getString(1);
    }
      i++;
      }
      return  r;
      }
      catch(Exception e)
      {
       e.printStackTrace();
       return null;
      }
    }

    public static String[][]
        equalTwoRow( String rowName1 ,String rowName2 ,
                 String key,String addition)
      {
        /*
```

其中 rowname1、rowname2 分别是要比较的两列，key 为分类标志(分类标准)，value 是它的值，addition 是额外的条件限制。这里的 addition 的格式：" and a=b"是对 key+"="+value+"的承接。

设计这个函数是出于实际应用的必要：从事金融行业的实习生，实力领域与预期相同的人数。如果读者感觉该函数苦涩难懂，可以跳过，因为其中涉及的知识前面都讲过。

```
        */
        try
        {
          dbClass dc=new dbClass();
          ResultSet rs1= dc.executeQuery("select distinct "+ key+" from
infor ");
          int j=0;
          while(rs1.next())
          {
          j++;
          }
        String[][] r = new String[j][2];
        String[] result = null;
        rs1= dc.executeQuery("select distinct "+ key+" from infor ");
        int i=0;
        while(rs1.next())
        {
         String cell =rs1.getString(key);
         /*注意这里对查询条件的组合*/
        ResultSet rs= dc.getModelTwo(rowName1,rowName2," and "+key+" =
'"+cell+"'
```

```
        "+addition);
   while(rs.next())
     {
      r[i][0] = cell;
      r[i][1] = rs.getString(1);
     }
    i++;
   }
    return  r;
    }
    catch(Exception e)
    {
      e.printStackTrace();
      return null;
    }
  }
 }
```

## 5.3.4　注册信息

该模块主要是用于一条信息的注册，由 addARecord.jsp、addARecordDone.jsp 两个文件组成，分别实现用户信息提交和存储、浏览。下面介绍两个文件的具体实现。首先介绍 addARecord.jsp，运行界面如图 5-8 所示。

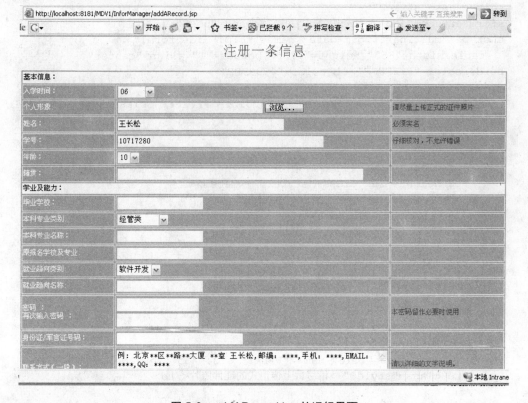

图 5-8　addARecord.jsp 的运行界面

关于 JSP、JavaScript 的知识，在新闻发布系统案例中已经讲过，这里就不再重复，本界面仅仅是为了提供数据提交的窗口，没有涉及更多新的知识，所以只贴出关键代码，其他代码读者可以在光盘内查阅。

```jsp
<%@ page contentType="text/html; charset=gb2312" language="java"
errorPage="" %>
<head>
<meta http-equiv="Content-Type" content="text/html; charset=gb2312" />
<title>信息采集</title>
<style type="text/css">
<!--
.style1 {
    color: #993300;
    font-size: 24px;
    font-family: Arial, Helvetica, sans-serif;
}
/*……部分代码省略……*/
-->
</style>
</head>
<body>
<div align="center" class="style1">
  <p>注册一条信息</p>
</div>
<div class="style2">
<form action="addARecordDone.jsp" method="post"
enctype="multipart/form-data" name="form1" id="form1">
  <table width="855" height="1725" border="1" align="center"
bordercolor="#FFFFFF"  bgcolor="#9999FF">
    <tr>
      <td height="20" colspan="3" bgcolor="#FFFFFF" class="style2" >
基本信息: </td>
      </tr>
    <tr>
      <td class="style4" >入学时间: </td>
      <td height="20" class="style2" ><label>
        <select name="GRADE" id="GRADE">
         <option>06<option>07
         <option>06 转双
         </select>
      </label></td>
      <td class="style8" > </td>
    </tr>
    <tr>
      <td class="style4" >个人形象:</td>
      <td height="20" class="style2" >
        <input type="file" name="FILE1" size="35" /></td>
      <td class="style8" >请尽量上传正式的证件照片</td>
    </tr>
    <tr>
```

```
    <td class="style4" >姓名：</td>
    <td height="20" class="style2" >
     <label>
     <input name="NAME" type="text" id="NAME" value="王长松" size="40"
/>
     </label></td>
    <td class="style8" >必须实名</td>
  </tr>

  /*……部分代码省略……*/

    <tr>
    <td class="style2" ><p class="style5">简历：(格式：学号.doc)<br>
    </p></td>
    <td height="28" class="style2" >
     <p>
      <input name="FILE2" type="file" id="FILE2" size="35" />
     <br>
     </p></td>
    <td class="style2" ><p class="style9">格式：学号.doc</p></td>
  </tr>
    <tr>
    <td class="style2" ><input type="submit" name="Submit" value="提交"
/></td>
    <td class="style2" > </td>
    <td class="style2" > </td>
  </tr>
  </table>
 </form>
 </div>
 </body>
 </html>
```

adduserDone.jsp 主要完成的是将一条记录加入数据库，然后再将数据读出显示出来，供添加信息的用户检查信息的正确性。运行结果如图 5-9 所示。

```
<html><%@ page contentType="text/html; charset=gb2312" language="java"
import="java.util.*,com.jspsmart.upload.*" errorPage="" %>
<%@ page import="membermanager.db.dbToObject" %>
/*引入 dbToObject 类，它包含将数据写入数据库及将数据读出的函数*/
<head>
<title>信息注册</title>
<style type="text/css">
<!--
.style3 {font-size: 12px; color: #FFFFFF; }
.style4 {font-size: 12px}
.style5 {font-size: 12px; color: #FF0000; }
.style6 {font-size: 12px; color: #9999FF; }
-->
</style>
</head>
<body>
```

```
<div align="center">
   <table  width="630" border="0"  bordercolor="#FFFFFF"
bgcolor="#FFFFFF" >
        <tr>
            <td colspan="4" bgcolor="#FFFFFF" class="style6"><%
String id2=""+session.getAttribute("roleMD");
if(true)//id2.equals("0")
{
/*我们使用 SmartUpload 这个类,新建一个 SmartUpload 对象*/
SmartUpload su = new SmartUpload();
/* 上传初始化*/
su.initialize(pageContext);
/* 设定上传限制: */
/*文件的大小上限*/
su.setMaxFileSize(30000);
/* 所有数据的长度*/
su.setTotalMaxFileSize(60000);
/*设定允许上传的文件类型,仅允许上传图片或 WORD 文档*/
su.setAllowedFilesList("jpg,JPG,gif,GIF,doc,DOC");
/*设定禁止上传的文件,例如,出于安全考虑,禁止上传 exe,bat 文件,这些文件有可能是病毒*/
su.setDeniedFilesList("exe,bat");
/*上传文件*/
su.upload();
/*得到数据项*/
String NAME=su.getRequest().getParameter("NAME");
String AGE=su.getRequest().getParameter("AGE");
String BORNDATE=su.getRequest().getParameter("BORNDATE");
String STUDENTNO=su.getRequest().getParameter("STUDENTNO");
String HOMETOWN=su.getRequest().getParameter("HOMETOWN");
String SCHOOLFROM=su.getRequest().getParameter("SCHOOLFROM");
String OBJECTFROM=su.getRequest().getParameter("OBJECTFROM");
String OLDSIGNUP=su.getRequest().getParameter("OLDSIGNUP");
String ABILITY=su.getRequest().getParameter("ABILITY");
String VOCATIONPLAN=su.getRequest().getParameter("VOCATIONPLAN");
String LOOKFORWORDTOCOLLEGE=
su.getRequest().getParameter("LOOKFORWORDTOCOLLEGE");
String SECRET=su.getRequest().getParameter("SECRET");
String PASSWORD=su.getRequest().getParameter("PASSWORD");
String IDCARD=su.getRequest().getParameter("IDCARD");
String CONTACT=su.getRequest().getParameter("CONTACT");
String OBJECTKIND=su.getRequest().getParameter("OBJECTKIND");
String VOCATIONPLANKIND
=su.getRequest().getParameter("VOCATIONPLANKIND");
String STUDY=su.getRequest().getParameter("STUDY");
String EXPERIENCE=su.getRequest().getParameter("EXPERIENCE");
String GRADE=su.getRequest().getParameter("GRADE");
String ISJACKAROO=su.getRequest().getParameter("ISJACKAROO");
String JACKAROONAME=su.getRequest().getParameter("JACKAROONAME");
String JACKAROOKIND=su.getRequest().getParameter("JACKAROOKIND");
String CONTENT=su.getRequest().getParameter("CONTENT");
/*路径是从 ROOT 开始计*/
```

```
int count = su.save("/MDV1/InforManager/resume/");
%>
共成功上传 <%=count%>个文件<br>
<%
/*PIC 和 RESUME 分别对应图片和简历的文档*/
com.jspsmart.upload.File PIC=null;
com.jspsmart.upload.File RESUME=null;
String result2="";
/*逐一提取上传文件信息，同时可保存文件*/
/*简历文件名称默认为"#"*/
String resumeName="#";
for (int i=0;i<su.getFiles().getCount();i++)
{
/*得到图片*/
if(i==0)
{
PIC = su.getFiles().getFile(i);
}
/*得到简历*/
if(i==1)
{
 RESUME = su.getFiles().getFile(i);
out.println("");
}
if(RESUME!=null)
{
resumeName=RESUME.getFileName();
}
}
/*将 String 转化成 int*/
Integer a=new Integer(AGE);
int ageInt=a.intValue();
java.io.File PIC1=new java.io.File("C:\\Program Files\\Apache
Group\\Tomcat
    4.1\\webapps\\ROOT\\MDV1\\InforManager\\resume\\"+PIC.getFileName());
String result1=
dbToObject.addARecord(NAME,ageInt,BORNDATE,PIC1,STUDENTNO,
HOMETOWN,SCHOOLFROM,OBJECTFROM,OLDSIGNUP,ABILITY,
VOCATIONPLAN,LOOKFORWORDTOCOLLEGE,SECRET,PASSWORD,
IDCARD,CONTACT,OBJECTKIND,VOCATIONPLANKIND,STUDY,
EXPERIENCE,GRADE,ISJACKAROO,
JACKAROONAME,JACKAROOKIND,CONTENT,resumeName);
out.println("运行状态:"+ result1);
String[] result =dbToObject.getARecord( STUDENTNO);
String pic=dbToObject.storeAPicToHardDisk( STUDENTNO);
if(result!=null)
{
%></td>
    </tr>
    <tr>
        <td colspan="4" bgcolor="#FFFFFF" class="style4">个人基本信息: </td>
```

```
        </tr>
        <tr>
        <td bgcolor="#9999FF"><span class="style3">年级：</span></td>
        <td colspan="2" bgcolor="#9999FF"><span
class="style4"><%=result[19]%></span></td>
        <!- - 图片显示，采用<img >标签，src 设置图片路径属性 - ->
<td width="178" rowspan="7" bgcolor="#9999FF">
            <div align="center" class="style4">
                <img src="<%=pic%>" width="100" height="140"
align="middle"></div></td>
        </tr>

/*……部分代码省略……*/

<!- -设置简历链接，采用<a href= >  </a>标签,其中=号后面
    "resume/<%=result[24]%>"是链接指向的路径, <a href= >与</a>之间的
<%=result[24]%>
    是显示的内容- ->
        <tr>
            <td bgcolor="#9999FF"><span class="style3">简历：</span></td>
        <td  colspan="3" bgcolor="#9999FF"><a
href="resume/<%=result[24]%>"><span
class="style4"><%=result[24]%></span></a></td>
        </tr>
     </table>
    </div>
            <%
    }
%>
    </body>
    </html>
```

图 5-9　adduserDone.jsp 运行界面

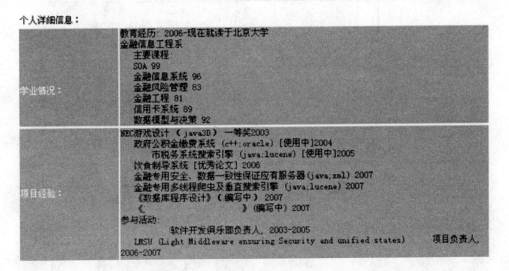

个人详细信息：

图 5-9　(续)

## 5.3.5　预览信息

本模块用于显示所有学员的学号、姓名，单击即可进入，方便整体预览，该模块对应的文件是 overView.jsp。我们使用了 dbToObject 对象中的 getAllStudent()方法来得到所有学生的信息。预览信息的运行界面如图 5-10 所示。

| 记录数目：73 | |
| --- | --- |
| 106 | 陈春 |
| 106 | 陈鼹 |
| 106 | 陈俊年 |
| 106 | 符达明 |
| 106 | 巩伟 |
| 106 | 韩宇鹏 |
| 106 | 何渊 |
| 106 | 胡江堂 |
| 106 | 贱冯 |
| 106 | 贾一鸣 |
| 106 | 蒋飞 |
| 106 | 孙晨钟 |
| 107 | 秦琴 |
| 107 | 申土 |
| 107 | 田瑛 |
| 107 | 王长松 |

图 5-10　overView.jsp 的运行界面

下面是 overView.jsp 的具体实现。

```jsp
<%@ page contentType="text/html; charset=gb2312" language="java"
import="java.sql.*"
    errorPage="" %>
<%@ page import="membermanager.db.dbToObject" %>
```

```
<head>
<meta http-equiv="Content-Type" content="text/html; charset=gb2312" />
<title>信息汇总</title>
<style type="text/css">
<!--
.style1 {color: #EBE9ED}
-->
</style>
</head>
<body>
<div align="center">
  <table width="574" border="0">
<%
String[][] r= dbToObject.getAllStudent();
%>
<tr>
    <td width="222" bgcolor="#9999FF"><span class="style1">记录数目:
<%=r.length
%></span></td>
    <td width="342"></td>
  </tr>
<%
for(int i=0;i<r.length;i++)
{
%>
  <tr>
    <td bgcolor="#9999FF"><%=r[i][0]%></td>
    <td bgcolor="#9999FF"><a
href="showResume.jsp?STUDENTNO=<%=r[i][0]%>"><%=r[i][1]%></a></td>
    <!-- 通过显式的方式传输参数的值，参数值名称为 STUDENTNO，值为 r[i][0] -->
</tr>
<%
}
%>
 </table>
</div>
</body>
</html>
```

## 5.3.6 查询

本模块提供的查询功能是按照学号进行检索(其对应的文件是 showResume.jsp)，即在左上角输入框内填入学号，提交即可。显示的内容即为数据库里的全部内容，如图 5-11所示。

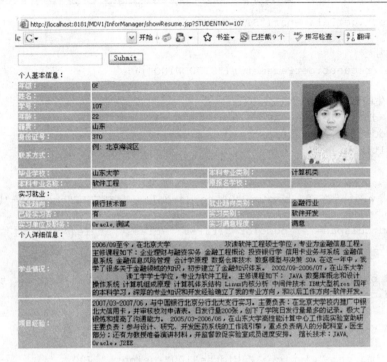

图 5-11　showResume.jsp 的运行界面

下面是 showResume.jsp 的具体实现。

```jsp
<%@ page contentType="text/html; charset=gb2312" language="java"
import="java.sql.*"
 errorPage="" %>
<%@ page import="membermanager.db.dbToObject" %>
<head>
<meta http-equiv="Content-Type" content="text/html; charset=gb2312" />
<title>信息显示</title>
<style type="text/css">
<!--
.style3 {font-size: 12px; color: #FFFFFF; }
.style4 {font-size: 12px}
-->
</style>
</head>
<body>
<form method="get" action="showResume.jsp" >
  <input name="STUDENTNO" type="text" id="STUDENTNO">
  <input type="submit" name="Submit" value="Submit">
</form>
<div align="center">
<%
/*默认显示学号为 10717280 同学的信息*/
String sno="10717280";
String[] result=null;
/*没有图片的同学显示 defult.jpg 作为提示*/
String pic="pic\\defult.jpg";
```

```
if(request.getParameter("STUDENTNO")!=null)
{
/*得到学号*/
sno =chi(request.getParameter("STUDENTNO"));
}
/*得到学生的信息存放在数组 result 中*/
result =dbToObject.getARecord(sno);
pic=dbToObject.storeAPicToHardDisk(sno);
if(result!=null)
{
%>
 <table  width="630" border="0" bordercolor="#FFFFFF"bgcolor="#FFFFFF" >
    <tr>
      <td colspan="4" bgcolor="#FFFFFF" class="style4">个人基本信息: </td>
      </tr>
      <tr>
      <td bgcolor="#9999FF"><span class="style3">年级: </span></td>
      <td colspan="2" bgcolor="#9999FF">
<span class="style4"><%=result[19]%></span></td>
      <td width="177" rowspan="7" bgcolor="#9999FF">
        <div align="center" class="style4">
        <img src="<%=pic%> " width="100" height="140"
align="middle"></div></td>
</tr>
      /*……部分代码省略，见光盘……*/

      <tr>
       <td bgcolor="#9999FF"><span class="style3">简历: </span></td>
       <td  colspan="3" bgcolor="#9999FF"><a
href="resume/<%=result[24]%>"><span
    class="style4"><%=result[24]%></span></a></td>
      </tr>
     </table>
     <%
     }
     %>
</div>
    <%!
public String chi(String input) {
try {
byte[] bytes = input.getBytes("ISO8859-1");
return new String(bytes);
}catch(Exception ex) {
}
return null;
}
%>
</body>
</html>
```

### 5.3.7　统计

该部分主要是对采集到的信息进行分析，从而得到我们真正需要的有价值信息。下面对源文件 statistic.jsp 进行分析，其运行界面如图 5-12 所示。

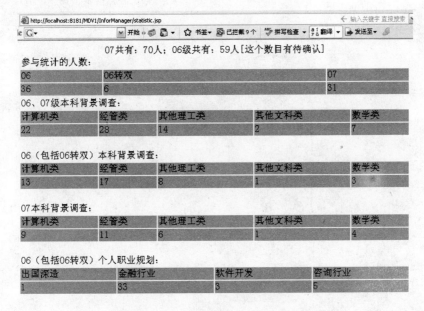

**图 5-12　statistic.jsp 的运行界面**

```
<%@ page contentType="text/html; charset=gb2312" language="java"
import="java.sql.*" errorPage="" %>
<%@ page import="java.sql.*,javax.sql.*,java.lang.*" %>
<%@ page import="membermanager.db.statistic " %>
<!--引入我们所需要的类-->
<head>
<meta http-equiv="Content-Type" content="text/html; charset=gb2312" />
<title>Untitled Document</title>
</head>
<body>
<!-- 一个统计项目的开始 -->
<div align="center">
<%
/*统计不同年级的人数,从下面的调用可以充分看出,staticARow 函数使用起来极其简便而且
比较灵活*/
String[][] r= statistic.staticARow("GRADE" ,"");
%>
<p>07 共有. 70 人;06 级共有:59 人[这个数目有待确认]</p>
<!-- 一个统计项目 1 的开始 -->
 <table width="781" border="0">
    <tr>
    <td colspan="<%=r.length%>">
      <p>参与统计的人数: </p></td>
    </tr>
```

```
<tr>
<%
for(int i=0;i<r.length;i++)
{
  %>
  <td bordercolor="#EBE9ED" bgcolor="#9999FF">
 <%=r[i][0]%>
 </td>
 <%
}
%>
</tr><tr>
<%
  for(int i=0;i<r.length;i++)
  {
  %>
  <td bordercolor="#EBE9ED" bgcolor="#9999FF">
 <%=r[i][1]%>
 </td>
 <%
  }
 %>
 </tr>
</table>
</div>
<!--一个统计项目的结束-->
<!-- 一个统计项目2的开始 -->
<div align="center">
<table width="781" border="0">
<%
r= statistic.staticARow("OBJECTKIND" ,"");
%>
  <tr>
   <td colspan="<%=r.length%>">
    <p>06、07 级本科背景调查: </p>
</td>
  </tr>
  <tr>
  <%
  for(int i=0;i<r.length;i++)
  {
  %>
  <td bordercolor="#EBE9ED" bgcolor="#9999FF">
 <%=r[i][0]%>
 </td>
 <%
  }
 %>
 </tr><tr>
 <%
  for(int i=0;i<r.length;i++)
```

```
        {
        %>
        <td bordercolor="#EBE9ED" bgcolor="#9999FF">
        <%=r[i][1]%>
        </td>
        <%
        }
        %>
        </tr>
    </table><br></div>
    <!--一个统计项目的结束-->
    <!-- 一个统计项目 3 的开始 -->
    <div align="center">
    <table width="781" border="0">
    <%
    r= statistic.staticARow("OBJECTKIND" ," and (GRADE='06' OR GRADE='06转双
')");
    %>
        <tr>
        <td colspan="<%=r.length%>">06(包括06转双)本科背景调查: </td>
        </tr>
        <tr>
        <%
        for(int i=0;i<r.length;i++)
        {
        %>
        <td bgcolor="#9999FF">
        <%=r[i][0]%>
        </td>
        <%
        }
        %>
        </tr><tr>
        <%
        for(int i=0;i<r.length;i++)
        {
        %>
        <td bgcolor="#9999FF">
        <%=r[i][1]%>
        </td>
        <%
        }
        %>
        </tr>
    </table><hr></div>
    <!--一个统计项目的结束-->
        /*……部分代码省略，见光盘……*/
    <!-- 一个统计项目 10 的开始 -->
    <div align="center">
    <%
    r= statistic.staticARow("JACKAROOKIND"," and
```

```
(GRADE='06' OR GRADE='06转双')" );
    for(int i=0;i<r.length;i++)
  {
    String[][] r2= statistic.staticARow("CONTENT"," and (GRADE='06' OR
GRADE='06转双') and JACKAROOKIND= '"+ r[i][0]+"'  and ISJACKAROO='有'" );
  %>
<table width="781" border="0">
  <tr>
<td colspan="<%=r.length%>">进入<%=r[i][0]%>实习的满意度:</td>
</tr>
  <tr>
  <%
  for(int j=0;j<r2.length;j++)
  {
  %>
  <td bgcolor="#9999FF">
  <%=r2[j][0]%>
  </td>
  <%
  }
  %>
  </tr><tr>
  <%
  for(int k=0;k<r2.length;k++)
  {
   %>
  <td bgcolor="#9999FF">
  <%=r2[k][1]%>
  </td>
  <%
  }
  %>
  </tr>
  </table><br>
  <%
  }
  %></div>
<!--一个统计项目的结束-->
<!-- 一个统计项目11的开始 -->
<div align="center">
<table width="781" border="0">
<%
    r= statistic.staticARow("JACKAROONAME"," and
  (GRADE='06' OR GRADE='06转双') and ISJACKAROO='有'" );
%>
<tr> <td colspan="2" bgcolor="#9999FF">06实习单位及职位名称: </td>
</tr>
<%
   for(int i=0;i<r.length;i++)
   {
   if(!r[i][1].equals("0"))
```

```
    {
    %>
    <tr>
    <td bgcolor="#9999FF">
    <%=r[i][1]%>人
    </td>
    <td bgcolor="#9999FF">
    <%=r[i][0]%>
    </td>
    </tr>
    <%
    }
}
%>
</table></div>
<br>
<!--一个统计项目的结束-->
</body>
</html>
```

# 第6章　JDBC 拓展与搜索引擎——
# 文档管理系统

本案例是一个文档管理的程序，主要针对包括政府、企业大量凌乱的文件及其繁琐的查找问题。程序并不复杂，主要是向读者描述如何在数据库中实现文本的全文检索。

## 6.1　理　论　基　础

### 6.1.1　JDBC 记录集新特性

JDBC 2.0 版本为结果集增加了两个新特性，也就是两个新功能：可滚动性和动态更新。

众所周知，新技术的出现往往是源于某种实际应用中的需求，可滚动性和动态更新都各自解决了针对记录集某个有待解决的问题，下面分别加以陈述。

#### 1．可滚动与动态更新

当我们做应用开发用到记录集时，有时会感觉记录集只提供逐个向前浏览(.next()方法)很不方便，因为有时我们会遇到向后移动游标，甚至直接移动到随机位置(非顺序)的需求。可滚动解决了这个问题，它允许执行得到的结果集不仅支持逐个向前浏览，而且还支持向后浏览、绝对定位、相对定位。所谓绝对定位指的是可以直接将游标移动到指定的绝对位置，而相对定位则是指以当前位置为参照相对移动到一定行的能力。

同时，在使用 Resultset 时会遇到另外一个问题，Resultset 对象中的数据一旦取出就不会改变，这也就是说如果我们将数据读入 Resultset 中后，有其他的用户、线程修改了数据内容，我们并不能察觉，从而使我们得到的数据成为"旧数据"。这个问题在单用户单线程情况下不存在，而在多用户、多线程环境下，特别是实时系统中，表现得极为突出。当然，我们可以通过软件设计对用户的读写操作规则进行控制，这样做的好处是如果设计得当，效率、灵活性会很好，但是如果设计不得当，将会极大地影响效率，甚至出现死锁等现象，使系统无法正常工作。

JDBC 2.0 提供了一种可动态更新的 Resultset 的形式，我们可以通过设定参数来得到可以动态更新的 Resultset 对象。当数据被其他用户修改时，这个对象的数据也会自动更新。

#### 2．参数设置

下面就给出设置这些新特征的 createStatement 函数(createPreparedStatement 也有同样的参数类型)。

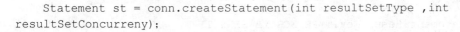

```
Statement st = conn.createStatement(int resultSetType ,int
resultSetConcurreny);
```

例:

```
Statement st = conn.createStatement ( ResultSet.TYPE_SCROLL_SENSITIVE ,
ResultSet.CONCUR_READ_ONLY ) ;
```

其中第 1 个参数是设置随机访问、动态更新属性,它有 3 种可选设置:

```
ResultSet.TYPE_FORWARD_ONLY
ResultSet.TYPE_SCROLL_INSENSITIVE
ResultSet.TYPE_SCROLL_SENSITIVE
```

顾名思义,3 个参数分别规定了随机访问的不同特性,分别为只向前型、滚动不动态更新型和滚动动态更新型。可以调用 DatabaseMetaData.supportsResultSetType() 来查看 JDBC 驱动程序支持哪种结果集类型。

类似地,第 2 个参数有两个可选设置:

```
ResultSet.CONCUR_READ_ONLY
ResultSet.CONCUR_UPDATABLE
```

这两个参数规定了记录集的并发类型为只读的或可更新的。

前者相当于对数据加了只读锁,设置为该类型的结果集不允许对其内容进行修改。

后者是可更新的结果集,允许更新,而且可以使用数据库写入锁来调解不同事务处理对相同数据项的访问。因为同一时间只允许数据项持有一个写入锁,所以这样会降低并发性。另一种做法是,如果认为对数据的访问冲突发生几率很小,则可以采用优化并发控制机制。优化并发控制的实现通常通过比较版本号来确定是否发生了更新冲突。

同样,我们可以调用 DatabaseMetaData.supportsResultSetConcurrency() 来确定该驱动程序支持哪种并发类型,DatabaseMetaData 在后面章节会详细讲述。

JDBC 2.0 提供的这些新特性无疑大大简化了开发的复杂度,但是并不意味着它就是十全十美的,因为取得大量记录集的底层机制并没有改变,所以大量使用在分散的记录之上会导致数据库在后台工作量大增,从而严重影响性能,所以使用时一定要注意。而且,并不是所有的 SQL 操作得到的记录集都可以使用这些新特征,为了保证效率,使用滚动、自动更新型记录集必须遵循以下条件:

- 只能查询数据库中的单个数据表,查询不可以包含任何连接操作。
- 不能使用 ORDERBY 子句。
- SELECT 语句只能包含表中的字段,不能包含表达式和函数,也不能使用 SELECT.*(但可以在表别名后使用.*)。
- 如果想执行插入操作,还必须满足以下条件:SELECT 语句中包含所有非空字段的值。

### 3. 示例

下面我们通过简单的例子来体会一下新特征给开发带来的便捷性。

```
…
Connection co=ords.getConnection();
```

```
    Statement stReader1=
conn.createStatement(ResultSet.TYPE_SCROLL_SENSITIVE,
    ResultSet.CONCUR_READ_ONLY);
    Statement stReader2= conn.createStatement();
    Statement stWriter= conn.createStatement();
    ResultSet rs1= stReader1.executeQuery(" select user.* from user ");
    ResultSet rs2= stReader2.executeQuery(" select user.* from user ");
    stWriter.executeUpdate(" insert into user values('004','xiaoming',18) ");
    System.out.println(rs1.getString("动态更新："));
    while(rs1.next)
      {
        System.out.println(rs1.getString("id")+"  "+rs1.getString("name"));
      }
    System.out.println(rs1.getString("非动态更新："));
    while(rs2.next)
      {
        System.out.println(rs2.getString("id")+"  "+rs2.getString("name"));
      }
    Statement UPDATABLEst =
con.createStatement( ResultSet.TYPE_SCROLL_SENSITIVE,
    ResultSet.CONCUR_UPDATABLE);
    UPDATABLEst.setFetchSize(3);
    ResultSet rs = stmt.executeQuery( "select uer.*  from user");
    rs.absolute(2);
    rs.updateString(1, "012");
    rs.updateFloat("name","qin");
    rs.updateRow();
    rs.first();
    System.out.println("更新提交后：");
    do
    {
      System.out.println(rs.getString("id")+"  "+rs.getString("name"));
    } while(rs.next);
    …
```

这里要注意，执行 rs.updateFloat()并没有真正改变永久存储的数据库数据，只有在调用完 rs.updateRow()之后才真正将修改写入了数据库。务必注意，如果我们在调用 updateRow()之前将游标从当前行移开，则 JDBC 会将所作的更新丢弃。如果我们想要放弃更新，可以在调用 updateRow()之前显式调用 ResultSet.cancelRowUpdates()方法。

类似地，在可更新状态下，还可以实现插入、删除记录，代码如下：

```
    /*
    插入一条记录(006,xiaoli,16)
    */
    rs.moveToInsertRow();
    rs.updateString(1, "006");
    rs.updateFloat(2, "xiaoli");
    rs.updateFloat(3, 16);
    rs.insertRow();
    /*
```

删除第二行记录

```
rs.absolute(2);
rs.deleteRow();
*/
```

输出结果如下：

动态更新：

```
001  wangchangsong
002  qinqin
003  xiaohong
004  xiaoming
```

非动态更新：

```
001  wangchangsong
002  qinqin
003  xiaohong
```

更新提交后：

```
001  wangchangsong
012  qin
003  xiaohong
004  xiaoming
```

从执行结果读者可以很轻松地看出参数设置不同所带来的差别，从而体会新特征的作用。

## 6.1.2　Rowset

有时我们会遇到这样的需求，就是将读出的记录集保存在文件中，成为可以发送的永久性存储，或者是需要离线对记录集进行改动，然后连接并写入数据库。为实现该功能，就需要使用 Rowset 类。

读者如果查阅 jdk 手册会发现在 jdk1.4 的 javax.sql 包中有一个 RowSet 接口，但是在该版本中并没有对应的实现类。jdk1.5 引入了 RowSet 的 5 个子接口分别是：JdbcRowSet，CachedRowSet，WebRowSet，JoinRowSet 和 FilteredRowSet。并在 com.sun.rowset 包里面有对应的 5 个实现类。

不同的 Rowset 接口其实都是扩展了接口 ResultSet，使其具有了除 ResultSet 功能之外的其他性能。

按照是否保持连接，Rowset 可以分为两种。

● 连接型：包括 JDBCRowSet。
● 无连接型：包括 CachedRowSet，WebRowSet，JoinRowSet 和 FilteredRowSet。

所谓连接型，顾名思义，和 ResultSet 一个样，在对数据操作的整个过程中都保持着连接；相反无连接型只有在需要读取、写入数据时才建立连接，因为它的实现是基于 Reader 和 Writer 流的连接。这就意味着连接型接口的对应类的对象不可以序列化，但是无连接型却可以，这一点区别很重要。

注意在 Oracle 中，如果想使用 Oracle rowset 特性，必须引入 Oracle 提供的 ocrs1.2.zip，将其加到环境变量 classpath 中。同时在代码中引入包如下：

```
import oracle.jdbc.rowset.*;
```

下面介绍每一种接口。

### 1. JdbcRowSet 接口

JdbcRowSet 接口和 ResultSet 功能基本一致，它所做得扩展只不过是将结果集默认设置为 ResultSet.TYPE_SCROLL_INSENSITIVE 和 ResultSet.CONCUR_UPDATABLE 的，这表明它默认就是可以滚动和动态可更新的。所以，它们所包含的方法也基本没有差别，只是设置参数的问题。

下面仅就如何创建 JdbcRowSet 作简单的讲解，其中 com.sun.rowset 包中提供了该接口的实现类：JdbcRowSetImpl。

```
…
Statement stmt=conn.createStatement();
ResultSet rs=stmt.executeQuery("select * from user");
JdbcRowSet jrs=new JdbcRowSetImpl(rs);
…
```

下面介绍另外一种更简洁的方法，我们创建一个 JdbcRowSet 对象以后，然后通过 set 方法设置属性：

```
…
JdbcRowSet jrs=new JdbcRowSetImpl();
jrs.setUrl("oracle.jdbc.driver.OracleDriver");
jrs.setUsername("root");
jrs.setPassword("123456");
jrs.setCommand("select * from user");
jrs.execute();
…
```

这里参数设置函数可以使用命名服务(JNDI)

```
…
JdbcRowSet jrs = new JdbcRowSetImpl();
jrs.setDataSourceName("DataSourceName");
jrs.execute("DataSourceName");
…
```

(其中 DataSourceName 是数据源的名称)

注意，与将记录集设置成滚动、可动态更新一样，虽然 JdbcRowSet 默认已经是可滚动和动态更新的，但是还是需要 2.0 以上 JDBC 的支持。

### 2. CachedRowSet 接口

CachedRowSet 接口继承了 RowSet 接口，同时它又是 WebRowSet，JoinRowSet 和 FilteredRowSet 的父接口，所以它完成的是无连接的共性部分：将数据读入缓存、等待进行其他的操作。

上面创建 JdbcRowSet 接口的两种方法同样适用于下面 4 个无连接型的接口，在下面就不再介绍另外几种接口了。

CachedRowSet 提供的另外一个很有用的功能就是分页功能。分页本身的实现并不困难，困难的是如何保证效率。下面演示 CachedRowSet 类的分页功能：

```
…
JdbcRowSet jrs=new JdbcRowSetImpl();
jrs.setUrl("oracle.jdbc.driver.OracleDriver");
jrs.setUsername("root");
jrs.setPassword("123456");
jrs.setCommand("select * from user");
crs.setPageSize(15);
crs.execute();
while(crs.nextPage())
{
   while(crs.next())
   {
     System.out.println(crs.getInt("id"+"\t\t"+crs.getString("name"));
   }
}
…
```

当我们设置了每页数据的行数后，　Reader 读取数据时就只读指定的行数，这样就避免了无用数据的读出，保证了效率。

## 6.1.3　数据库中的模糊查询

模糊查询就是指依据模糊匹配的查询，所谓模糊匹配是指检索关键字与被检索文字之间是在某种程度上的匹配，而不是完全一致。SQL 语句中提供了对模糊查询的支持：LIKE，下面我们首先加以介绍。

SQL 中的模糊查询是通过 LIKE 关键字和通配符实现的，LIKE 关键字的使用格式是：LIKE '字符串'，其中'字符串'中包含了通配符，所谓通配符就是可以代表一定长度字符串的特殊符号。

- "%"可以表示多个字符，也就是可以代表任意长度的字符串。
- "_"只能表示一个字符(byte)，因为每个汉字占两个字符，所以一个汉字应该用两个"_"来表示。

下面我们就举一些使用 SQL 模糊匹配的例子。

LIKE 'a%'：搜索满足以字母 a 开头的所有字符串，例如，abc。

LIKE'%d'：搜索满足以字母 d 结尾的所有字符串，例如，abcd。

LIKE'%o%'：搜索包含 o 的所有字符串，例如，dog。

LIKE'_ame'：搜索以 ame 结尾的所有长度为 4 的字符串，例如，name。

- 另外，[　]表示通配一定范围内的字符的值，例如，

[abcd]：表示可以通配 abcd 4 个字符中的　个。

[a-d] ：与[abcd]的含义相同，也表示可以通配 abcd 4 个字符中的一个。

- ^表示否定，例如：

LIKE'abc[^d] ' 表示满足长度为 4，以字母 abc 开头，并且第 4 个字母不是 d 的所

有字符串。

## 6.1.4 借助于搜索引擎

现在我们要做的是全文检索，我们会发现上面 SQL 自身带有的模糊匹配不能满足条件，原因很简单——效率太低。

其原因主要是匹配的方式不同，传统匹配方式是一种类似滑动窗口似的，从前往后逐个匹配，这对于比较短的字符串尚可应付，但是对于一篇文章或几百、几千、几万篇文章，这种办法显然不能胜任。所以，有了另一种关键结构的出现——索引(倒排表)。

### 1．搜索引擎工作原理

首先，了解一下传统的搜索引擎的工作步骤。

对文章分词：扫描文章中每一个词，并对文章进行分词处理。

建立索引：即建立每一个词到文章的倒排表，类似于建立一个字典。

对检索字分词：我们输入的搜索字必须分词后才能使用索引查找。

检索：这步工作就是去倒排表匹配关键字，就好似到字典里查几个词。

返回结果：以提前定义好的优先级返回不同程度上满足匹配的结果。

这一切工作其实都是围绕索引进行的，下面就以 lucene 为例，着重介绍一下索引形成。

lucene 是 apache 的一个开源项目，它主要提供了一个高性能的 Java 全文检索工具包，包括切词、生成索引、检索以及对不同文件解析的外围工具(例：htmlparse)。

### 2．倒排表

lucene 使用的是倒排表结构，下面举个简单的例子介绍该结构及其生成：

假设 a、b 分别表示两篇文章

文章 a 的内容为：how are you, my name is Arron, What is your name?

文章 b 的内容为：中华人民共和国成立于 1949 年

切词

首先 lucene 要对文章进行切词，对于英文，词的概念很明确，就是一个单词，但是对于中文，这里的"词"可以表示一个字，例如"中"，也可以表示一个词"中华"。所以，其切词变得复杂起来。

在切词时，我们同时还要做一些预处理。

找出真正关键的词，例如中文中的"的"、"你"、"他"、"是"不具有任何含义，不能作为关键字，同样英文中的"it"、"on"、"yes"等也不能作为关键词，这些词要过滤掉。同样，像空格、标点之类的也要过滤掉。

去掉没必要的差别，这里最常见的是大小写统一，例如，"dog"和"Dog"是没有必要区分的，也就是说当用户查找"dog"时，"Dog"也是满足用户需求的。另外，还有单复数统一、时态统一等。

以上功能在 lucene 中都由 analyzer 类完成，使用起来十分简便。

### 3．建表

得到两篇文章的关键词之后，就可以建立一个简易的倒排表了，它的基本结构是[关键词 | 文章名称]，其实就是将原来的文章-关键词倒排了一下，所以被称为倒排表。

```
are     a
how     a
my      a
name    a
your    a
……　……
中      b
华      b
人      b
民      b
共      b
和      b
……　……
```

我们注意到，关键词是按照字母顺序排列的，这种结构就是索引。它的特点是：查找效率很高，可以折半查找，还可以建立多级索引。缺点是建立和维护的效率很低。但是，全文检索面临的应用往往有一次建立、多次查找的特点，所以，倒排表结构可以良好地满足我们的需要。

当然，作为实际的应用，上面的倒排表所提供的信息还远远不够，我们需要包括：关键字在文章中的位置(可用于高亮显示)、出现次数(可用于显示排序)等信息。当然，实现上 lucene 是将以上 3 种信息分别存放在不同的文件当中：词典文件(term dictionary)、频率文件(frequencies)和位置文件 (positions)。其中，词典文件是核心，它还包含指向关键字在频率文件和位置文件位置的指针，通过指针可以很快找到该关键字在另外两个文件中的位置，由于指针操作很快，所以其效率基本相当于一个文件。

与 SQL 提供的模糊查询相比较，lucene 的搜索引擎机制无疑更能胜任全文检索。如果直接查询数据库，不但查询本身速度很慢，关键是会导致数据库整体压力过大，特别是记录数量很多时，频繁地查询数据库所付出的代价是灾难性的。所以，我们要尽量直接访问索引而减少访问数据库的次数。

## 6.1.5　lucene

lucene 是一个基于 Java 语言的全文搜索引擎工具包，而不是针对搜索引擎应用的应用程序，它可以方便地应用到各种搜索应用中去。

lucene 的作者 DougCutting 在全文索引和检索方面有很深的研究，他曾经是 V-Twin 搜索引擎项目(Apple 的 Copland 操作系统的成就之一)的主要开发者。lucene 早先被发布在作者自己的网站 www.lucene.com，后来发布在 SourceForge，2001 年年底成为 Apache 基金会 jakarta 的一个子项目：http://jakarta.apache.org/lucene/，他将 lucene 贡献给 Apache 开源项目的目标是为了满足中小规模的全文检索应用。

lucene 以其优越的性能和良好的可扩展性，得到了大家的认可，现在已经有诸多项目选用了 lucene 作为全文索引引擎支持，其中就包括对 Eclipse 项目的帮助部分检索功能的实现，另外还有很多其他著名的项目。

本章使用的是 2.0.0 版本，读者可以到 http://jakarta.apache.org/lucene/下载 Java 包。下面通过一个简单的示例向大家介绍 lucene 的使用。

### 1. 建立索引

我们对 d:\index 下的所有 txt 文件进行索引、检索：

```
import java.io.File;
import java.io.FileReader;
import java.io.Reader;
/*下面来自 lucene 的包*/
import org.apache.lucene.analysis.Analyzer;
import org.apache.lucene.analysis.standard.StandardAnalyzer;
import org.apache.lucene.document.Document;
import org.apache.lucene.document.Field;
import org.apache.lucene.index.IndexWriter;
/*
*下面先看看如何生成索引文件，然后再讲解从索引文件中检索所需要的内容
*/
public class indexfile {
public static void main(String[] args) throws Exception{
/*
首先建立两个 File 对象，一个存放索引文件，一个是索引文件的来源。
*/
        File  indexStore = new File("d:\\index");
        File  dataSource  = new File("d:\\data");
     indexFromFile(indexStore, dataSource);
}
public void  indexFromFile(File indexStore,File dataSource)
{
/*
生成一个分析器对象，我们选用 lucene 自带的标准分析器：StandardAnalyzer，它不但可以
支持英文，还支持中文。
*/
        Analyzer luceneAnalyzer = new StandardAnalyzer();
/*
生成一个 IndexWriter 类的对象，IndexWriter 类是 lucene 负责创建索引的核心类，它把
封装成 document 对象的数据写入索引。
*/
IndexWriter indexWriter = new
IndexWriter(indexStore,luceneAnalyzer,true);
/*IndexWriter 的构造函数有很多种：
public IndexWriter(String path, Analyzer a, boolean create);
public IndexWriter(File file, Analyzer a, boolean create);
public IndexWriter(Directory directory, Analyzer a, boolean create);
3 个构造函数都有 3 个参数，它们的含义分别是：
```

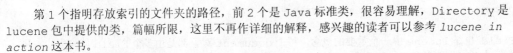

　　第 1 个指明存放索引的文件夹的路径，前 2 个是 Java 标准类，很容易理解，Directory 是 lucene 包中提供的类，篇幅所限，这里不再作详细的解释，感兴趣的读者可以参考 *lucene in action* 这本书。

　　参数 a 是分析器的类别。

　　参数 create 指明添加建立索引时，是否重建索引，true 表示删除第一个参数指明的路径下已经存在的索引(如果有)，建立新的索引；值为 false 表示在已存在的索引基础上扩展、修改。

```
*/
/*
* 下面，我们将通过一个递归算法遍历"d:\\data"文件夹下的所有文件
*/
File[] dataFiles  = dataSource .listFiles();
for(int i = 0; i < dataFiles.length; i++)
{
        if(dataFiles[i].isFile() &&
dataFiles[i].getName().endsWith(".txt"))
    /*说明 File 的对象对应的是一个 txt 文件*/
    {
        System.out.println("找到一个 txt 文件："+ dataFiles[i].getName());
        Document document = getDoc(dataFiles[i]);
    /* document 类是 lucene 中提供的一个重要类，它体现了与文件相对应的一个抽象概念，也就
是每一个被索引的文件或抽象意义上的文件，都应当封装到一个 document 类的一个对象中去*/
    /* getDoc(File file) 方法下面有定义*/
     /*
将 document 对象添加到索引
*/
        indexWriter.addDocument(document);
    /*
索引并优化，以便将索引合并优化，这一步对于提高检索效率很重要。
*/
indexWriter.optimize();
    /*
关闭 indexWriter 对象，这一步很重要，如果不执行这一步，读者往往会发现， 只生成了
segments 文件，这主要是因为没有执行 indexWriter.close(),而使得缓存中的数据没有写入硬
盘。
    */
indexWriter.close();
}
else
{
indexFromFile(indexStore, dataFiles[i]);
}
}
}
```

## 2. 生成 document 对象

```
public static Document getDoc( File f) throws Exception {
/*本函数仅针对 txt 文件进行操作*/
/*新建一个待写入 index 的 document*/
```

```
Document doc = new Document();
/*
```
Field 也是 lucene 中一个重要的概念，每个 document 对象都是由多个 Field 域构成的，每个 Field 存放一方面的信息。下面我们了解一下 Field 类的构造函数：
```
public Field(String name, String value, Store store, Index index) { }
    public Field(String name, String value, Store store, Index index,
TermVector termVector) { }
    public Field(String name, Reader reader) { }
    public Field(String name, Reader reader, TermVector termVector) { }
    public Field(String name, byte[] value, Store store) { }
*/
/*存放路径的域*/
doc.add(new Field("path", f.getPath(), Field.Store.YES,
Field.Index.UN_TOKENIZED));
/*
```
注意这几个参数的含义：
"path"是域名
Field.Store.YES 表示该域的值要存储在索引中
Field.Index.UN_TOKENIZED 表示该域不参与索引
```
*/
doc.add(new Field("contents", new FileReader(f)));
/*也可以使用流作为参数，读取文件的内容*/
doc.add(new Field("name", f.getName(), Field.Store.YES,
Field.Index.TOKENIZED));
doc.add(new Field("title",
f.getName(),Field.Store.YES,Field.Index.TOKENIZED));
return doc;
/*如果读者想加入其他信息，可以仿照上面几项完成*/
    }
}
```

### 3. 搜索索引

下面我们演示如何从已经建立好的索引中检索信息，并读出检索的结果。

```
import java.io.File;
import org.apache.lucene.document.Document;
import org.apache.lucene.index.Term;
import org.apache.lucene.search.Hits;
import org.apache.lucene.search.IndexSearcher;
public class TxtFileSearcher {
public static void main(String[] args) throws Exception{
    /*
```
queryString 中存放关键字。
```
    */
    String queryString = "北京大学";
    /*
```
查询解析器，注意这里要使用和索引同样的语言分析器
```
    */
    Analyzer analyzer = new StandardAnalyzer();
```

```
/*
very importent :  这里的 contents 就是你要检索的 FIELD,必须和
doc.add(new Field("contents "... ...
一致
*/
QueryParser parser = new QueryParser("contents ", new
StandardAnalyzer());
   /*
将输入的检索内容 PARSE 成 KEY 的序列，这里的分析器也要保持一致：
StandardAnalyzer()
*/
   /*
indexPath 表示一个存储在文件系统中的索引的位置
*/
String indexPath="d:\\index";
Searcher searcher = new IndexSearcher(IndexReader
                 .open(indexPath));
   /*
搜索结果使用 hits 存储
*/
Hits hits = searcher.search(queryE);
   /*
通过 hits 中存储了相应字段的数据和查询的匹配度信息,下面我们读出 hits 中的一些信息：
*/
for (int i=0; i<hits.length(); i++)
  {
   /*
hits.doc(int i)方法返回检索到(满足条件的)Document 类的对象。然后我们就可以通过
get(String FieldName)来得到相应域的内容了。
*/
      System.out.println(hits.doc(i).get("name")+ "; Score: " +
                    hits.score(i));
  }
  }
  }
```

# 6.2　需求分析及设计

## 6.2.1　系统分析与设计

政府、事业、企业单位都有大量的文件，而且这些文件大都趋于以电子文档的方式保存，这些文件长期积累，数量会变得很庞大，这就会给文秘、管理人员带来苦恼。当要根据内容寻找相应文件，又不知道文件名称时，工作量之大变得十分可怕。

本系统主要是解决了文件凌乱、查找繁琐的问题，将绝大部分文件使用者解放出来，设置专门的人员管理文档，文档将放置在数据库中，并提供方便的基于内容的模糊查询。

本程序主要包括信息提交、建立索引、信息检索、信息预览 4 个模块，实例较其他案例复杂许多。本节的目的是为了演示知识介绍中提及的 lucene 的使用，以及介绍如何实现关系数据库到对象的合理抽象、封装。

### 1．功能模块图

该实例的功能模块见图 6-1。

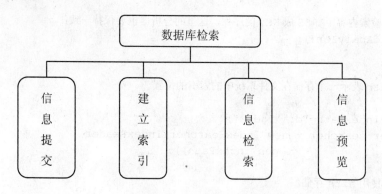

图 6-1　功能模块图

1)　信息提交

我们把信息提交存放到数据库，这些信息都是有待检索的原始数据，规定哪些数据是要被索引的，哪些直接存入索引文件，那些仅仅存放在数据库中。

2)　建立索引

建立数据源的索引，索引存放在文件系统中。

3)　信息检索

在已经建立好的索引文件中，检索提交的关键字，这里我们增加了时间、分类等的判断条件，检索结果以表格显示。

4)　信息预览

预览数据库中的数据，按照分类显示。

### 2．用例图

该用例中的角色包括信息管理人员和检索者，功能模块主要是围绕索引划分的，如图 6-2 所示。

### 3．主要的数据流

本系统主要的数据包括：原数据和索引文件。原数据来自系统之外，索引文件由本系统生成，并存放在文件系统中。

### 4．设计分析

选用 3 层结构。

- 数据库支持层：除了对数据库封装外，我们还要考虑对索引文件的操作的封装，既要以丰富的接口保证封装的灵活性，又要保证上层操作的简便。

图 6-2 是系统的用例图，图 6-3 给出了处于系统顶层的数据流图。

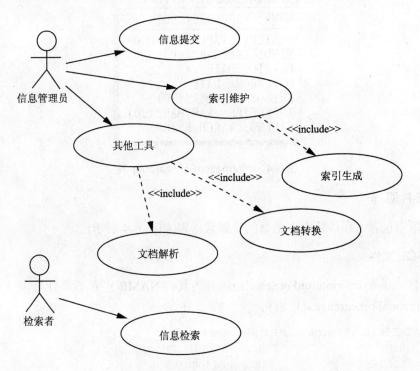

图 6-2　新闻发布系统用例图

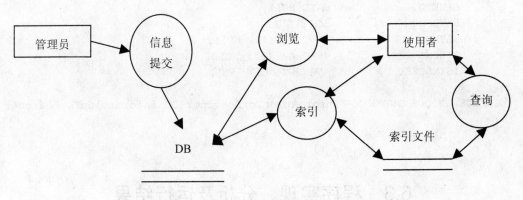

图 6-3　顶层数据流图

- 业务逻辑层：主要实现包括对管理员的日常操作，包括提交数据、建立索引，还包括面向使用者的一些功能：预览、检索。
- 表示层：仍然选用简洁方便的 B-S 结构。

## 6.2.2　数据库设计

本案例的主要数据是被检索数据表，如图 6-4 所示。

```
informationForSearcher
NAME: VARCHAR2(200)
-------------------------
CONTENT: VARCHAR2(4000)
KIND: VARCHAR2(60)
DATETO: DATE
DATEFROM: DATE
KEYNO: VARCHAR2(40)
ISINDEXED: VARCHAR2(20)
FILENO: VARCHAR2(60)
```

图 6-4　informationForSearcher 表

#### 1. E-R 图

E-R 图中包含了存放待索引信息的一张数据表(如图 6-4 所示)。

#### 2. SQL 文件

我们建立了表 informationForSearcher，并为其列 NAME 建立了索引。

InformationForSearcher.sql 文件：

```
CREATE TABLE informationForSearcher (
       NAME                 VARCHAR2(200) NOT NULL,
       CONTENT              VARCHAR2(4000) NULL,
       KIND                 VARCHAR2(60) NULL,
       DATETO               DATE NULL,
       DATEFROM             DATE NULL,
       KEYNO                VARCHAR2(40) NULL,
       FILENO               VARCHAR2(60) NULL,
       ISINDEXED            VARCHAR2(20) NULL
);
CREATE UNIQUE INDEX XPKinformationForSearcher ON informationForSearcher
(
       NAME                         ASC
);
```

## 6.3　程序实现、分析及运行结果

### 6.3.1　JDBC 封装

下面，我们将 JDBC 的相关操作封装到 mydb 类当中。图 6-5 中给出了该类的结构与继承关系。

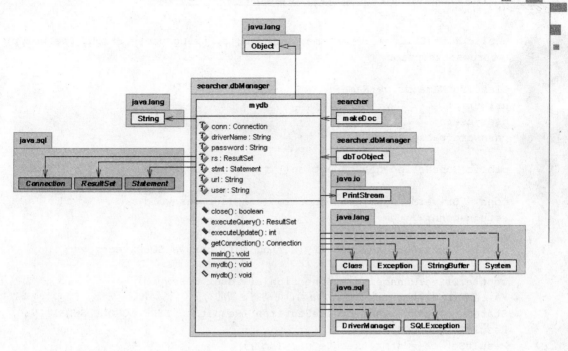

图6-5 mydb 类的结构与继承关系

mydb.java 文件的具体内容如下：

```java
package searcher.dbManager;
import java.sql.*;
/**
 * <p>Title: 搜索引擎工具包——数据库操作基础类</p>
 * <p>Description: </p>
 * <p>Copyright: Copyright (c) 2007</p>
 * <p>Company: </p>
 * @author 王长松 秦琴
 * @version 1.0
 */
public class mydb
{
String driverName
="oracle.jdbc.driver.OracleDriver";//("oracle.jdbc.driver.OracleDriver");
Connection conn = null;
Statement stmt = null;
ResultSet rs = null;
String url="jdbc:oracle:thin:@localhost:1521:NEWS";
// NEWS 是你的 SID
String user ="system";
// system 替换成你自己的数据库用户名
String password = "123456";
public mydb() throws Exception
{
//Class.forName(driverName);
Class.forName("oracle.jdbc.driver.OracleDriver");
```

```
}
public mydb(String driverName,String urlp,String userp,String passwordp)
  throws Exception
{
Class.forName(driverName);
url=urlp;
user=userp;
password=passwordp;
}
public Connection getConnection() throws SQLException
{
conn = DriverManager.getConnection(url,user,password);
return conn;
}
public ResultSet executeQuery(String sql) throws SQLException
{
conn = DriverManager.getConnection(url,user,password);
/*设置参数，使得 Statement 是可滚动、可动态更新的*/
Statement stmt = conn.createStatement(ResultSet.TYPE_SCROLL_SENSITIVE ,
ResultSet.CONCUR_READ_ONLY ) ;
ResultSet rs = stmt.executeQuery(sql);
return rs;
}
public int executeUpdate(String sql) throws SQLException
{
conn = DriverManager.getConnection(url,user,password);
Statement stmt = conn.createStatement() ;
int a = stmt.executeUpdate(sql);
return a;
}
public boolean close() throws SQLException
{
if (rs!=null) rs.close();
if (stmt!=null) stmt.close();
if (conn!=null) conn.close();
return true;
}
public static void main(String[] args) {
  try{
    mydb md = new mydb();
    ResultSet rs= md.executeQuery("select * from INFORMATIONFORSEARCHER");
    while(rs.next())
    {
    String name=rs.getString("name");
    System.out.println("name:"+name);
    }
    System.out.println(""+rs.getRow());
    md.close();
  }
  catch ( Exception e)
  {
```

```
        e.printStackTrace();
    }
  }
}
```

## 6.3.2　数据库到对象的封装

设计这个类的目的，主要是对用户信息的常见操作进行了封装，实现了用面向对象的操作代替面向关系数据表的操作，使对数据库的开发更加简洁、直观。本类共设计了添加用户、修改密码和登录 3 个方法，读者可以根据本书提供的代码对功能进行进一步的完善。图 6-6 中给出了 dbToObject 类的结构与继承关系。

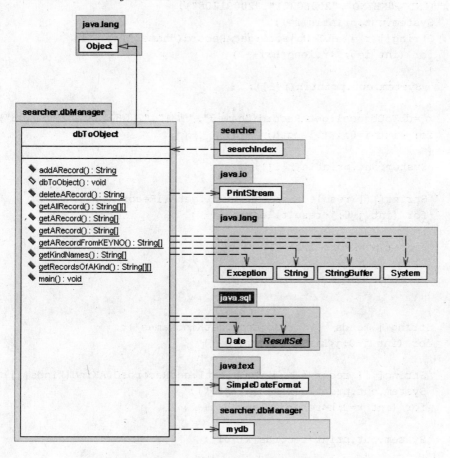

图 6-6　dbToObject 类的结构与继承关系

dbToObject.java 文件的具体内容如下：

```java
package searcher.dbManager;
import java.sql.*;
import java.text.*;
import java.util.Date;
/**
 * <p>Title: 搜索引擎工具包——数据库表到对象的映射</p>
 * <p>Description: </p>
```

```
 *  <p>Copyright: Copyright (c) 2007</p>
 *  <p>Company: </p>
 *  @author 王长松 秦琴
 *  @version 1.0
 */
public class dbToObject {
  public dbToObject() {
  }
  public static void main(String[] args)
{
    dbToObject dbToObject1 = new dbToObject();
String re=dbToObject1.addARecord("name","中华民族
","KIND","KEYNO","20060201","20091208");
    System.out.println(re);
    String[] r = dbToObject1.getARecord("name3");
    for (int i=0;i<r.length;i++ )
    {
      System.out.println(r[i]);
    }
    r =dbToObject1.getARecord("name3","所有","20060203","20060403");
    for (int i=0;i<r.length;i++ )
    {
     System.out.println(r[i]);
    }
    String[][] result = dbToObject1.getAllRecord();
    for (int j=0;j<result.length;j++ )
    {
      for (int k=0;k<5;k++ )
    {
      System.out.println(result[j][k]);
    }
    }
    String[] kinds = dbToObject1.getKindNames();
    for (int j=0;j<kinds.length;j++ )
    {
      String[][] records = dbToObject1.getRecordsOfAKind(kinds[j]);
      System.out.println(kinds[j]+": ");
      for (int k=0;k<records.length;k++ )
    {
      System.out.print(records[k][0]);
    }
    System.out.println("");
    }
    String[] a = dbToObject1.getARecord("name3","所有",null,null);
}
  public  static String[] getARecord( String NAME )
  {
    /*以 name 列为标志，查出该列的值为 NAME*/
    try
    {
    mydb dc=new mydb();
```

```
    ResultSet rs= dc.executeQuery ("SELECT * FROM
INFORMATIONFORSEARCHER WHERE  NAME='"+NAME+"'");
    String[] result =null;
     if(rs.next())
    {
     result =new String[6];
     result[0]=rs.getString("NAME");
     result[1]=rs.getString("CONTENT");
     result[2]=rs.getString("KIND");
     result[3]=rs.getString("KEYNO");
     result[4]=""+rs.getDate("DATETO");
     result[5]=""+rs.getDate("DATEFROM");
    return result;
    }
     rs.close();
    return null;
      }
    catch(Exception e )
     {
     e.printStackTrace();
     return null;
     }
  }
  public  static String[] getARecordFromKEYNO( String KEYNO)
  {
    /*以 name 列为标志，查出该列的值为 NAME*/
    try
    {
    mydb dc=new mydb();
ResultSet rs= dc.executeQuery ("SELECT * FROM INFORMATIONFORSEARCHER
 WHERE KEYNO='"+KEYNO+"'");
    String[] result =null;
     if(rs.next())
    {
     result =new String[6];
     result[0]=rs.getString("NAME");
     result[1]=rs.getString("CONTENT");
     result[2]=rs.getString("KIND");
     result[3]=rs.getString("KEYNO");
     result[4]=""+rs.getDate("DATETO");
     result[5]=""+rs.getDate("DATEFROM");
     return result;
    }
     rs.close();
     return null;
      }
    catch(Exception e )
     {
     e.printStackTrace();
     return null;
     }
```

```
        }
    public  static String[] getARecord( String NAME, String KIND,
                            String DATEFROM,String DATETO)
    {
/*
以 name 列为标志，查出该列的值为 NAME
*/
/*
这个函数是为了在检索结果中取得 name 后,
然后从数据库中得到其他相应的项,
我们没有把其他项放入索引文件，而是放在数据库中
*/
try
{
mydb dc=new mydb();
String additionLimit="";
/*注意：如果不是充当筛选的判断条件，要以"无"赋值*/
if( !KIND.equals("所有"))
{
 additionLimit=additionLimit+"and KIND = '"+KIND+"'";
}
if( DATEFROM!=null)
{
  additionLimit=additionLimit+"and DATEFROM
<to_date("+DATEFROM+",'yyyymmdd')";
}
if( DATETO!=null)
{
  additionLimit=additionLimit+"and DATETO
>to_date("+DATETO+",'yyyymmdd')";
}
ResultSet rs= dc.executeQuery ("SELECT * FROM
INFORMATIONFORSEARCHER WHERE
NAME='"+NAME+"'"+additionLimit);
System.out.println("sql: "+"SELECT * FROM INFORMATIONFORSEARCHER
WHERE NAME='" +NAME+"'"+additionLimit);
String[] result =null;
if(rs.next())
{
    result =new String[6];
    result[0]=rs.getString("NAME");
    result[1]=rs.getString("CONTENT");
    result[2]=rs.getString("KIND");
    result[3]=rs.getString("KEYNO");
    result[4]=""+rs.getDate("DATETO");
    result[5]=""+rs.getDate("DATEFROM");
    return result;
}
    rs.close();
    return null;
}
```

```
    catch(Exception e )
     {
     e.printStackTrace();
     return null;
     }
   }
public static String[] getKindNames()
   {
try
{
mydb dc=new mydb();
ResultSet rs1= dc.executeQuery ("SELECT * from KINDNAME");
int length=0;
while (rs1.next())
 {
length++;
 }
String[] r=new String[length];
rs1= dc.executeQuery ("SELECT * from KINDNAME ");
int i=0;
while (rs1.next())
 {
 r[i]= rs1.getString("kind");
 i++;
 }
return r;
}
 catch(Exception e )
  {
  e.printStackTrace();
  return null;
  }
}
  public  static String[][] getRecordsOfAKind( String KIND)
    {
  /*得到 KIND 列的值为 KIND 的所有记录*/
     try
     {
       mydb dc=new mydb();
       ResultSet rs= dc.executeQuery ("SELECT * FROM
       INFORMATIONFORSEARCHER
       WHERE  KIND='" +KIND+"'");
      int length=0;
        while(rs.next())
         {
           length++;
         }
         String[][] result  =new String[length][6];
         int i=0;
         while(rs.previous())
          {
```

```
            result[i][0]=rs.getString("NAME");
            result[i][1]=rs.getString("CONTENT");
            result[i][2]=rs.getString("KIND");
            result[i][3]=rs.getString("KEYNO");
            result[i][4]=""+rs.getDate("DATETO");
            result[i][5]=""+rs.getDate("DATEFROM");
            i++;
            }
            rs.close();
           return result;
        }
      catch(Exception e )
        {
        e.printStackTrace();
        return null;
        }
     }
  public static String addARecord( String NAME, String  CONTENT,
                       String KIND,String KEYNO,
                       String DATEFROM,String DATETO)
{
try
{
mydb db=new mydb();
DateFormat  df = new  SimpleDateFormat("yyyymmdd");
/*
补充知识：String 转化成 Date 类
Date createDateFrom = df.parse(DATEFROM);
Date createDateTo  = df.parse(DATETO);
*/
db.executeQuery ("insert into INFORMATIONFORSEARCHER  "
            +"(NAME,CONTENT,KIND,KEYNO,DATEFROM,DATETO)"
            +"values ('"+NAME+"','"+CONTENT+"','"+KIND+"','"
            +KEYNO+"',to_date('"+DATEFROM+"','yyyymmdd') "
            +",to_date('"+DATETO+"','yyyymmdd') )");

db.close();
return "成功添加";
       }
  catch(Exception e )
      {
        e.printStackTrace();
        return "添加失败，原因: " +e.toString();
      }
}
  public  static String deleteARecord( String NAME)
{
    try
    {
      mydb db=new mydb();
      DateFormat  df = new  SimpleDateFormat("yyyymmdd");
```

```
        db.executeQuery ("delete from INFORMATIONFORSEARCHER where
        NAME='"+NAME+"')");
        db.close();
        return "删除添加";
    }
    catch(Exception e )
    {
        e.printStackTrace();
        return "删除失败，原因: " +e.toString();
    }
}
  public  static String[] getAllName()
    {
      try{
          mydb dc=new mydb();
          ResultSet rs= dc.executeQuery ("SELECT NAME FROM
INFORMATIONFORSEARCHER ");
          int length=0;
          while(rs.next())
          {
            length++;
          }
          if(length==0)
          {
           return null;
          }
          String[] result  =new String[length];
          int i=0;
          while(rs.previous())
          {
           result[i]=rs.getString("NAME");
           i++;
          }
           rs.close();
          return result;
           }
          catch(Exception e )
           {
           e.printStackTrace();
           return null;
           }
    }
  public  static String[][] getAllRecord()
  {
    /*以 name 列为标志，查出该列的值为 NAME*/
    try
    {
    mydb dc=new mydb();
    ResultSet rs= dc.executeQuery ("SELECT * FROM
INFORMATIONFORSEARCHER ");
    int length=0;
```

```
while(rs.next())
{
  length++;
}
String[][] result  =new String[length][6];
int i=0;
/*这里就体现了可滚动性的优势，可以先前逐个获取，得到的结果是后插入的在前面*/
while(rs.previous())
{
 result[i][0]=rs.getString("NAME");
 result[i][1]=rs.getString("CONTENT");
 result[i][2]=rs.getString("KIND");
 result[i][3]=rs.getString("KEYNO");
 result[i][4]=""+rs.getDate("DATETO");
 result[i][5]=""+rs.getDate("DATEFROM");
 i++;
}
 rs.close();
return result;
   }
catch(Exception e )
   {
   e.printStackTrace();
   return null;
   }
 }
}
```

## 6.3.3　多数据源生成 Document 对象

这里的数据源可以有多种，lucene 的 demo 中一半给出了针对 txt、html 文件的方法，这里使用的是从数据库中取得指定列，建立索引的方法。图 6-7 中给出了 makeDoc 类的结构与继承关系。下面是 makeDoc 类的具体实现。

```
package searcher;
import java.io.*;
import java.io.File;
import java.io.FileWriter;
import java.io.IOException;
import java.io.PrintWriter;
import java.text.SimpleDateFormat;
import java.util.Date;
import java.lang.*;
import org.apache.lucene.demo.html.HTMLParser;
import org.apache.lucene.document.Field;
import org.apache.lucene.document.DateField;
import org.apache.lucene.document.*;
import org.apache.lucene.index.*;
import searcher.dbManager.*;
import java.sql.*;
```

```
/**
 * <p>Title: </p>
 * <p>Description:实现了数据库到 document 的映射</p>
 * <p>Copyright: Copyright (c) 2007</p>
 * <p>Company: </p>
 * @author 王长松 秦琴
 * @version 1.0
 */
 public class makeDoc {
   public makeDoc() {
   }
  /*按照参数设置，从数据库中得到 document 对象*/
   public static Document getDoc(String keyRow,String keyValue ,String
table,
                    String[] row , Field.Store[] Store,Field.Index[]
index)
                    throws Exception
   /*其中 keyRow 和 keyValue 标明对哪一行索引，row 表示需要参与索引的列，Store 和 Index
分别是存储对每列索引时的 Field.Store 属性和 Field.Index 属性，指明是否索引及是否存储*/
   {
   /*新建一个待写入 index 的 document 对象*/
   Document doc = new Document();
   mydb m=new mydb();
   String rows=row[0];
   for( int i=1;i<row.length;i++)
   {
   /*得到要参与索引的各个列的值*/
   rows=rows+","+row[i];
   }
   /*得出相应列的数据，准备写入 document*/
   ResultSet rs= m.executeQuery("select "+rows+" from "+table +" where "
+ keyRow+"='"+keyValue+"'");
    if( rs.next())
     {
    for(int i=0;i<row.length;i++)
      {
      String aRow =rs.getString(row[i]);
      doc.add(new Field(row[i],aRow, Store[i],index[i]));
      }
        return doc;
     }
   return null;
   }
   public static Document getDoc( File f) throws Exception {
       /*数据源是文件的情况下，得到相应的 document*/
   Document doc = new Document();
   /*得到文件类型，然后分别处理，因为不同的文件类型解析时需要区别对待*/
```

```
        String name = f.getName();
        String type=getType(name);
    if(type.equals("html")|type.equals("htm")|type.equals("HTML")
    |type.equals("HTM")|type.equals("Htm") |type.equals("Html"))
    {
        /*作为 html 文件来处理*/
        doc.add(new Field("path", f.getPath().replace('\\', '/'),
Field.Store.YES,
                Field.Index.UN_TOKENIZED));
        FileInputStream fis = new FileInputStream(f);
        HTMLParser parser = new HTMLParser(fis);
        doc.add(new Field("contents",  new
    FileReader(f)));
        doc.add(new Field("summary", parser.getSummary(), Field.Store.YES,
    Field.Index.NO));
        doc.add(new Field("name", f.getName(), Field.Store.YES,
    Field.Index.TOKENIZED));
        doc.add(new Field("title", parser.getTitle(), Field.Store.YES,
    Field.Index.TOKENIZED));
    /*下面部分代码是 lucene 中提供的 demo，读者可以加以参考
        // Add the last modified date of the file a field named "modified".
        // Use a Keyword field, so that it's searchable, but so that no
        // attempt is made to tokenize the field into words.
        // doc.add(Field.Keyword("modified",
                        DateField.timeToString(f.lastModified())));
        // Add the uid as a field, so that index can be incrementally
        // maintained.This field is not stored with document, it is indexed,
        // but it is not tokenized prior to indexing.
        doc.add(new Field("uid", uid(f), false, true, false));
        HTMLParser parser = new HTMLParser(f);
        // Add the tag-stripped contents as a Reader-valued Text field so it
        // will get tokenized and indexed.
        doc.add(Field.Text("contents", parser.getReader()));
        // Add the summary as an UnIndexed field, so that it is stored and
        // returned with hit documents for display.
        doc.add(Field.UnIndexed("summary", parser.getSummary()));
        // Add the title as a separate Text field, so that it can be
        // searched separately.
        doc.add(Field.Text("title", parser.getTitle()));
    */
        return doc;
        }
        else
        {
        if(type.equals("TXT")|type.equals("txt")|type.equals("Txt")|
type.equals("TXt"))
            {
```

```
     /*作为 TXT 处理*/
      System.out.print("作为 txt 处理");
       // Add the path of the file as a field named "path". Use a field
       // that is indexed (i.e. searchable), but don't tokenize the field
       // into words.doc.add(new Field("path", f.getPath(),
Field.Store.YES, Field.Index.UN_TOKENIZED));
       // Add the last modified date of the file a field named "modified".
       // Use a field that is indexed (i.e. searchable), but don't
       // tokenize the field into words.
       doc.add(new Field("modified",
       DateTools.timeToString(f.lastModified(),
DateTools.Resolution.MINUTE),
                          Field.Store.YES, Field.Index.UN_TOKENIZED));
       // Add the contents of the file to a field named "contents".
       // Specify a Reader, so that the text of the file is tokenized and
       // indexed, but not stored. Note that FileReader expects the file
       // to be in the system's default encoding.If that's not the case
       // searching for special characters will fail.
       // doc.add(new Field("contents", new FileReader(f)));
       doc.add(new Field("contents", new FileReader(f)));
       doc.add(new Field("name", f.getName(), Field.Store.YES,
    Field.Index.TOKENIZED));
       doc.add(new Field("title", f.getName(),
    Field.Store.YES,Field.Index.TOKENIZED));
       doc.add(new Field("summary",
FileOperation.getSummary(f),Field.Store.YES,
    Field.Index.TOKENIZED));
      return doc;
     }
     else
     {
    return doc;
       }
     }
    }
    /*下面是几个经常会用到的辅助函数*/
    public static String getType( String name)
    {
     String n=new String("withoutName");
     return name.substring(name.indexOf(".")+1,name.length());
    }
    public static String file2localhost8080( String hostUrl, String
files,String name)
    {
     name= hostUrl+name.substring( name.indexOf(files));
     return name;
    }
```

```
public  static String toChi(String input) {
try {
byte[] bytes = input.getBytes("ISO8859-1");
return new String(bytes);
}catch(Exception ex) {
}
return null;
}
}
```

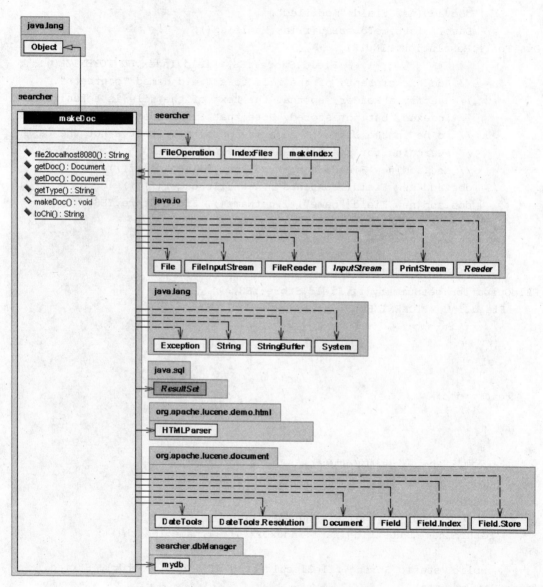

图6-7  makeDoc 类的结构与继承关系

## 6.3.4　建立索引

下面，我们介绍一个关键的类：indexfile.java，它主要是完成了生成索引文件的功能。在这个类中，包括了针对文件、数据库等的多个索引函数，我们在案例中用到的是针对数据库的 indexDB 函数，其他几个函数读者可以对照阅读。图 6-8 中给出了 indexfile 类的结构与继承关系。

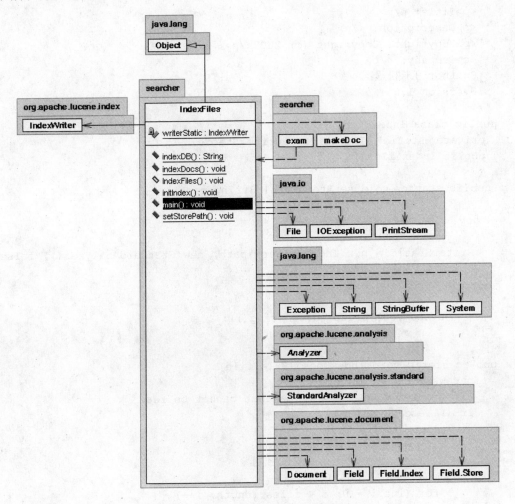

图 6-8　indexFile 类的结构与继承关系

下面给出 indexfile.java 的具体实现。

```
package searcher;

import java.io.File;
import java.io.FileNotFoundException;
import java.io.IOException;
import java.util.Date;
import java.io.*;
import java.io.FileWriter;
```

```java
import java.io.PrintWriter;
import java.text.SimpleDateFormat;
import java.lang.*;
import org.apache.lucene.document.*;
import org.apache.lucene.document.Field;
import org.apache.lucene.analysis.standard.StandardAnalyzer;
import org.apache.lucene.index.IndexWriter;
/**
 * <p>Title: </p>
 * <p>Description: </p>
 * <p>Copyright: Copyright (c) 2007</p>
 * <p>Company: </p>
 * @author 王长松 秦琴
 * @version 1.0
 */
public class IndexFiles {
  private static  IndexWriter writerStatic;
  public IndexFiles() {
  }
 public static  void setStorePath( String path)
 {
   try
   {
    writerStatic = new IndexWriter (path, new StandardAnalyzer(), false);
   }
   catch(Exception ee)
      {
        System.out.print(ee.toString());
      }
 }
public static void indexDocs (File file)
   throws IOException {
   // do not try to index files that cannot be read
   if (file.canRead()) {
    if (file.isDirectory()) {
     String[] files = file.list();
     // an IO error could occur
     if (files != null) {
      for (int i = 0; i < files.length; i++) {
       indexDocs( new File(file, files[i]));
      }
     }
    } else {
     System.out.println("adding " + file);
     try {
      Document d=makeDoc.getDoc(file);
      if(d!=null)
      {
       writerStatic.addDocument(makeDoc.getDoc(file));
      }
       writerStatic.close();
```

```
            }
            // at least on windows, some temporary files raise this exception
    //with an "access denied" message
            // checking if the file can be read doesn't help
            catch (Exception fnfe) {
              ;
            }
          }
        }
      }
    public static String indexDB( String NAME)
        /*对 NAME 列为参数 NAME 的行进行索引*/
      throws IOException
      {
       try {
          String[] row={"NAME","CONTENT"};
          Field.Store[] Store ={Field.Store.YES,Field.Store.NO};
          Field.Index[]index=
    {Field.Index.UN_TOKENIZED,Field.Index.TOKENIZED};
          Document d=makeDoc.getDoc
    ("NAME",NAME,"INFORMATIONFORSEARCHER",row,Store,index);
          /*
          public static Document getDoc(String keyRow,String
keyValue ,String table, String[] row , Field.Store[] Store,Field.Index[]
index)
          */
          if(d!=null)
        {
        writerStatic.addDocument(d);
        }
         writerStatic.close();
         return "成功索引";
        }
       catch (Exception e)
        {
        e.printStackTrace();
        return e.toString();
        }
      }
    public static void initIndex( String path)
      {
      /*初始化索引，在 path 指定的文件夹下，生成只包含一个空的 document 对象的索引*/
      try{
      IndexWriter  writerStatic = new IndexWriter (path, new
StandardAnalyzer(), true);
      writerStatic.addDocument(new Document());
      writerStatic.close();
      }
      catch(Exception e)
      {
```

```
          e.printStackTrace();
        }
      }
    public static void main (String[] args)
    {
      try{
        initIndex("D:\\index");
        setStorePath("D:\\index");
        indexDB("name3");
        indexDB("name4");
         }
      catch (Exception e)
         {
         e.printStackTrace();
         }
      }
   }
```

## 6.3.5　删除索引中某个文档

deleter 类的作用是删除数据库中的数据及其索引中的数据，其中的关键是了解如何通过 IndexReader 类的对象来删除索引中的数据。图 6-9 中给出了 deleter 类的结构与继承关系。下面给出 deleter 类的具体实现。

```
package searcher;
import org.apache.lucene.index.IndexReader;
import org.apache.lucene.index.Term;
import org.apache.lucene.index.IndexWriter;
import org.apache.lucene.analysis.standard.StandardAnalyzer;
import searcher.dbManager.dbToObject;
/**
 * <p>Title: 网站的检索</p>
 * <p>Description: DB 模糊检索案例-网站的检索</p>
 * <p>Copyright: Copyright (c) 2007</p>
 * <p>Company: </p>
 * @author 王长松 秦琴
 * @version 1.0
 */
public class deleter {
  public deleter() {
  }
  public static void main(String[] args) {
    deleter deleter1 = new deleter();
    String r=deleter1.deleteARecorder("d:\\index","NAME","name4");
    System.out.println(r);
  }
public void indexDelete(String path ,String key,String keyValue)
    throws Exception{
    /*根据某个 Field 的值来删除对应的 document*/
    IndexReader reader = IndexReader.open(path);
```

```
        Term term=new Term(key,keyValue);
        reader.deleteDocuments(term);
        /*必须执行 reader.close(),否则可能造成数据不完整或锁不能正确释放*/
        reader.close();
        /*
    lucene 的删除过程中有一个类似于回收站的机制，只有执行优化操作之后，对索引重新整
理、编号，才能根本删除，所以必须执行 writer.optimize();
        */
        IndexWriter writer=new IndexWriter(path,new
StandardAnalyzer(),false);
        writer.optimize();
    }
    public String deleteARecorder(String path,String key,String keyValue){
        try{
            dbToObject.deleteARecord(key);
            indexDelete(path,key,keyValue);
            return "成功删除";
        }
        catch(Exception e)
        {
            e.printStackTrace();
            return "异常在 deleter--deleteARecorder : "+e.toString();
        }
    }
}
```

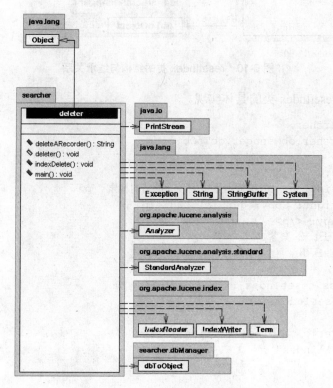

图 6-9　deleter 类的结构与继承关系

### 6.3.6 索引重置

索引重置实现了删除原来数据库中的数据，然后为数据库中的数据重新建立索引的功能。其中 initIndex 函数完成了删除原来的索引文件的功能。图 6-10 中给出了 resetIndex.java 的类图。

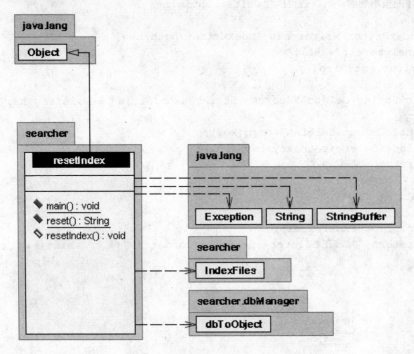

图 6-10　resetIndex 类的结构与继承关系

下面代码是 resetIndex 类的具体实现。

```
package searcher;
import searcher.dbManager.dbToObject;
/**
 * <p>Title: 网站的检索</p>
 * <p>Description: DB 模糊检索案例——网站的检索</p>
 * <p>Copyright: Copyright (c) 2007</p>
 * <p>Company: </p>
 * @author 王长松 秦琴
 * @version 1.0
 */
public class resetIndex {
  public resetIndex() {
  }
  public static void main(String[] args) {
  reset("d:\\index");
  }
```

```java
public  static String reset(String path)
  {
    try{
      IndexFiles.initIndex(path);
      String[] r = dbToObject.getAllName();
      if (r != null) {
        for (int i = 0; i < r.length; i++) {
          IndexFiles.setStorePath("d:\\index");
          IndexFiles.indexDB(r[i]);
        }
      }
    return "重新初始化成功";
    }
    catch(Exception e)
    {
      e.printStackTrace();
      return "异常: "+e.toString();
    }
  }
}
```

## 6.3.7　搜索已有的索引

建立完索引后，另外一个关键的功能就是实现对索引的检索，索引的功能是通过 searchIndex 类的对象的 search 方法来实现的。下面是 searchIndex 类的具体实现。

```java
package searcher;
import org.apache.lucene.analysis.Analyzer;
import org.apache.lucene.analysis.standard.StandardAnalyzer;
import org.apache.lucene.document.Document;
import org.apache.lucene.index.FilterIndexReader;
import org.apache.lucene.index.IndexReader;
import org.apache.lucene.queryParser.QueryParser;
import org.apache.lucene.search.Hits;
import org.apache.lucene.search.IndexSearcher;
import org.apache.lucene.search.Query;
import org.apache.lucene.search.Searcher;

import java.io.BufferedReader;
import java.io.FileReader;
import java.io.IOException;
import java.io.InputStreamReader;
import java.util.Date;

/**
 * <p>Title: 搜索引擎工具包——对已有索引的检索</p>
 * <p>Description: </p>
 * <p>Copyright: Copyright (c) 2007</p>
```

```
 * <p>Company: </p>
 * @author 王长松 秦琴
 * @version 1.0
 */
public class searchIndex {
  public searchIndex() {
  }
  public static Hits search(String indexPath,String queryString) {
    /* 指向索引目录的搜索器*/
try
{
/*查询解析器：使用和索引同样的语言分析器*/
Analyzer analyzer = new StandardAnalyzer();
/*
very importent :  这里的 contents 就是你要检索的 FIELD 必须和
doc.add(new Field("CONTENT"... ...
*/
QueryParser parserE = new QueryParser("CONTENT", new StandardAnalyzer());
//  new ChineseAnalyzer();
/*将输入的检索内容 PARSE 成 KEY 的序列*/
Query queryE = parserE.parse(queryString);
Searcher searcher = new IndexSearcher(IndexReader
                    .open(indexPath));
/*搜索结果使用 hits 存储*/
Hits hits = searcher.search(queryE);
  searcher.close();
/*通过 hits 中存储了相应字段的数据和查询的匹配度信息*/

for (int i=0; i<hits.length(); i++)
  {
      System.out.println(hits.doc(i).get("NAME")+ "; Score: " +
                    hits.score(i));
  }
return hits;
}
catch(Exception ee)
  {
    System.out.print("searchIndex 中出现错误: "+ee.toString());
    ee.printStackTrace();
    return null;
  }
}
public static void main(String[] args)
  {
Hits h= search("d://index","中华");
try
{
if(h!=null)
    {
```

```
     for(int i=0 ;i<h.length();i++ )
     {
     System.out.print("field name:
"+h.doc(i).getField("NAME").toString());
       /*dbToObject 的 getARecord 方法增加了类别、时间两个判断*/
     String[] r=
   searcher.dbManager.dbToObject.getARecord(h.doc(i).getField("NAME").strin
gValue() ,
   "所有",null,null);
     for(int j=0;j<r.length;j++ )
     {
       System.out.println(r[j]);
     }
     }
     }
   }
 catch(Exception e )
 {
   System.out.println(e.toString());
   e.printStackTrace();
 }
 }
 }
```

## 6.3.8　添加数据

添加的数据首先被写入数据库，然后对新加入的数据建立索引(对应的文件是 addData.jsp)。如图 6-11 所示，这是添加数据的界面。

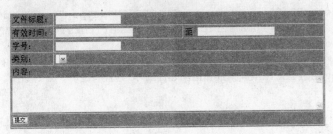

**图 6-11　addData.jsp 的运行界面**

下面给出该界面的程序实现。

```
<%@ page contentType="text/html; charset=gb2312" language="java"
import="java.sql.*" errorPage="" %>
<%@ page import="searcher.dbManager.*,searcher.*" %>
<head>
<meta http-equiv="Content-Type" content="text/html; charset=gb2312" />
<title>Untitled Document</title>
<style type="text/css">
<!--
.style1 {font-size: 24px}
-->
```

```
</style>
</head>
<body>
<%
 String NAME = toChi(request.getParameter("NAME"));
 String DATEFROM = toChi(request.getParameter("DATEFROM"));
 String DATETO = toChi(request.getParameter("DATETO"));
 String KEYNO = toChi(request.getParameter("KEYNO"));
 String CONTENT = toChi(request.getParameter("CONTETN"));
 String KIND = toChi(request.getParameter("KIND"));
   if (NAME != null)
   {
     dbToObject dbToObject1 = new dbToObject();
     String re=dbToObject1.addARecord
(NAME,CONTENT,KIND,KEYNO,DATEFROM,DATETO);
     out.println(re);
      IndexFiles.setStorePath("D:\\index");
      IndexFiles.indexDB(NAME);
   }
%>
<form id="addData" name="addData" method="post" action="addData.jsp">
  <p align="center" class="style1">数据录入</p>
  <table width="624" border="1" align="center" bgcolor="#6699CC">
    <tr>
      <td width="118">文件标题：</td>
      <td colspan="2"><input name="NAME" type="text" id="NAME" /></td>
    </tr>
    <tr>
      <td>有效时间：</td>
      <td width="230"><input name="DATEFROM" type="text" id="DATEFROM"
title="单击选择" onclick="javascript:ShowCalendar(this)" size="24" /></td>
      <td width="290">至
      <input name="DATETO" type="text" id="DATETO" title="单击选择"
   onclick="javascript:ShowCalendar(this)" size="24" /></td>
    </tr>
    <tr>
      <td>字号：</td>
      <td colspan="2"><input name="KEYNO" type="text" id="KEYNO" /></td>
    </tr>
    <tr>
      <td>类别：</td>
      <td colspan="2"><label>
        <select name="KIND" id="KIND">
        </select>
      </label></td>
    </tr>
    <tr>
      <td colspan="3">内容：
      <textarea name="CONTENT" cols="100" rows="5"
id="CONTENT"></textarea></td>
    </tr>
```

```
    <tr>
      <td colspan="3"><label>
        <input type="submit" name="Submit2" value="提交" />
      </label></td>
    </tr>
  </table>
</form>
</body>
<%!
public String toChi(String input) {
try {
byte[] bytes = input.getBytes("ISO8859-1");
return new String(bytes);
}catch(Exception ex) {
}
return null;
}
%>
</html>
```

## 6.3.9　索引初始化

索引初始化指的是把原来的索引文件删除(完成此功能的文件是 init.jsp)，这主要是针对可能出现的索引文件损坏等异常情况。图 6-12 所示为索引初始化的运行界面。

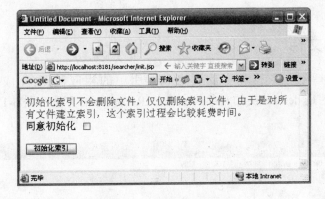

**图 6-12　init.jsp 的运行界面**

下面给出 init.jsp 的具体实现。

```
<%@ page contentType="text/html; charset=gb2312" language="java"
import="java.sql.*" errorPage="" %>
<%@ page import="searcher.dbManager.*,searcher.*" %>
<head>
<meta http-equiv="Content-Type" content="text/html; charset=gb2312" />
<title>Untitled Document</title>
<style type="text/css">
<!--
.style1 {color: #FF0000}
-->
```

```
</style>
</head>
<body>
<%
 String[] picked = request.getParameterValues("checkBox");
   if (picked != null)
   {
   resetIndex.reset("d:\\index");
   }
%>
<form name="form1" method="post" action="init.jsp">
 <label></label>
 <p><span class="style1">初始化索引不会删除文件，仅仅删除索引文件，由于是对所有
文件建立索引，这个索引过程会比较耗费时间。</span>
   <label> <br>
   同意初始化
   <input name="checkBox" type="checkbox" id="checkBox" value="init">
   </label>
   <label></label>
 </p>
 <p>
   <input type="submit" name="Submit" value="初始化索引">
 </p>
</form>
</body>
</html>
```

## 6.3.10 删除文档

删除文档包括删除数据库中的文档和索引中的相应数据(完成此功能的文件是 delete.jsp)，使用的是 deleter 类的对象的 deleteARecorder 的方法。图 6-13 所示为删除文档的页面。

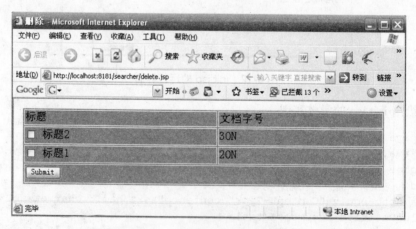

图 6-13 delete.jsp 的运行界面

下面给出 delete.jsp 的具体实现。

```
<%@ page contentType="text/html; charset=gb2312" language="java"
import="java.sql.*"
errorPage="" %>
<!DOCTYPE html PUBLIC "-//W3C//DTD XHTML 1.0 Transitional//EN"
"http://www.w3.org/TR/xhtml1/DTD/xhtml1-transitional.dtd">
<html xmlns="http://www.w3.org/1999/xhtml">
<%@ page import="searcher.dbManager.*,searcher.*" %>
<head>
<meta http-equiv="Content-Type" content="text/html; charset=gb2312" />
<title>删除</title>
</head>
<body>
<p>
<%
 String[] picked = request.getParameterValues("deleteBox");
   if (picked != null)
   {
       for (int i = 0;i < picked.length; i++)
       {
        deleter deleter1 = new deleter();
        String
r=deleter1.deleteARecorder("d:\\index","NAME",toChi( picked[i]));
         out.print(r);
       }
   }
%>
<%
dbToObject dbToObject1 = new dbToObject();
String[][] result =  dbToObject1.getAllRecord();
%>
</p>
<form id="form1" name="form1" method="post" action="delete.jsp">
  <table width="624" border="1" align="center" bordercolor="#FFFFFF"
bgcolor="#6699CC">
    <tr>
      <td height="17">标题</td>
      <td>文档字号</td>
    </tr>
    <%
     for (int j=0;j<result.length;j++ )
     {
     %>
    <tr>
      <td width="97" height="25"><label>
        <input name="deleteBox" type="checkbox" id="deleteBox"
value="checkbox" />
      </label>
      <%=result[j][0]%></td>
      <td width="81"><%=result[j][3]%></td>
    </tr>
    <%
```

```
    }
%>
<tr>
<td height="28" colspan="2"><label>
  <input type="submit" name="Submit" value="Submit" />
</label></td>
</tr>
  </table>
</form>
</body>
<%!
public String toChi(String input) {
try {
byte[] bytes = input.getBytes("ISO8859-1");
return new String(bytes);
}catch(Exception ex) {
}
return null;
}
%>
</html>
```

## 6.3.11  检索主页面

该窗口提供了索引输入，包括关键字、类别、有效时间等参数，并调用针对索引检索、数据库查询的函数实现检索，同时显示结果，完成此功能的文件是 searchDBIndex.jsp。图 6-14 所示为检索主页面。

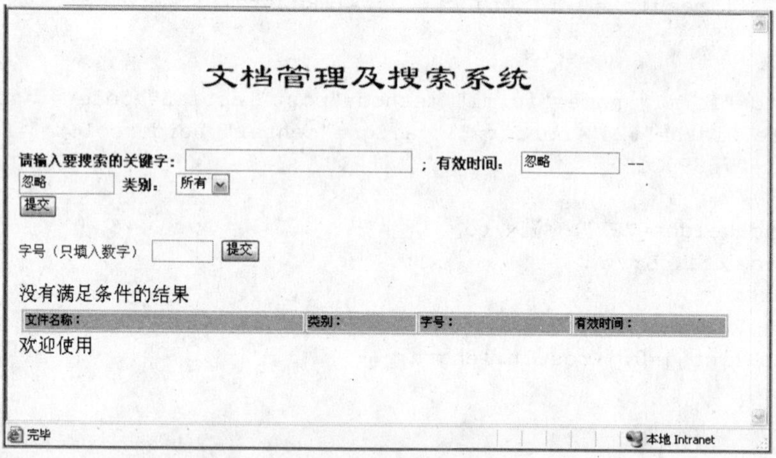

图 6-14  searchDBIndex.jsp 的运行界面

下面是 searchDBIndex.jsp 的具体实现。

```
<%@ page contentType="text/html; charset=gb2312" language="java"
import="java.sql.*" errorPage="" %>
<html xmlns="http://www.w3.org/1999/xhtml">
<%@ page import="searcher.dbManager.*,searcher.*" %>
```

```jsp
<%@ page import="org.apache.lucene.search.Hits,java.*"%>
<head>
<meta http-equiv="Content-Type" content="text/html; charset=gb2312" />
<title>检索</title>
<style type="text/css">
<!--
.STYLE1 {
    color: #FF0000;
    font-weight: bold;
    font-size: 18px;
}
.STYLE3 {font-size: 12px}
.STYLE6 {
    font-family: "隶书";
    font-size: 36px;
    color: #750102;
}
.STYLE17 {font-size: 12px; color: #990000; }
.style21 {font-size: 14px}
-->
</style>
</head>
<body>
<table width="688" height="97" border="0">
  <tr>
<td height="93" background="picture/headL.jpg">
<p align="center" class="STYLE6">文档管理及搜索系统</p></td>
  </tr>
</table>
<p class="STYLE1">
<form action="searchDBIndex.jsp" method="post"  name="form1"
class="STYLE17"
    id="form1">
  <label>
  <span class="style21">请输入要搜索的关键字:
  <input name="keyField" type="text" size="30" />
  </span></label>
  <span class="style21">
  <label></label>
  </span>
  <span class="style21">
  <label>有效时间:
    <input name="selectDateF" type="text" id="selectDateF" value="忽略"
size="12">
  </label>
  --
  <label>
  <input name="selectDateT" type="text" id="selectDateT" size="12">
  </label>
  类别:
  <label>
```

```
    <select name="kind" id="kind">
      <option>所有</option>
    </select>
    </label>
    <br>
    <label></label>
    </span>
    <div align="left"><span class="style21">
      <input type="submit" name="Submit" value="提交" />
    </span> </div>
    <span class="style21">
      <label>
      </label>
      <label></label>
    </span>
  </form>
  <form action="searchDB.jsp" method="post"  name="form2"
   class="STYLE17" id="form1">
    <span class="STYLE17"><span class="style21">
    <label>字号(只填入数字)
    <input name="no" type="text" id="no" size="7" />
    </label>
    </span> </span>
    <span class="style21">
    <input type="submit" name="Submit2" value="提交" />
    </span>
  </form>
  <table width="700" border="3" bordercolor="#FFFFFF" bgcolor="#CCCCCC">
    <tr>
      <td width="358" height="16" bgcolor="#EE9999" ><span class="STYLE3">
文件名称: </span></td>
      <td bgcolor="#EE9999" width="131"><span class="STYLE3">类别:
</span></td>
      <td bgcolor="#EE9999" width="185"><span class="STYLE3">字号:
</span></td>
      <td bgcolor="#EE9999" width="185"><span class="STYLE3">有效时间:
</span></td>
    </tr>
    <%
  try{
  Hits hits=null;
  String  informations[][]=null;
  int informationsInt[][]=null;
  String rname="";
  String key= toChi(request.getParameter("keyField") );
  String no= toChi(request.getParameter("no") );
  String kindP= toChi(request.getParameter("kind") );
  dbToObject dbToObject2 = new dbToObject();
  if(no!=null)
  {
    String[] rNo=   dbToObject2.getARecordFromKEYNO(no);
```

```
  if(rNo!=null)
  {
%>
<tr>
<!--这里连接页面，读者可以自己设计-->
<td height="22" bgcolor="#EE9999">
<a href="<%=rNo[0]%>" class="STYLE3"><%=rNo[0]%></a></td>
    <td bgcolor="#EE9999"><span class="STYLE3"><%=rNo[2]%></span></td>
    <td bgcolor="#EE9999"><span class="STYLE3"><%=rNo[3]%></span></td>
     <td bgcolor="#EE9999">
<span class="STYLE3"><%=rNo[4]%><--><%=rNo[5]%></span></td>
</tr>
<%
}
}
else
{
if(key!=null)
{
out.println("你搜索的内容是："+key);
hits= searchIndex.search("d://index",key);
}
}
if(hits==null)
{
out.println("没有满足条件的结果");
}
else
{
  for (int i=0; i<hits.length(); i++)
{
String selectDateF= toChi(request.getParameter("selectDateF") );
String selectDateT= toChi(request.getParameter("selectDateT") );
if(selectDateF.equals("忽略"))
{
selectDateF=null;
}
if(selectDateT.equals("忽略"))
{
selectDateT=null;
}
String[] a =
dbToObject2.getARecord(hits.doc(i).get("NAME"),kindP,selectDateF,selectD
ateT);
   out.println(hits.doc(i).get("NAME"));
   out.println(kindP);
  if(a!=null )
  {
  %>
  <tr>
    <td height="22" bgcolor="#EE9999"><a href="<%=a[0]%>"
```

```
      class="STYLE3"><%=a[0]%></a></td>
      <td bgcolor="#EE9999"><span class="STYLE3"><%=a[2]%></span></td>
      <td bgcolor="#EE9999"><span class="STYLE3"><%=a[3]%></span></td>
       <td bgcolor="#EE9999"><span
  class="STYLE3"><%=a[4]%>--<%=a[5]%></span></td>
   </tr>
 <%
    }
}
}
}
catch(Exception e1)
{
out.print(e1.toString());
}
%>
</table>
欢迎使用
</p>
<p> </p>
</body>
<%!
public String toChi(String input) {
try {
if( input==null)
{
return null;
}
byte[] bytes = input.getBytes("ISO8859-1");
return new String(bytes);
}catch(Exception ex) {
}
return null;
}
%>
</html>
```

# 第 7 章 JDBC 拓展与 XML-dbToXml 数据转换器

所谓数据转换器是指将 DB 中的数据转换成 XML 格式的数据, 这样做的目的主要是克服平台间数据格式不统一的问题, 实现跨平台数据交互, 进而实现 "数据大集中" 等实际应用的需求。

## 7.1 知 识 准 备

### 7.1.1 XML 简介

XML 是 eXtensible Markup Language 的缩写, 即可扩展标记语言。顾名思义, XML 应该属于标记性语言, 具有和 HTML 类似的特点, 应该比较直观、简单, 易于掌握和使用, 其实这正是 XML 一大优点。

XML 的前身是 SGML(the Standard Generalized Markup Language), IBM 从 20 世纪 80 年代早期就开始推动统一的通用标记语言 GML 的发展, 1984 年国际标准化组织(ISO)开始对此提案进行讨论, 并于 1986 年通过了标记语言标准, ISO8879。但是, SGML 语言过于复杂, 不适合在 Web 环境下应用, 借鉴 HTML 的简洁性, W3C 万维网联盟(World Wide Web Consortium)组织于 1998 发布了 XML 1.0 标准。所以, XML 同 HTML 一样, 是通用标识语言标准(SGML)的一个子集, 起初设计目的是用于描述网络上的数据内容和结构的标准。XML 继承了 SGML 的大部分功能, 却使用了简单许多的技术。

因此, XML 其实是一种用于数据存储的标记语言, 与其相比, HTML 则更侧重于对界面显示的描述。XML 以一种开放的、自我描述的方式定义数据结构, 在描述数据内容的同时能突出对结构的描述, 从而体现出数据与数据之间的关系。其实, 在标记语言中 HTML 和 XML 处于不同的层次。

与数据库存储数据相比, 直观、简洁所付出的代价也凸现出来, XML 以字符为单位, 这就意味着它占用的空间, 比以二进制为单位的数据库存放方式多很多。而且, 数据库在时间、空间效率保障问题上, 还有很多其他的 XML 不具备的特性, 例如: 索引、排序、匹配查找、相关性、一致性等。相比之下, XML 仅仅完成了数据的存储、显示。

但是, XML 也具有数据库无法相比的优势, 这种优势也源于 XML 以字符为单位的特征。我们知道, 不同的数据库的存储机制、管理机制都有很大的差异, 数据格式的定义各不相同, 不同数据库平台, 甚至不同的操作系统都会带来跨平台的问题, 也就是数据互相不能识别, 这就要求我们有一个统一的协议或规则。由于字(符)在不同的平台具有同样的编码格式, XML 也因此具有了跨平台的能力, 成为跨平台数据访问的一个很简明的解决方案, 成为不同平台间的共用语言。

## 7.1.2　XML 规则基础

下面以 3 个重要概念：元素、文档和数据岛为线索介绍 XML 规则的构成。

### 1. 元素

元素是 XML 中最基本的单位，每一个 XML 元素都是由开始标签、结束标签，以及标签之间的数据结构组成的，其中间的数据结构是一个简单的数据，也就是 XML 元素的值。

举例：

```
<teacher>wang</teacher>
```

对于空元素，由空元素标签构成：

```
<teacher/>
```

元素还可以拥有属性，属性以下面格式存在：

名称="值"

**[示例 1]**
带属性的空元素：

```
<teacher name="wang"/>
```

**[示例 2]**

```
<teacher name="wang">
<age>22</age>
<teacher/>
```

其中 teacher 是元素名，值是 wang。

不同的元素名称和值都有相应的含义，共同组成这个元素，我们比较一下两个元素。

**[示例 3]**
不同的元素名称：

```
<student>wang</student>
```

**[示例 4]**
不同的元素值：

```
<teacher>qin</teacher>
```

我们发现改变任意一项都会使元素的含义发生改变。从例子中我们可以看出，XML 元素的含义很直观。

### 2. 文档

XML 元素可以当作最小的 XML 文档，简单而言，XML 文档也是由开始标签、结束标签及其中间的数据结构构成，只不过这里的数据结构不再是简简单单一个值，还可以是一个元素或一个文档。或者说，XML 文档的定义其实是一个递归定义。严格地说，XML 文档在逻辑上包括 5 个部分：XML 声明、文档类型声明、元素、注释和处理指令。

1)　XML 声明

XML 文档要以一个 XML 声明开始，也就是说 XML 声明必须位于整个文档的第一行。这个声明包括 XML 版本、文档的编码和文档的独立性共 3 个方面的信息：

```
<? 版本号 [编码信息] [文档独立性信息]?>
```

例如：

```
<?xml version="1.0" encoding="gb2312" standalone="yes"?>
```

版本号、编码信息容易理解，这里着重解释一下独立性的概念。所谓独立性，其实就是本文档是否依赖于其他外部文档。standalone="yes"表示该文档是独立于其他的文档，反之用 standalone="no"。

2)　文档类型声明

其实就是声明遵循某个文档类型定义，即 DTD(document type definition)。我们刚才提到，XML 除了存储数据，还同时定义了结构，这样一来，就需要一个严格的数据结构的定义。DTD 其实是 XML 继承的 SGML 的一部分，DTD 是一个独立的机制，并不从属于 XML 规则。文档类型定义文件以.dtd 为扩展名，.dtd 文件同样也是一个文本文件。DTD 校验的意义在于，可以使得在同一个用户群内，使用同样的 DTD 的用户，在数据结构上达成共识，使得可以相互识别 XML 数据。

但是，DTD 也有很多不尽如人意之处。首先，DTD 是一套独立于 XML 的体系，有自己的另一套语法，而且过于繁琐；其次，DTD 是 ASCII 格式的，而 XML 文件是 Unicode 的编码，这种不协调会不时带来麻烦；再次，还有一些其他缺陷，所以在 XML 文档定义方面出现了一些 DTD 的替代方案，比如 XSLT、XML Schema，后者非常成功，感兴趣的读者可以查阅相关资料。

文档类型声明既可以声明一个外部的文件，又可以直接在 XML 文档中给出。把约束定义在外部文件比较适合于之前已经达成协议的情况，大家都使用共同的 DTD 去约束自己的 XML；而书写在内部就比较适合于在更广的范围内发布。我们在后面将用一节简要讲述 DTD 的相关知识。

简单地讲，我们书写 XML 要注意的 3 项基本原则小结如下：

- XML 文档以 XML 定义<?xml version="1.0"?>开始。
- 有一个包含所有其他内容的根元素，如上面例子中的<list>。
- 有一个</list>标记符。
- 所有元素必须合理的嵌套，不允许交叉嵌套。

## 3. 数据岛

顾名思义，数据岛是指镶嵌于 HTML 页面中的 XML。我们可以直接在 HTML 页面中编写 XML 脚本，我们几乎可以将所有可以存在于一个完整的 XML 文档中的东西，存放于一个数据岛中。

**[示例]**

```
<XML ID="XMLID">
<school>
```

```
<teacher name="wang">
  <age>56</title>
  <phone>1212110</phone>
</teacher>

</school>
</XML>
```

也可以通过 SRC 属性来引用：

```
<XML ID="XMLID" SRC="school.xml"></XML>
```

## 7.1.3　DTD

我们可以把 DTD 看作 XML 文件的书写模板，它定义了元素的名称、元素的属性、元素的排列顺序及元素所能够包含的内容等。下面分别介绍内部 DTD 和外部 DTD。

### 1. 内部 DTD

1)　内部 DTD 嵌套

内部 DTD 书写在 XML 文件的文件序言部分。它的语法格式是：

```
<!DOCTYPE ElementName[........]>
```

表 7-1 给出了 DTD 包含的各子句。

表 7-1　DTD 嵌套

| 子　句 | 含　义 |
| --- | --- |
| 〈!DOCTYPE | DOCTYPE 是关键字，必须大写，指明 DTD 定义的开始 |
| ElementName | 一个 XML 文件有且仅有一个根元素，这里的 ElementName 就是根元素的名称 |
| [........] | [ ]内包涵 DTD 定义 |
| 〉 | 表示 DTD 定义的结束 |

2)　元素定义

其中，一个元素或(子)文档定义的基本格式如下：

```
<!ELEMENT ElementName ElementDefinition>
```

表 7-2 是元素定义中包含的各子句。

表 7-2　元素定义

| 子　句 | 含　义 |
| --- | --- |
| <!ELEMENT | ELEMENT 是关键字，必须是大写，它指明了元素定义的开始 |
| ElementName | 元素的名称 |
| ElementDefinition | 是对元素内容的定义，指明该元素开始符与结束符之间是嵌套了其他元素，还是简单的文字 |
| > | 元素定义的结束 |

**[示例]**

```
<!ELEMENT school (name,teacher,student)>
```

这个示例中(name,teacher,student)表示 school 是 name、teacher、student 的父类,name、teacher、student 3 个元素必须按照顺序出现。

那么对于基本元素如何定义呢?这就用到#PCDATA 关键字:

```
〈!ELEMENT ElementName (#PCDATA)〉
```

另外还有一个关键字:ANY,它表示该元素包含的内容是任意的,可以是一个字符串,也可以是任意数目的任意元素(在不违反不交叉等原则下)。

当我们想要比较详细地对每个"子元素"的数目分别规定时,就要借助于一些特殊标记,如表 7-3。

表 7-3　标记

| 符　号 | 含　义 |
| --- | --- |
| * | 不出现或可出现多次 |
| ? | 不出现或只出现一次 |
| + | 必须出现一次以上 |
| 无符号 | 能且仅出现一次 |

这些符号被放在元素的右边用来设置该元素的数目属性。

例如:

```
<!ELEMENT school(name,teacher+,student*)>
```

这个元素设置的含义是:一个学校仅有一个名字,至少有一个老师,学生可有可无(入学前学生为 0 个)。这种设置其实很重要,例如,如果将上面的定义改一下:

```
<!ELEMENT school(name,teacher+,student+)>
```

那么,一个没有招生的学校的信息就不能存入该 XML 文件,这显然与事实不相符!

我们看到这里的","号表示了一种并列的关系,但是如果我们需要"或"的关系时,应该如何表示呢?这时使用"|"符号:

```
<!ELEMENT school(name|NO,teacher+,student+)>
```

这就表示,仅存储学校名称或编号中的一个即可。

XML 文件中还有一类特殊的元素:空元素,它的表示方法中使用了 EMPTY 关键字(必须大写),示例如下:

```
<!ELEMENT ElementName EMPTY>
```

3) 属性定义

我们前面提到了属性的概念,那么属性在 DTD 中是如何定义的呢?属性定义的基本格式是:

```
<!ATTLIST ElementName AttributeName Type DefaultValue>
```

表 7-4 是属性定义中包含的子句。

表 7-4 属性

| 子 句 | 含 义 |
|---|---|
| <!ATTLIST | 属性设置开始(关键字要大写) |
| ElementName | 属性所属元素名称 |
| AttributeName | 属性名称 |
| Type | 属性的类别 |
| DefaultValue | 默认值 |

表 7-5 中罗列了 Type 可选的值。

表 7-5 可选值

| 属性类别 | 含 义 |
|---|---|
| cdata | 简单的文字 |
| enumerated | 给出了属性值的范围，例如：(男\|女) |
| nmtoken | 表示属性值只能由包括字母、数字、下划线、中划线、冒号及·符号组成 |
| nmtokens | 属性的值可以由多个 nmtoken 组成，它们之间用空格隔开 |
| id | 表示该属性类似于数据库中的主键，唯一标识一个元素，在整个 XML 文件中是不能重复的 |
| idref | 表示该属性的值与另一个 id 属性关联 |
| idrefs | 表示该属性值参考了多于一个的 id 属性，它们之间用空格隔开 |
| entity | 表示该属性所设定值是一个来自外部的实体，例如是一个文件 |
| entities | 表示该属性所设定值是多个来自外部的实体，它们之间用空格分开 |
| notation | 属性值已经在 DTD 中声明过的 notation，例如<!NOTATION jpeg PUBLIC "JPG">，这种声明主要是指出用什么软件解读某些(如图片之类的)文件 |

**[示例 1]**

```
<!ATTLIST teacher sex (男|女) "男">
```

这个设置表示老师的性别属性，它的取值在男、女中选择，默认值是男。

**[示例 2]**

```
<!ATTLIST student NO ID #REQUIRED>
```

这个示例中，我们设置了学生元素的学号属性 NO，并指明这个属性是一个标识，#REQUIRED 表示非空，即这个属性必须有。这样一来下面的 XML 将是不合法的，解析时会报错：

```
<student NO="123">
<name>
wangchangsong
```

```
</name>
</student>
<student NO="123">
<name>
qinqin
</name>
</student>
```

**[示例 3]**

```
<! Student married CDATA #FIX "未婚">
```

这个属性的含义是设置学生婚姻属性，**#FIX** "未婚"表示这个属性的值固定为"未婚"，在 XML 中不能被覆盖。

4) 实体定义

所谓实体，可以简单地理解成"别名"，即定义之后，可以在其他地方以实体名代替其定义内容，格式：

```
<!ENTITY EntityName EntityDefinition>
```

**[示例 4]**

```
<!ENTITY N EMPTY>
```

定义实体 N 之后，<!ELEMENT ElementName EMPTY>便可以写成：

```
<!ELEMENT ElementName &&N;>
```

注意，这里引用一个实体时的格式：**&&EntityName;**，其中实体名称前面的"**&&**"及后面的";"都不能少。

**2. 外部 DTD**

外部 DTD 就是前面提到的 dtd 文件。与内部 DTD 相比，DTD 定义在外部可以减少很多重复定义的工作。外部 dtd 文件的语法、格式与内部相同，不过要记得在文件开头加上相关的信息，例如：<?xml version="1.0" encoding=" UTF-8" ?>。这里仅说明其如何被 XML 引用的：

```
<!DOCTYPE ElementName SYSTEM DtdURL>
<!DOCTYPE ElementName PUBLIC DtdName DtdURL>
我们回忆一下 hibernate 配置时使用的 XML,它的开头设置是:
<?xml version='1.0' encoding='UTF-8'?>
<!DOCTYPE hibernate-configuration PUBLIC
"-//Hibernate/Hibernate Configuration DTD 3.0//EN"
"http://hibernate.sourceforge.net/hibernate-configuration-3.0.dtd">
<hibernate-configuration>
<session-factory>
   …
```

其中各部分的含义如下。

- hibernate-configuration：XML 的根元素名称。
- "-//Hibernate/Hibernate Configuration DTD 3.0//EN"：DTD 文件的路径。

● "http://hibernate.sourceforge.net/hibernate-configuration-3.0.dtd"：是 DTD 文件名。

下面我们给出一个完整的 DTD 文件及其对应的 XML 文件，school.dtd 如下：

```
<?xml version='1.0' encoding='UTF-8'?>
<!ELEMENT school (teacher)*>
<!ELEMENT teacher (infor) >
<!ATTLIST infor name ID #REQUIRED>
<!ATTLIST infor  age CDATA "">
<!ATTLIST infor sex (男|女) "男">
middleSchool.xml:
<?xml version='1.0' encoding='UTF-8'?>
<!DOCTYPE school SYSTEM "school.dtd">
<school>
<teacher>
    <infor name="wang",age="22",sex="男"/>
</teacher>
<teacher>
    <infor name="qin",sex="女"/>
</teacher>
</school>
```

## 7.1.4  XML 文档分析器

所谓解析器就是在 XML 文档上封装的一层，处于应用程序和 XML 文档之间，可以避免开发人员直接访问 XML 文档，提高 XML 操作的效率和程序的质量。图 7-1 给出了 XML 分析器的结构。

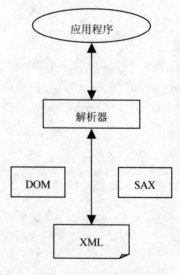

图 7-1  XML 文档分析器

### 1. SAX

SAX 是 simple API for XML 的缩写，它不从属于任何官方机构，可以说 SAX 标准是在"民间"形成的，但是它却得到了广泛的认同，几乎所有的解析器都支持 SAX 标准。

因为 SAX 基于事件驱动，所以有必不可少的两部分：解析器和事件响应。前者负责解析，即读取 XML 文档，分析后调用相应的事件响应，对得到的 XML 数据进行处理。而且，SAX 还是以一种流文件的方式处理 XML 文档，也就是每读取一段就可以分析，无需将所有的数据全部读完，这样就使得 SAX 具有很高的解析效率。

下面我们给出一段 XML 及它所触发的事件响应：

```
<?xml version="1.0"?>
<school>
<name>
wang
</name>
<sex>
男
</sex>
</school>
分析过程中的事件：
xml 文档开始
一个元素开始(<school>)
字符数据(无)
一个元素开始(<name>)
字符数据(wang)
一个元素结束(</name>)
一个元素开始(<sex>)
字符数据(男)
一个元素结束(</sex>)
一个元素结束(</school>)
xml 文档结束
```

不同的事件被事件管理器调用不同的响应器响应。

SAX 只提供了相应的解析器、事件处理器接口(org.xml.sax)。然后由具体的解析器提供方负责实现这些接口，其中最重要的是 XMLReader 接口(负责解析)，处理器程序则由我们自己编写。

当我们编写事件响应时，一般要实现 ContentHandler 接口，然后使用 XMLReader 对象的 setContentHandler()方法注册一个 ContentHandler 实例。解析器就会通过这个事件实例来处理事件。

### 2. DOM

DOM 是 document object model 的缩写，它是由 W3C 组织 2004 年发布的 XML 的标准，并给出了 DOM 接口的 IDL。DOM 独立于任何程序设计语言，它提出了一种类似于树形的结构来抽象 XML 文档。树由很多节点组成，这些节点代表了元素、属性、文本、注释、处理指令等 XML 文档的各个部分。我们也可以把整棵树看作一个最大的节点。这种 XML 到树形的抽象很好地反映了 XML 的递归定义和无交叉性。

- DOM 是将 XML 全部读入内存，并在内存中树形存储。这样带来的好处是：我们随时可以对其查询、修改。缺点是，当 XML 文档比较大时，将其整个加载入内存进行解析，时间效率、空间效率都不高。

- SAX 是基于事件驱动，以流的方式加载、分析的。解析器在解析过程中触发一系列事件，激活相应的回调方法，对信息进行处理。很明显，SAX 不要求数据存放在内存，因此解析耗时少、内存需求低；但是我们不能直接对 XML 文档进行修改！

### 3. JDOM

JDOM 是 Java document object model 的缩写，即 Java 文档对象模型。由于 DOM 是完全针对 XML 本身提出的，它与任何语言无关，所以 DOM 的 API 十分复杂。出于减小 Java 程序员开发负担的目的，Jason Hunter 和 Brett McLaughlin 创建了 DOM 的 Java 版本——JCOM，它是一个更易于操作的 API，大大简化了 Java 对 XML 文档的操作。

JDOM 本身并没有专门的解析器，它在底层使用了效率很好的 SAX 解析器(例如：JAXP)，解析之后构建的是和 DOM 类似的树形结构。同时，JDOM 也允许我们自己设置解析器。

我们可以在 http://www.jdom.org/ 下载到 JDOM。

### 4. dom4j

我们在 hibernate 一章曾经提及过 dom4j，它在 hibernate 中完成了对象-关系映射。dom4j 是另外一个专门为 Java 提供的解析 XML 的代码库，它提供了对 sax、dom、JAXP 的完全支持，与 JDOM 相比，dom4j 拥有自己的 SAX 解析器 Aelfred2；dom4j 所使用的接口和抽象类等较 JDOM 更复杂，但是它比 JDOM 要灵活许多。有关评测表明：dom4j 表现尤为出众，各方面性能优于 JDOM。

要获得更多信息请登录 http://www.dom4j.org 查阅。

### 5. 示例

下面我们着重讲解 dom4j，读者登录 http://www.dom4j.org 下载相应包 dom4j-1.6.1.jar，另外还要在 http://jaxen.org/releases.html 下载 jaxen-1.1-beta-7.jar 包，并加入路径。

```
test.java:
package xmlForDB;
import org.dom4j.io.*;
import org.dom4j.DocumentException;
import org.dom4j.Document;
import org.dom4j.Element;
import org.dom4j.Attribute;
import org.dom4j.Node;
import org.dom4j.DocumentHelper;
import org.w3c.dom.NodeList;
import java.io.*;
import java.util.Tterator;
import java.util.List;
/**
 * <p>Title: xml 与 db 数据互访</p>
```

```
 * <p>Description: </p>
 * <p>Copyright: Copyright (c) 2007</p>
 * <p>Company: </p>
 * @author 王长松 秦琴
 * @version 1.0
 */
public class test
{
    public test() {
    }
    public  static Document readXMLDocument(String path)
        throws Exception
    {
        SAXReader reader = new SAXReader();
        /*以 xml 路径为参数,读取、解析文档，并返回 Document 的对象*/
        Document document = reader.read(new File(path));
        return document;
    }
/*
在 DOM 机制下，每个 XML 文档都有唯一一个自己的 ROOT 节点,
一般情况下，分析一个 XML 文档首先从 ROOT 开始
*/
    public static Element getRootElement(Document doc)
    {
          return doc.getRootElement();
    }
    public static void main(String[] args)
    {
    /*
本程序将带领读者完成对 XML 文档的创建、修改及多种数据读取的方法。
    */
     try
     {
     /*创建 XML 文档*/
     String xml= createXML();
     /*从字符串得到一个 Document 的对象*/
     Document doc=DocumentHelper.parseText(xml);
     /*分析得到这个 Document 对象所包含的信息*/
     getAttibutes(doc);
     /*从文件系统中得到一个 XML 文档*/
     Document d = readXMLDocument
     ("D:\\就业\\写书\\xml\\xmlExample\\school.xml");
     getAttributeFromURL(d);
     iteratTree(d,"/school/teacher/infor");
     /*修改 wang 的年龄，使其值加 5*/
     older(doc,"wang",5);
     Element eRoot= doc.getRootElement();
     System.out.print("\n<<**递归访问**>>");
     visit(eRoot);
     }
      catch(Exception e)
```

```
        {
        e.printStackTrace();
        System.out.print(e.toString());
        }
            }
```

/*实现遍历的递归函数*/

```
        public static  void visit(Element element)
    throws Exception
        {
        int  size = element.nodeCount();
        for (int i=0;i < size; i++)
         {
            Node node = element.node(i);
            if (node instanceof Element)
            {
             System.out.print("访问一个 Element 对象: ");
             System.out.println(node.getName());
              if(node.getName().equals("infor"))
              {
                System.out.println("找到一个 infor");
              }
               visit((Element) node);
            } else
            {
            System.out.print("访问的 node 不是一个 Element 对象: ");
            System.out.println(node);
            }
         }
        }
}
public static String createXML()
/*创建一个 XML 文档*/
{
   /*首先由 DocumentHelper 创建一个 document 对象*/
   Document document=DocumentHelper.createDocument();
   /*创建文档的根节点 school*/
   Element root=document.addElement("school");
   /*在根节点上添加一个 teacher 节点*/
   Element teacher=root.addElement("teacher");
   /*在 teacher 上添加 infor 节点*/
   Element infor=teacher.addElement("infor");
   /*为 infor 节点添加属性:*/
   infor.addAttribute("name","wang");
   infor.addAttribute("age","22");
   infor.addAttribute("sex","male");
   infor.setText("勤奋诚恳");
   Element teacher1=root.addElement("teacher");
   /*在 teacher 上添加 infor 节点*/
   Element infor1=teacher1.addElement("infor");
   /*为 infor 节点添加属性:*/
   infor1.addAttribute("name","qin");
   infor1.addAttribute("age","22");
```

```java
        infor1.addAttribute("sex","female");
        /*为 infor 节点赋予简单的字符串值*/
        infor1.setText("聪明好学");
        /*输出 XML 文档*/
        System.out.println("\n<<**生成的 xml 文档的输出**>>");
        System.out.println(document.asXML());
        return   document.asXML();
    }
    public static void getAttibutes( Document d)
    {
      /*得到根节点*/
      Element root = d.getRootElement();
      List teachers = root.elements("teacher");
      System.out.println("\n<<**逐层分析得到的数据输出**>>");
      for (int i=0;i<teachers.size();i++ )
      {
        Element teacher= (Element)teachers.get(i);
        /*取得 infor 节点*/
        Element infor = teacher.element("infor");
        /*取得 infor 节点的 name 属性的值*/
        String name = infor.attributeValue("name");
        int age = Integer.parseInt(infor.attributeValue("age"));
        String describe = infor.getText();
        System.out.println("姓名: " + name);
        System.out.println("年龄: " + age);
        System.out.println("描述: " + describe);
      }
    }
    public static void getAttributeFromURL(Document d)
    {
      List list = d.selectNodes("/school/teacher/infor/@name" );
      Iterator iter = list.iterator();
      System.out.println("\n<<**来自指定路径上的输出**>>");
      while(iter.hasNext())
      {
        Attribute attribute = (Attribute)iter.next();
        System.out.println(attribute.getValue());
      }
    }
    public  static void  iteratTree(Document d,String elementName)
    {
    Element rootE = getRootElement(d);
    /*枚举 rootE 下所有节点*/
    System.out.println("\n<<**使用 Iterator 枚举所有节点**>>");
      for (Iterator i = rootE.elementIterator();i.hasNext(); )
        {
        Element element = (Element) i.next();
        Element infor=element.element("infor");
        System.out.println("姓名: "+
infor.attribute("name").getValue());
        System.out.println("年龄: "+ infor.attribute("age").getValue());
```

```
            System.out.println("描述: "+ infor.getText());
            }
        /*对比: 对属性的枚举
        for (Iterator i = rootE.attributeIterator(); i.hasNext(); )
        {
            System.out.println("aa");
            Attribute attribute = (Attribute) i.next();
            System.out.println(attribute.getValue());
        }
        */
    }
    public static void older(Document d, String name,int addition)
    {
        Element rootE = getRootElement(d);
        /*枚举 rootE 下所有节点*/
        System.out.println("\n<<**使用 Iterator 找到并修改 wang 的年龄**>>");
        for (Iterator i = rootE.elementIterator();i.hasNext(); )
        {
        Element element = (Element) i.next();
        Element infor=element.element("infor");
        if( infor.attribute("name").getValue().equals(name))
        {
            System.out.println("我们找到了: "+name);
            String ageStr=infor.attribute("age").getValue();
            System.out.println(ageStr);
            if( ageStr!=null)
            {
              int age = Integer.parseInt(infor.attribute("age").
                getValue());
            System.out.println("修改前的年龄: " + age);
            age = age + addition;
            infor.setAttributeValue("age", "" + age);
```

/\*
注意:这里只是改变了 Document 对象里的值,即只修改了内存中的状态,文件系统中的 xml 文件并没有改变,如果想改变,必须有一个写入的过程:
FileWriter out = new FileWriter("d:\\teacher.xml");
document.write(out);
\*/

```
            System.out.println("修改后的年龄: " +
            infor.attribute("age").getValue());
            }
            else
            {
            System.out.println("修改前的年龄属性不存在" );
            infor.addAttribute("age",""+addition);
            System.out.println("修改后的年龄: " +
            infor.attribute("age").getValue());
            }
        }
            System.out.println("姓名: "+
infor.attribute("name").getValue());
```

```
                System.out.println("年龄: "+
infor.attribute("age").getValue());
                System.out.println("描述: "+ infor.getText());
                }
            }
    }
```

下面是运行的结果:

<<\*\*生成的 xml 文档的输出\*\*>>

```
<?xml version="1.0" encoding="UTF-8"?>
<school><teacher><infor name="wang" age="22" sex="male">勤奋诚恳
</infor></teacher><teacher><infor name="qin" age="22" sex="female">聪明好
学
</infor></teacher></school>
```

<<\*\*逐层分析得到的数据输出\*\*>>

姓名: wang
年龄: 22
描述: 勤奋诚恳

姓名: qin
年龄: 22
描述: 聪明好学

<<\*\*来自指定路径上的输出\*\*>>
wang
qin

<<\*\*使用 Iterator 枚举所有节点\*\*>>
姓名: wang
年龄: 22
描述:
姓名: qin
年龄:
描述:

<<\*\*使用 Iterator 找到并修改 wang 的年龄\*\*>>
我们找到了: wang
22
修改前的年龄: 22
修改后的年龄: 27
姓名: wang
年龄: 27
描述: 勤奋诚恳
姓名: qin
年龄: 22
描述: 聪明好学

&lt;&lt;\*\*递归访问\*\*&gt;&gt;访问一个 Element 对象：teacher

访问一个 Element 对象：infor

找到一个 infor

访问的 node 不是一个 Element 对象：org.dom4j.tree.DefaultText@11ddcde [Text: "勤奋诚恳"]

访问一个 Element 对象：teacher

访问一个 Element 对象：infor

找到一个 infor

访问的 node 不是一个 Element 对象：org.dom4j.tree.DefaultText@18fb1f7 [Text: "聪明好学"]

## 7.1.5  ResultSetMetaData 与 DataBaseMetaData

在实际应用中，有时需要反向获得数据库的信息，也就是得到连接后反向获得数据库驱动、用户名等信息，或者是从得到的 resultset 对象获得数据表的信息。这时我们就要借助于 ResultSetMetaData 和 DataBaseMetaData，这里着重介绍前者。

我们可以使用 getMetaData()方法从 ResultSet 对象中得到 ResultSetMetaData 对象，然后从 ResultSetMetaData 对象获得例如列数、某列的列名、类型等信息。

下面来看一个示例程序。

首先建立一个简单的表：

```
teacherInfor.sql
CREATE TABLE teacherInfor (
    name  VARCHAR2(20) NULL,
    age   INTEGER NULL,
    sex   CHAR(18) NULL
);
```

然后测试下面的程序(testMetaData.java)：

```
package xmlForDB;
import java.sql.*;
/**
 * <p>Title: xml 与 db 数据互访</p>
 * <p>Description: </p>
 * <p>Copyright: Copyright (c) 2007</p>
 * <p>Company: </p>
 * @author 王长松 秦琴
 * @version 1.0
 */
public class testMetaData {
  public testMetaData() {
  }
  public static void main(String[] args) {
  try
  {
    mydb m=new mydb();
    ResultSet rs = m.executeQuery("select * from teacherInfor");
    ResultSetMetaData rsmd = rs.getMetaData();
/*
```

获得 ResultSetMetaData 对象。所有方法的参数都是列的索引号，
即第几列，从 1 开始。
```
    */
        System.out.println("\n<<**ResultSetMetaData 的常用方法**>>");
        System.out.println("获得该 ResultSet 所有列的数目 " +
rsmd.getColumnCount());
        for(int i=1;i<=rsmd.getColumnCount();i++)
        {
        System.out.println("\n");
        /*需要写入 xml 的项*/
        System.out.println(i+"列的名称: " + rsmd.getColumnLabel(i));
        /*需要写入 xml 的项*/
        System.out.println(i+"列的类型" + rsmd.getColumnTypeName(i));
        System.out.println(i+"列的类型编码" + rsmd.getColumnType(i));
        System.out.println(i+"列的数据类型对应的类: " +
rsmd.getColumnClassName(i));
        /*需要写入 xml 的项*/
        System.out.println(i+"列在数据库允许的大小: " +
    rsmd.getColumnDisplaySize(i));
        System.out.println(i+"列数字的精确度或字符的长度: " +
rsmd.getPrecision(i));
        System.out.println(i+"列小数点后的位数:" + rsmd.getScale(i));
        System.out.println(i+"列是否自动增加: " + rsmd.isAutoIncrement(i));
        System.out.println(i+"列是否可以为空: " + rsmd.isNullable(i));
        /*不常用信息*/
        System.out.println(i+"列是否为只读: " + rsmd.isReadOnly(i));
    System.out.println(i+"列能否作为条件出现在 SQL 语句的 where 部分: " +
    rsmd.isSearchable(i));
        System.out.println(i+"列的 Catalog 名字: " + rsmd.getCatalogName(i));
        System.out.println(i+"列的模式:" + rsmd.getSchemaName(i));
        }
    }
    catch (Exception ex) {
      ex.printStackTrace();
    }
    }
    }
}
```

得到输出：

<<**ResultSetMetaData 的常用方法**>>

获得该 ResultSet 所有列的数目 3

1 列的名称: NAME
1 列的类型 VARCHAR2
1 列的类型编码 12
1 列的数据类型对应的类: java.lang.String
1 列在数据库允许的大小: 20
1 列数字的精确度或字符的长度: 20
1 列小数点后的位数:0

1 列是否自动增加：false
1 列是否可以为空：1
1 列是否为只读：false
1 列能否作为条件出现在 SQL 语句的 where 部分：true
1 列的 Catalog 名字：
1 列的模式：

2 列的名称：AGE
2 列的类型 NUMBER
2 列的类型编码 2
2 列的数据类型对应的类：java.math.BigDecimal
2 列在数据库允许的大小：22
2 列数字的精确度或字符的长度：38
2 列小数点后的位数：0
2 列是否自动增加：false
2 列是否可以为空：1
2 列是否为只读：false
2 列能否作为条件出现在 SQL 语句的 where 部分：true
2 列的 Catalog 名字：
2 列的模式：

3 列的名称：SEX
3 列的类型 CHAR
3 列的类型编码 1
3 列的数据类型对应的类：java.lang.String
3 列在数据库允许的大小：18
3 列数字的精确度或字符的长度：18
3 列小数点后的位数：0
3 列是否自动增加：false
3 列是否可以为空：1
3 列是否为只读：false
3 列能否作为条件出现在 SQL 语句的 where 部分：true
3 列的 Catalog 名字：
3 列的模式：

另外，DataBaseMetaData 可以从 Connection 对象获得，代码如下：

```
/*创建连接*/
Connection con=DriverManager.getConnection(url,user,password);
/*从连接对象获得 DatabaseMetaData 对象*/
DatabaseMetaData dbMetaData = con.getMetaData();
/*得到建立该连接使用的用户名*/
System.out.println("用户名:"+dbMetaData.getUserName());
…
```

# 7.2  需求与设计

## 1. 需求

我们知道，我国银行业正面临着数据大集中的问题。所谓数据大集中就是指将原本分布在不同系统的数据集中起来。传统银行业分布式、以部门为单位、网点独立的运营模式及计算机系统分布带来了很多不便，其中最突出的是数据分散，这种分散不单单表现在物理介质的差异，更重要的是平台的差异、数据定义逻辑上的不同。一个银行内部的平台尚不统一，更不用说银行间、行业间了。

XML 的跨平台性正好迎合了数据大集中的需求。本程序中我们要实现的是将数据库中的数据读出来，存放在一个 XML 文件中。要求只要提供数据表名称一个参数，就可以转换整个数据表的数据。

**2．设计**

我们仍然选用 Oracle 数据库作为本案例的数据库。对 XML 的操作借助 dom4j 包来完成。为了让程序使用更方便、高效，基于只给定数据表名称一个参数的要求，我们使用了 resultsetMetadata 类来完成对数据表的自动获取的功能。

# 7.3　实现、解析及运行结果

## 7.3.1　对 dom4j 的封装

这个类实现了对 dom4j 的简单封装，提供了包括建立 document、添加 element、添加 attribute、查询以及其他一些辅助函数的功能，图 7-2 中给出了 myDom 类的结构与继承关系。

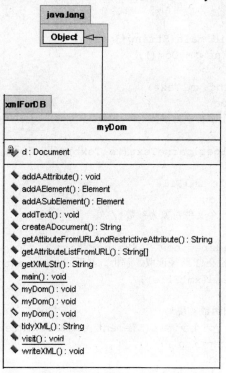

**图 7-2　myDom 类的结构与继承关系**

下面是 myDom 类的程序实现。

```
package xmlForDB;
import org.dom4j.io.*;
import org.dom4j.DocumentException;
import org.dom4j.Document;
import org.dom4j.Element;
import org.dom4j.Attribute;
import org.dom4j.Node;
import org.dom4j.DocumentHelper;
import org.w3c.dom.NodeList;
import java.io.*;
import java.util.Iterator;
import java.util.List;

/**
 * <p>Title: xml 与 db 数据互访</p>
 * <p>Description:dom4j 的封装 </p>
 * <p>Copyright: Copyright (c) 2007</p>
 * <p>Company: </p>
 * @author 王长松 秦琴
 * @version 1.0
 */
public class myDom {
  /*我们用一个 document 表示一个 DB*/
  private Document d;
  public myDom() {
  }
  public static void main(String[] args) {
    myDom myDom1 = new myDom();
  }
public myDom (String xmlText)
    throws Exception
  /*这个构造函数以一个字符串为参数*/
  {
    d = DocumentHelper.parseText(xmlText);
  }
  public myDom (File xmlFile)
    throws Exception
   /*这个构造函数以一个文件对象为参数*/
  {
    SAXReader reader = new SAXReader();
    /*对文件系统中的 xml 路径读取、解析，并返回 Document 的对象*/
    d = reader.read(xmlFile);
  }
/*遍历整个文件,用递归函数实现*/
  public static  void visit(Element element,InterfaceForRecursion inter)
      throws Exception
    {
            int  size = element.nodeCount();
            for (int i=0;i < size; i++)
            {
                Node node = element.node(i);
```

```
/*
```

为了增加函数的通用性,这里我们使用了接口 InterfaceForRecursion 的 deal 函数来处理 node,具体 deal 函数内容由实现接口的类完成.

```
*/
                    visit((Element) node,inter);
                    if (node instanceof Element)
                    {
                     System.out.print("访问一个 Element 对象：");
                     inter.deal(node);
                    } else
                    {
                     System.out.print("访问的 node 不是一个 Element 对象：");
                     System.out.println(node);
                    }
                }
            }
        public String[] getAttributeListFromURL(String url)
        {
         /*得到某个属性的队列*/
         //List list = d.selectNodes("/school/teacher/infor/@name" );
         List list = d.selectNodes(url);
         if(list.size()>0)
         {
         String[] result=new String[ list.size()];
         Iterator iter = list.iterator();
         System.out.println("\n<<**来自指定路径上的输出**>>");
         int i=0;
         while(iter.hasNext())
         {
           Attribute attribute = (Attribute)iter.next();
           System.out.println(attribute.getValue());
           result[i]=attribute.getValue();
           i++;
         }
         return result;
         }
         else
         {
           return null;
         }
        }
        public  String getAttibuteFromURLAndRestrictiveAttribute (String
url,String
     restrictiveAttribute , String value,String attribute)
     /*
```

根据路径、约束属性的值得到我们想要的属性值。
restrictiveAttribute 应该是 ID(主键),不然会返回第一个满足条件的元素的 attribute
属性。

```
     */
        {
         /*在给定的 URL 这一级*/
```

```
       List list = d.selectNodes(url);
    if(list.size()>0)
     {
            Iterator iter = list.iterator();
            int i=0;
      while(iter.hasNext())
      {
        Element element = (Element)iter.next();
        String aValue =
element.attribute(restrictiveAttribute).getValue();
        if( aValue.equals(value))
         {
         System.out.println("我们找到了满足条件的元素："+aValue);
         String ageStr=element.attribute(attribute).getValue();
         if( ageStr!=null)
         {
           return element.attribute(attribute).
             getValue();
         }
         else
         {
           return null;
         }
        }
     }
     return null;
     }
    else
    {
       return null;
    }
}
public String createADocument()
throws Exception
/*创建一个 Document 的对象*/
{
  /*首先由 DocumentHelper 创建一个 document 对象*/
  d=DocumentHelper.createDocument();
  return   d.asXML();
}
public Element addAElement(String elementName )
throws Exception
{
   /*创建文档的一个名称为 elementName 的新元素*/
   Element root=d.addElement(elementName);
  return root;
}
public Element addASubElement(Element pElement ,String
subElementName)
throws Exception
{
```

```
        /*创建文档的一个名称为 elementName 的新元素*/
        Element root=pElement .addElement(subElementName);
       return root;
      }
    public void addAAttribute(Element element,String
attriName,String attriValue)
      throws Exception
      {
        /*为 infor 节点添加属性:*/
        element.addAttribute(attriName,attriValue);
      }
    public void addText(Element element,String value)
      throws Exception
      {
        /*为 infor 节点添加值:*/
        if(value==null)
        {
          value="null";
        }
        element.addText(value);
        }
    public String getXMLStr()
    throws Exception
    /*得到 document 的字符串*/
    {
      return d.asXML();
    }
    public void writeXML(String path)
    throws Exception
    /*将 document 写入文件 path*/
    {
      FileWriter out = new FileWriter(path);
      d.write(out);
      out.close();
    }
    public String tidyXML(String xml)
    throws Exception
    /*使生成的 xml 文档看起来更加条理*/
    {
      String newXml=xml.replaceAll("<","\n<");
    return newXml;
    }
  }
```

## 7.3.2　对 JDBC 的封装

　　对 JDBC 的封装类已经提及多次，这里就不再赘述。图 7-3 中给出了 mydb 类的结构与继承关系。

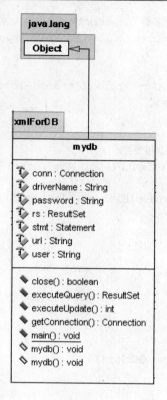

图 7-3 mydb 类的结构与继承关系

下面给出 mydb 类的程序实现。

```java
package xmlForDB;
import java.sql.*;

/**
 * <p>Title: xml 与 db 数据互访</p>
 * <p>Description: </p>
 * <p>Copyright: Copyright (c) 2007</p>
 * <p>Company: </p>
 * @author 王长松 秦琴
 * @version 1.0
 */

public class mydb
{
String driverName
="oracle.jdbc.driver.OracleDriver";//("oracle.jdbc.driver.OracleDriver");
Connection conn = null;
Statement stmt = null;
ResultSet rs = null;
String url="jdbc:oracle:thin:@localhost:1521:NEWS";
// NEWS 是你的 SID
String user ="system";
// system 替换成你自已的数据库用户名
```

```
String password = "wszdanqq";
//"jdbc:mysql://localhost/mdv1?user=root&password=2356236";
public mydb() throws Exception
{
//Class.forName(driverName);
Class.forName("oracle.jdbc.driver.OracleDriver");
}
public mydb(String driverName,String urlp,String userp,String passwordp)
   throws Exception
{
Class.forName(driverName);
url=urlp;
user=userp;
password=passwordp;
}
public Connection getConnection() throws SQLException
{
conn = DriverManager.getConnection(url,user,password);
return conn;
}
public ResultSet executeQuery(String sql) throws SQLException
{
conn = DriverManager.getConnection(url,user,password);
/*设置参数，使得 Statement 是可滚动、可动态更新的*/
Statement stmt = conn.createStatement(ResultSet.TYPE_SCROLL_SENSITIVE ,
ResultSet.CONCUR_READ_ONLY ) ;
ResultSet rs = stmt.executeQuery(sql);
return rs;
}
public int executeUpdate(String sql) throws SQLException
{
conn = DriverManager.getConnection(url,user,password);
Statement stmt = conn.createStatement() ;
int a = stmt.executeUpdate(sql);
return a;
}
public boolean close() throws SQLException
{
if (rs!=null) rs.close();
if (stmt!=null) stmt.close();
if (conn!=null) conn.close();
return true;
}
public static void main(String[] args) {
 try{
   mydb md = new mydb();
   ResultSet rs= md.executeQuery("select * from teacher");
   while(rs.next())
   {
   String name=rs.getString("name");
   System.out.println("name:"+name);
```

```
        }
        System.out.println(""+rs.getRow());
        md.close();
      }
    catch ( Exception e)
      {
        e.printStackTrace();
      }
    }
  }
```

### 7.3.3　数据转换

　　在这个类中，我们实现了将数据库中的数据转化成 XML，并预留了 deal 方法，供读者实现反向地将 XML 数据插入 DB 的操作。图 7-4 中给出了 DBToXml 类的结构与继承关系。

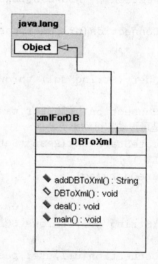

图 7-4　DBToXml 类的结构与继承关系

下面是 DBToXml 类的程序实现。

```java
package xmlForDB;

import java.sql.*;
import org.dom4j.Node;
import org.dom4j.Element;
import org.dom4j.Attribute;

/**
 * <p>Title: xml 与 db 数据互访</p>
 * <p>Description: </p>
 * <p>Copyright: Copyright (c) 2007</p>
 * <p>Company: </p>
 * @author 王长松 秦琴
```

```
 * @version 1.0
 */

public class DBToXml  implements InterfaceForRecursion{
  public DBToXml() {
  }
  public static void main(String[] args)
  {
    DBToXml dtx=new DBToXml();
    String xml= dtx.addDBToXml("teacherInfor");
    System.out.print(xml);
  }
public void deal(Node n )
  {
  /*
    deal 是对 InterfaceForRecursion 中 deal 方法的实现。
    在 myDom 中，当对 xml 文件进行遍历时会调用该函数，
    篇幅所限这里我们只是展现一种思路，
    读者可以实现方法的内容，
    在遍历到合适位置时将 xml 数据插入数据库，
    这个位置可以是：深度达到一个表的一行的深度时就可以插入数据库了
  */
  }
public String addDBToXml( String  table)
  /*将 DB 中的数据添加到 xml 中去*/
  {
    try
    {
      mydb md = new mydb();
      ResultSet rs = md.executeQuery("select * from " + table);
      myDom dom = new myDom();
      dom.createADocument();
      Element tableEle = dom.addAElement("table");
      dom.addAAttribute(tableEle, "name", table);
      ResultSetMetaData rsmd = rs.getMetaData();
      /*遍历每一行的数据*/
      int rowNo=0;
      while (rs.next())
      {
        /*添加一个行元素*/
        Element row= dom.addASubElement(tableEle, "row");
        dom.addAAttribute(row,"NO",""+rowNo);
        for (int i = 1; i <= rsmd.getColumnCount(); i++)
        {
          /*遍历每一列,并添加域/列元素*/
          /*需要写入 xml 的项*/
          Element field= dom.addASubElement(row, "field");
          String rowName=rsmd.getColumnLabel(i);
          System.out.println(i + "列的名称: " + rowName);
          String type= rsmd.getColumnTypeName(i);
          String value="";
```

```
                  if(type.equals("CHAR")|type.equals("VARCHAR2"))
                  {
                    value=rs.getString(rowName);
                  }
                  else
                  {
                    if(type.equals("NUMBER"))
                    {
                      value=""+rs.getInt (rowName);
                    }
                    else
                    {
                      /*……其他的读者可以自己添加……*/
                      value="类型不包括在预置类型范围内";
                    }
                  }
                  dom.addAAttribute (field,"name",rowName);
                  System.out.println(i + "列的类型" + rsmd.getColumnTypeName(i));
                  dom.addAAttribute (field,"type",rsmd.getColumnTypeName(i));
                  System.out.println(i + "列在数据库允许的大小: " +
                  rsmd.getColumnDisplaySize(i));
                  dom.addAAttribute
(field,"size",""+rsmd.getColumnDisplaySize(i));
                  dom.addText(field,value);
                }
            rowNo++;
        }
            return dom.tidyXML(dom.getXMLStr());
        }
      catch(Exception e)
      {
        e.printStackTrace();
        return  e.toString();
      }
    }
  }
```

## 7.3.4  转换与显示

这个类继承于 Jframe，提供了表名的输入域，提交后，显示转换好的 XML 文档内容。我们将拿几个数据库表测试，包括我们建立的新表及 Oracle 系统本身的数据表。图 7-5 中给出了 converseWin 类的结构与继承关系。

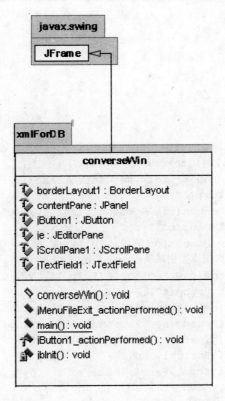

图 7-5　converseWin 类的结构与继承关系

下面是 converseWin 类的程序实现。

```java
package xmlForDB;

import java.awt.*;
import java.awt.event.*;
import javax.swing.*;

/**
 * <p>Title: xml 与 db 数据互访</p>
 * <p>Description: </p>
 * <p>Copyright: Copyright (c) 2007</p>
 * <p>Company: </p>
 * @author 王长松 秦琴
 * @version 1.0
 */

public class converseWin extends JFrame {
  JPanel contentPane;
  BorderLayout borderLayout1 = new BorderLayout();
  JTextField jTextField1 = new JTextField();
  JButton jButton1 = new JButton();
  JScrollPane jScrollPane1 = new JScrollPane();
  JEditorPane je = new JEditorPane();
  //Construct the frame
```

```java
    public converseWin() {
      try {
        jbInit();
      }
      catch(Exception e) {
        e.printStackTrace();
      }
    }
    //Component initialization
    private void jbInit() throws Exception  {
      contentPane = (JPanel) this.getContentPane();
      jTextField1.setText("");
      jTextField1.setBounds(new Rectangle(10, 10, 101, 25));
      contentPane.setLayout(null);
      this.setSize(new Dimension(600, 500));
      this.setTitle("数据库数据转换成 xml 文档");
      jButton1.setBounds(new Rectangle(122, 11, 93, 25));
      jButton1.setText("submit");
      jButton1.addActionListener(new  testWin_jButton1_actionAdapter(this));
      jScrollPane1.setBounds(new Rectangle(10, 40, 560, 400));
      contentPane.add(jTextField1, BorderLayout.NORTH);
      contentPane.add(jButton1, null);
      contentPane.add(jScrollPane1, null);
      jScrollPane1.getViewport().add(je, null);
    }
    //File | Exit action performed
    public void jMenuFileExit_actionPerformed(ActionEvent e) {
      System.exit(0);
    }
    void jButton1_actionPerformed(ActionEvent e)
    {
      try
      {
      String text =jTextField1.getText();
      DBToXml dbtx=new DBToXml();
      String xml= dbtx.addDBToXml(text);
      je.setText (xml);
    }
      catch(Exception ex)
      {
        ex.printStackTrace();
      }
    }
    public static void main(String[] args )
    {
      converseWin tw=new converseWin();
      tw.show(true);
    }
  }
  class testWin_jButton1_actionAdapter implements
java.awt.event.ActionListener {
```

```
converseWin adaptee;
testWin_jButton1_actionAdapter(converseWin adaptee) {
  this.adaptee = adaptee;
}
public void actionPerformed(ActionEvent e) {
  adaptee.jButton1_actionPerformed(e);
}
}
```

现在我们测试一下这个程序：

首先建立一个数据表 teacherInfor：

```
CREATE TABLE teacherInfor (
     name              VARCHAR2(20) NULL,
     age               INTEGER NULL,
     sex               CHAR(18) NULL
);
```

插入两条记录：

```
insert into teacherInfor  values('王长松',23,'男');
insert into teacherInfor  values('秦琴',23,'女');
```

运行 converseWin.java，如图 7-6 所示。

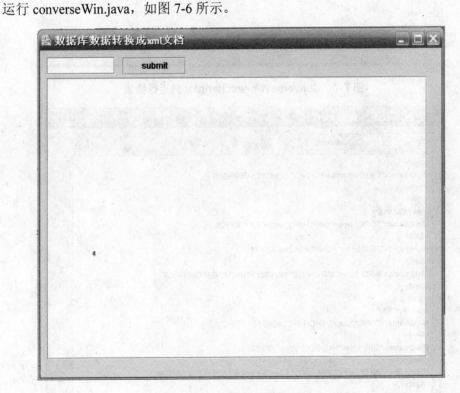

图 7-6　converseWin.Java 的运行界面

　　输入表名称 teacherInfor，单击 submit 按钮，得到结果，我们可以看到数据被非常规整地写入 XML，这个文件在不同平台将是通用的，这也就解决了数据大集中遇到的跨平台这个棘手的问题。为了验证我们实现了只提供表名称一个参数，就能实现自动转换的目标，我们输入 help，help 表格是 Oracle 自带的系统表格，我们事先不知道关于它的任何结构信息。提交后运行结果如图 7-7 和图 7-8 所示，由此看来，我们的目标已经实现。

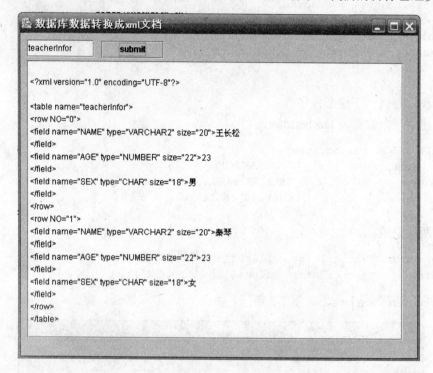

图 7-7　ConverseWin-teacherInfor 的运行结果

图 7-8　ConverseWin-help 的运行结果

# 第 8 章  hibernate——社团活动管理

这一章，我们将举一个十分简单的案例，目的是为读者展示 hibernate 技术的配置、开发、运行及 hibernate 与 JSP 技术的结合。

## 8.1　知识准备

### 8.1.1　中间件——hibernate

hibernate 是 Java 连接应用程序和关系型数据库的桥梁，是一个中间件产品，是对更底层的 JDBC 的封装。所谓中间件是处于应用软件与系统软件之间，而且独立于应用软件及系统软件。例如在分布式环境下的中间件，负责管理数据和通信，它可以使应用软件的开发效率和程序质量大大提高。中间件一般分为数据访问中间件、远程调用中间件、消息中间件、交易中间件、对象中间件等。

一般情况下的中间件满足以下几个要求：

- 向上为应用提供充分的、透明的支持；
- 向下与多种操作系统平台良好兼容；
- 支持各种标准协议及接口。

使用 hibernate 的好处主要如下：

- 实现数据库平台无关，也就是一次开发多次部署；
- 提高开发效率，可以使用很少的代码量解决很多的操作，开发效率高于直接使用 JDBC。

但是出于灵活性、程序效率的考虑，hibernate 往往仅适用于中小型企业开发，并不能很好地满足大项目开发的要求。可能有些人发现使用 hibernate 和直接使用 JDBC 相比，前者似乎效率高出不少，那是因为 hibernate 使用了 batch、fetch 等缓存机制，而直接使用 JDBC 时我们却没有有意识地去使用它们。

### 8.1.2　hibernate 环境配置

下面，我们将结合一个简单的示例程序讲解 hibernate 的基本应用。

首先，登录 www.hibernate.org，下载所需要的压缩文件，我们选用的是 3.2.5 版本。下载后解压即可，在解压后的文件夹中，我们需要的是 hibernate3.jar 和 lib 文件夹中的库文件(见图 8-1)。下面介绍几个常用的包，包括完成 hibernate 操作必需的包(见表 8-1)和几个可选的包(见表 8-2)。

图 8-1　hibernate 解压后的文件

表 8-1　必备包

| 程 序 包 | 功　　能 |
| --- | --- |
| hibernate3.jar | hibernate 的核心库，实现 hibernate 常用操作，是一个必需的包 |
| dom4j-1.6.1.jar | 是 Java 操作 XML 文件的一个很完善的 API，使用简便、功能强大、性能优越，正因如此，hibernate 项目才选用它来完成读写配置文件这个要求苛刻的任务。我们在后面章节会详细介绍这个包是如何操作 XML 文件的 |
| cglib-2.1.3.jar | 主要负责 PO 字节码动态生成，也是 hibernate 的核心 |
| commons-collections-2.1.1.jar | Apache 开发的一个包，类似于 Java 的 util 包，但是功能更强大 |
| commons-logging.jar | 完成日志功能，Apache 的 log4j 比 Sun 开发的 java.util.logging 性能优越得多 |

表 8-2　可选包

| 程 序 包 | 功　　能 |
| --- | --- |
| c3p0-0.9.1.jar | 它提供支持一个数据库连接池，如果用户配置时使用 C3PO 连接池，就必须加载这个包 |
| proxool.jar | 与上面类似，支持另外一个连接池 |
| ant-1.6.5.jar | 可以用来编译 hibernate 源代码的包 |
| junit-3.8.1.jar | 运行 hibernate 示例代码时需要的包 |

　　其他的包这里就不再一一解释，读者可以参考相关资料。另外，hibernate 还自带一个包含示例程序的 test 文件夹和一个包含配置模板的 etc 文件夹，读者可以参阅。

## 8.1.3　hibernate.Properties 配置文件

下面我们首先进行配置，hibernate 有两种配置文件，一种是 properties 文件 (hibernate.properties)，另一种是 XML 文件(hibernate.cfg.xml)，相比之下后者较为方便，但是，其配置项及其作用与 properties 文件是一样的。下面首先介绍 properties 文件的配置。

首先简单介绍一下 hibernate.properties 文件的配置，我们打开在 hibernate 解压目录下的\hibernate-3.2\etc 文件夹，其中有所需的几个配置文件的模板(见图 8-2)。

图 8-2　配置文件模板

我们找到 hibernate.properties 文件，然后用写字板即可打开，里面以 true、false 或 C、R、U、D(C = create, R = read, U = update, D = delete)来设置各项参数，非常直观。

该文件里面有各种数据库的设置模板，我们从中找到 Oracle 数据库对应的一段设置，下面解释其中部分参数的含义：

```
## Oracle(#为注释部分)
#数据库有其自己的方言，这里是设置Oracle的方言
hibernate.dialect org.hibernate.dialect.OracleDialect
hibernate.dialect org.hibernate.dialect.Oracle9Dialect

#数据库驱动的配置
hibernate.connection.driver_class oracle.jdbc.driver.OracleDriver

#设置用户名、密码
hibernate.connection.username ora
hibernate.connection.password ora

#配置数据库连接路径
hibernate.connection.url jdbc:oracle:thin:@localhost:1521:orcl
```

```
hibernate.connection.url jdbc:oracle:thin:@localhost:1522:XE
```

```
#还有下面一些有用的参数设置:
#配置连接池的大小
hibernate.connection.pool_size 1
hibernate.statement_cache.size 25
```

```
#下面的设置对于调试程序很有用，它的设置决定是否将 hibernate 发送给数据库的 SQL
#打印出来，建议设置成 true。
hibernate.show_sql true
```

下面两个选项对于性能有很大的影响:

```
hibernate.jdbc.fetch_size 50
hibernate.jdbc.batch_size 25
```

fetch_size 设置的是每次从数据库中取出的记录条数，也就是说并不一定要一次将所有的数据一起取出来。很显然，如果 fetch_size 设置的比较大就意味着会减少数据库读取的次数，时间效率较高，但是却会占用更大的内存空间；反之，会提高空间效率，减少时间效率。这也反映了计算机领域经常遇到的一个规律：时间效率和空间效率只能权衡取舍，很难两者兼顾。当然，并非所有数据库都支持 fetch 特性，例如像 MySQL 这种小型数据库就不支持。

batch_size 则是设置批量操作时每批次的大小，它同样是通过减少数据库访问次数来提高效率的，这里不再赘述。

下面的设置就牵涉到我们前几章提及的可滚动性了，这里也不再赘述。

```
hibernate.jdbc.use_scrollable_resultset true
```

其他参数设置请查阅相关资料。

## 8.1.4 XML 配置文件

hibernate.cfg.xml 的配置较为直观，其中参数的含义也基本都在 properties 文件中已经介绍过。下面给出一个 XML 配置文件及其注释。

```xml
<?xml version='1.0' encoding='gb2312'?>
<!DOCTYPE hibernate-configuration PUBLIC
"-//Hibernate/Hibernate Configuration DTD 3.0//EN"
"http://hibernate.sourceforge.net/hibernate-configuration-3.0.dtd">

<hibernate-configuration>
 <session-factory>
  <!--配置数据库路径-->
  <property name="connection.url">jdbc:oracle:thin:@localhost:1521:NEWS
</property>
  <!--每种数据库都有自己的"方言"，下面是配置数据库方言-->
  <property name="dialect">org.hibernate.dialect.Oracle9Dialect
</property>
```

```
<!--配置数据库驱动-->
<property
name="connection.driver_class">oracle.jdbc.driver.OracleDriver</property>
    <property name="show_sql">true</property>
    <!--用户名-->
    <property name="connection.username">system</property>
    <!--密码-->
    <property name="connection.password">wszdanqq</property>
    <!--关系到性能的几个参数-->
    <property name="hibernate.max_fetch_depth">10</property>
    <property name="hibernate.cache.use_query_cache">true</property>
    <property name="hibernate.jdbc.batch_size">0</property>
    <propertyname="hibernate.cache.provider_class">
org.hibernate.cache.EhCacheProvider
</property>
    <!--指明映射文件的位置-->
    <!--a/b/hibernate.hbm.xml -->
    <mapping resource="hibernate.hbm.xml" />
 </session-factory>
</hibernate-configuration>
```

## 8.1.5　对象关系映射

下面完成一个很简单的示例。

### 1．建立数据库表

首先我们建立数据库表如下：

```
CREATE TABLE USER(
      NO   INTEGER NOT NULL,
      NAME   VARCHAR2(60) NULL,
      AGE    INTEGER NULL,
);

CREATE UNIQUE INDEX XPKUSER ON USER
(
      NO   ASC
);

ALTER TABLE USER
      ADD ( PRIMARY KEY (NO) ) ;
```

### 2．编写对应类文件

然后书写对应的类文件使之持久保存，主要包括主键 NO，和两个域 NAME、AGE，
代码如下(user.java)：

```
package hibernateProject;

public class user {
```

```
  private  Integer no;
  private  String name;
  private  Integer age;
public  Integer getNo()
{
 return no;
}
  public void setNo( Integer no)
{
  this.no=no;
}

  public String getName()
{
  return Name;
}
  public void setName( String Name)
{
  this.Name=Name;
}
}

public Integer getAge()
{
  return age;
}

public void setAge(Integer age)
{
  this.age=age;
}
}
}
```

### 3. 编写对象关系映射文件

下面我们配置映射文件 hibernate.hbm.xml。

```xml
<?xml version="1.0"?>
<!DOCTYPE hibernate-mapping SYSTEM
  "http://hibernate.sourceforge.net/hibernate-mapping-3.0.dtd">
<hibernate-mapping package="hibernateProject">
<!--类与表的关联-->
<class name="hibernateProject.user" table="USER">
<!--设置主键-->
<id name="no" column="NO">
</id>
<!--设置普通字段-->
<property name="name" column="NAME"/>
<property name="age" column="AGE"/>
</class>
</hibernate-mapping>
```

## 4．编写测试文件

```
test.java:
package hibernateProject;
import org.hibernate.*;
import org.hibernate.cfg.*;
public class test {
  public test() {
  }
  public static void main(String[] args) {
try
{
/*加载配置文件*/
SessionFactory sf =new
Configuration().configure().buildSessionFactory();
Session session = sf.openSession();
Transaction tx = session.beginTransaction();
/*插入两条记录*/
user u=new user();
u.setNo(new Integer(000001));
u.setName("王长松");
u.setAge(new Integer(100));
session.save(u);
user u1=new user();
u1.setNo(new Integer(000002));
u1.setName("秦琴");
u1.setAge(new Integer(100));
session.save(u1);

/*删除一条记录*/
user u2=new user();
u2 = (user)session.load(user.class, "000001");
session.delete(u2);

/*修改一条记录*/
user u3=new user();
u3 = (user)session.load(user.class, "000002");
u3.setAge("99");
session.flush();
/*
下面两句必须执行，hibernate 有缓存机制，如果不执行下面的，则仅仅对缓存进行了改动，数
据库不会被改变
*/
tx.commit();
session.close();
}
catch (HibernateException e)
{
e.printStackTrace();
}
```

```
    }
}
```

将两个配置文件 hibernate.cfg.xml 放在主目录下，并在其中指定映射文件的位置：

```
<!--映射文件的位置-->
<!—格式：a/b/hibernate.hbm.xml -->
<mapping resource="hibernate.hbm.xml" />
```

## 8.2　需求分析及设计

本程序简单实现了一个社团活动的统计功能，主要是为读者介绍使用 hibernate 技术进行开发的知识。图 8-3 为功能模块图，图中包含了要实现的所有功能。图 8-4 是系统的用例图，图中展示了不同的角色和角色参与的功能。

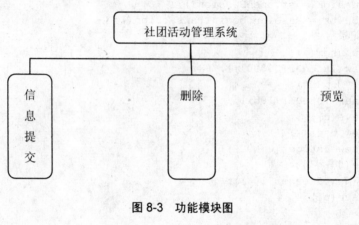

图 8-3　功能模块图

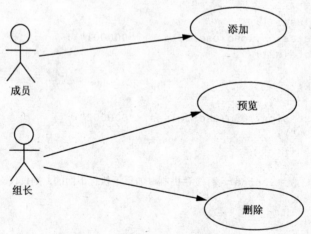

图 8-4　新闻发布系统用例图

注意，作为一个简单的实用案例，我们没有对权限加以限制，读者可以加以改进。

本系统主要的数据就是社团活动的记录，提交的记录信息被存入数据库；之后可以提供预览、删除等功能，图 8-5 是系统的顶层数据流图。

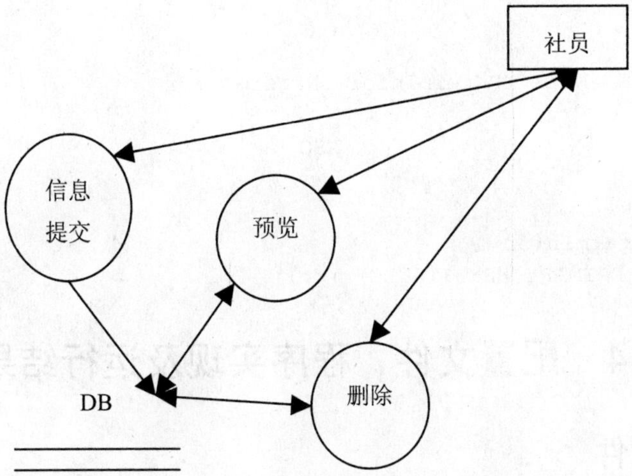

图 8-5　顶层数据流图

我们通过本案例只是想让读者了解 hibernate 知识，同时也希望读者了解 JSP 技术下 hibernate 的配置。

# 8.3　数据库设计

图 8-6 所示为 termInfor 表的结构，图中包含了所有列的名称及其类型。注意，这里 VARCHAR2 类型也是有长度限制的，一般较短的文章可以用该类型保存，如果是很长的文章就不行了。

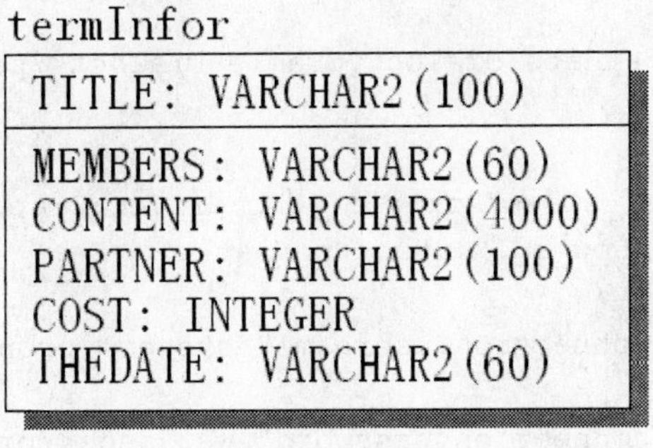

图 8-6　termInfor 表的结构

根据 E-R 图，我们在数据库中创建如下数据表：

```
termInfor.sql 文件
CREATE TABLE termInfor (
    TITLE               VARCHAR2(100) NOT NULL,
    MEMBERS             VARCHAR2(60) NULL,
    CONTENT             VARCHAR2(4000) NULL,
    PARTNER             VARCHAR2(100) NULL,
    COST                INTEGER NULL,
    THEDATE             VARCHAR2(60) NULL
```

```
);

CREATE UNIQUE INDEX XPKtermInfor ON termInfor
(
        TITLE                         ASC
);

ALTER TABLE termInfor
        ADD ( PRIMARY KEY (TITLE) ) ;
```

# 8.4  配置文件、程序实现及运行结果

## 8.4.1  配置文件

hibernate.cfg.xml 为配置文件，其内容如下：

```xml
<?xml version='1.0' encoding='gb2312'?>
<!DOCTYPE hibernate-configuration PUBLIC
        "-//Hibernate/Hibernate Configuration DTD 3.0//EN"
"http://hibernate.sourceforge.net/hibernate-configuration-3.0.dtd">

<hibernate-configuration>
 <session-factory>
  <!--配置数据库路径-->
  <property
name="connection.url">jdbc:oracle:thin:@localhost:1521:NEWS</property>
  <!--每种数据库都有自己的"方言"，下面是配置数据库方言-->
  <property
name="dialect">org.hibernate.dialect.Oracle9Dialect</property>
  <!--配置数据库驱动-->
  <property
name="connection.driver_class">oracle.jdbc.driver.OracleDriver</property>
  <property name="show_sql">true</property>
  <!--用户名-->
  <property name="connection.username">system</property>
  <!--密码-->
  <property name="connection.password">wszdanqq</property>

  <property name="hibernate.max_fetch_depth">10</property>
  <property name="hibernate.cache.use_query_cache">true</property>
  <property name="hibernate.jdbc.batch_size">0</property>
  <property
name="hibernate.cache.provider_class">org.hibernate.cache.EhCacheProvider
  </property>
  <!--映射文件的位置-->
  <!-a/b/hibernate.hbm.xml -->
  <mapping resource="hibernate.hbm.xml" />
```

```
    </session-factory>
</hibernate-configuration>

<hibernate-mapping>
<!--类到表的关联-->
```

## 8.4.2　映射文件

hibernate.hbm.xml 为映射文件，其内容如下：

```
<class name="hibernateProject.termInfor" table="termInfor">
<!--指定主键-->
<!--
<id name="id" column="id">
</id>
-->
<!--关联普通字段，将表的字段名映射到类的属性-->
<property name="members" column="members"/>
<property name="content" column="content"/>
<property name="partner" column="partner"/>
<property name="cost" column="cost"/>
<property name="theDate" column="theDate"/>

</class>
</hibernate-mapping>
```

## 8.4.3　持久化类

下面介绍持久化类 termInfor.java。首先再简单介绍一下持久化类(persistent classes)的概念。

所谓持久化就是指将 Java 对象持久化保存，而不仅仅是将数据库映射为对象。当我们书写持久化类时，如果按照一定规范，将会大大改善其性能，所谓规范包括：

● 实现一个无参数的默认构造函数，这样一来， Constructor.newInstance()就可以被调用来实例化。

● 为持久化字段声明函数，使用 get、is、set 等规范的方法名。

● 使用非 final 类。

将一个标识属性 ID 映射到数据库表的主键，这样才能执行级联更新、合并等操作，即执行以下两个方法：Session.saveOrUpdate()，Session.merge()。

termInfor 类的结构与继承关系如图 8-7 所示。

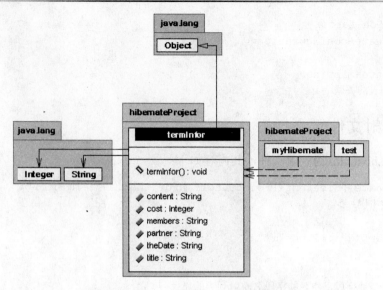

图 8-7　termInfor 类的结构与继承关系

termInfor.java 中的代码如下：

```
package hibernateProject;

/**
 * <p>Title:hibernate 案例 </p>
 * <p>Description:社团活动记录 </p>
 * <p>Copyright: Copyright (c) 2007</p>
 * <p>Company: </p>
 * @author 王长松 秦琴
 * @version 1.0
 */

public class termInfor {
 private  String members;
 private  String content;
 private  String partner;
 private  Integer  cost;
 private  String theDate;
 private  String title;
public termInfor()
 {
 }
 public String getMembers()
 {
   return members;
 }
 public void setMembers( String members)
 {
 this.members=members;
```

```
}

public String getContent()
{
  return content;
}

public void setContent(String content)
{
  this.content=content;
}

public String getPartner()
{
  return partner;
}

public void setPartner(String partner)
{
  this.partner=partner;
}

public Integer getCost()
{
  return cost;
}

public void setCost(Integer cost)
{
  this.cost=cost;
}

public String getTitle()
{
  return title;
}

public void setTitle(String title)
{
  this.title=title;
}

public String getTheDate()
{
  return theDate;
}

public void setTheDate(String theDate)
{
  this.theDate=theDate;
}
}
```

### 8.4.4  对 hibernate 的封装

类似于对 JDBC 的封装，对 hibernate 的封装也是为了使业务逻辑从烦琐的数据库操作中解脱出来，把数据库的操作影射称为一个对象，实现面向数据库向面向对象的转变。封装 hibernate 的 myHibernate 类的结构与继承关系如图 8-8 所示。

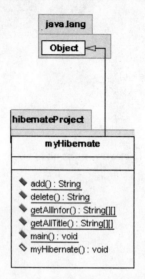

图 8-8  myHibernate.java 的结构与继承关系

myHibernate.java 中的代码如下：

```java
import java.util.List;
import java.util.Iterator;
/**
 * <p>Title: hibernate 案例</p>
 * <p>Description: hibernate 案例</p>
 * <p>Copyright: Copyright (c) 2007</p>
 * <p>Company: </p>
 * @author 王长松 秦琴
 * @version 1.0
 */
public class myHibernate {
  public myHibernate() {
  }
  public static void main(String[] args) {
/*函数调用举例*/
  //String r1 =add("title","members","partner","content",100,"date");
  //String r2 =add("title2","members","partner","content",100,"date");
  //System.out.println(r1+r2);
  //String r3 =delete("title2");
  String[][] r= getAllTitle();
  System.out.print(r.length);
  for(int i=0;i<r.length;i++)
```

```
        {
      System.out.println(r[i][0]);
      System.out.println(r[i][1]);
        }
    }
    public static String add(String title,String members,String partner,
                      String content,int cost,String date)
        {
      try{
          /*加载配置文件*/
      SessionFactory sf =new
Configuration().configure().buildSessionFactory();
      Session session = sf.openSession();
      Transaction tx = session.beginTransaction();

      termInfor ti=new termInfor();

      ti.setMembers(members);
      ti.setContent(content);
      ti.setCost(new Integer(cost));
      ti.setPartner(partner);
      ti.setTheDate(date);
      ti.setTitle(title);
      session.save(ti);
      tx.commit();
      session.close();
      return "添加成功";
        }
      catch(Exception e)
        {
        return e.toString();
        }
        }
    public static String delete( String  title)
        {
      try{
          /*加载配置文件*/
      SessionFactory sf =new
Configuration().configure().buildSessionFactory();
      Session session = sf.openSession();
      Transaction tx = session.beginTransaction();
      termInfor ti2=new termInfor();
      ti2 = (termInfor)session.load(termInfor.class, title);
      session.delete(ti2);
      tx.commit();
      session.close();
      return "删除成功"+title;
        }
      catch(Exception e)
        {
        return e.toString();
```

```
        }
    }

    public static String[][] getAllTitle()
    {
    SessionFactory sf =new Configuration().configure().buildSessionFactory();
    Session session = sf.openSession();
    Transaction tx = session.beginTransaction();
    Query q=session.createQuery("select title,theDate from termInfor");
    List l= q.list();
    Iterator it=l.iterator();
    int i=0;
        while(it.hasNext())
        {
        it.next();
        i++;
        System.out.print(" "+i);
        }
    it=l.iterator();
    String[][] r =new String[i][2];
    i--;
        while(it.hasNext())
        {
        Object[] os=(Object [])it.next();
        r[i][0]=""+os[0];
        r[i][1]=""+os[1];
        i--;
        }
    tx.commit();
    session.close();
    return r;
    }

    public static String[][] getAllInfor()
        {
    SessionFactory sf =new
Configuration().configure().buildSessionFactory();
    Session session = sf.openSession();
    Transaction tx = session.beginTransaction();
    Query q=session.createQuery("select members,content,partner,cost,title
from termInfor");
    List l= q.list();
    Iterator it=l.iterator();
    int i=0;
        while(it.hasNext())
        {
        it.next();
        i++;
        System.out.print(" "+i);
        }
    it=l.iterator();
```

```
String[][] r =new String[i][6];
i--;
    while(it.hasNext())
    {
    Object[] os=(Object [])it.next();
    r[i][0]=""+os[0];
    r[i][1]=""+os[1];
    r[i][2]=""+os[2];
    r[i][3]=""+os[3];
    r[i][4]=""+os[4];
    i--;
    }
tx.commit();
session.close();
return r;
    }
}
```

## 8.4.5 数据的录入

### 1. addARecord.jsp

实现添加一个活动信息数据条的功能，它包括主体、人员、合作方、时间、花费、内容这几项。addARecord.jsp 的运行界面如图 8-9 所示。

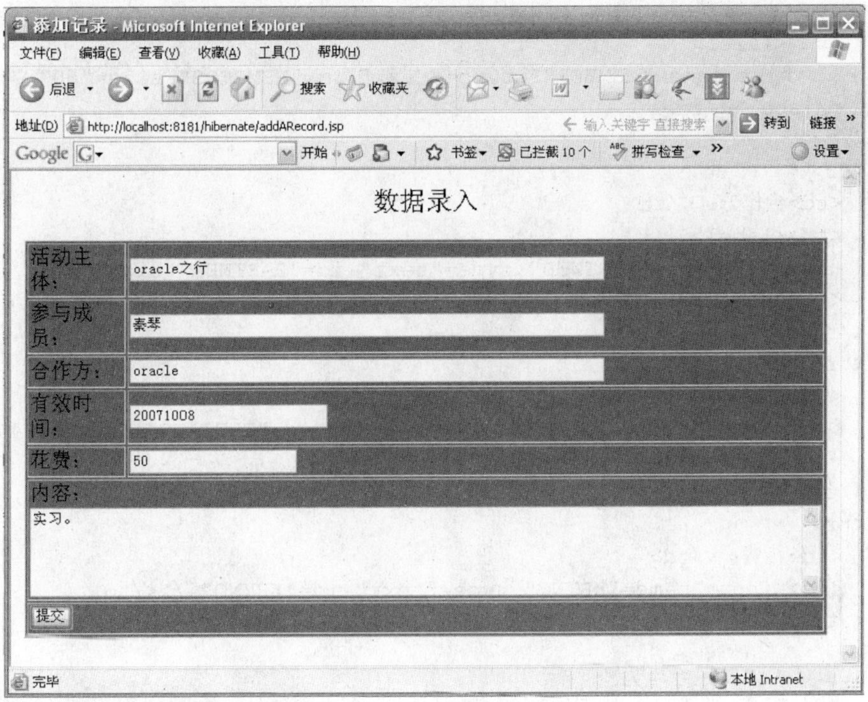

图 8-9 addARecord.jsp 的运行界面

addARecord.jsp 中的代码如下：

```
<%@ page contentType="text/html; charset=gb2312" language="java"
import="java.sql.*" errorPage="" %>
<!DOCTYPE html PUBLIC "-//W3C//DTD XHTML 1.0 Transitional//EN"
 "http://www.w3.org/TR/xhtml1/DTD/xhtml1-transitional.dtd">
<html xmlns="http://www.w3.org/1999/xhtml">
<head>
<meta http-equiv="Content-Type" content="text/html; charset=gb2312" />
<title>添加记录</title>
<style type="text/css">
<!--
.style1 {font-size: 24px}
-->
</style>
</head>
<body>
<form id="addData" name="addData" method="post"
action="addARecordDone.jsp">
  <p align="center" class="style1 style1">数据录入</p>
  <table width="624" border="1" align="center" bgcolor="#CC3300">
    <tr>
      <td width="115">活动主体: </td>
      <td width="496"><input name="TITLE" type="text" id="TITLE"
size="60" /></td>
    </tr>
    <tr>
      <td>参与成员: </td>
      <td><label>
        <input name="MEMBERS" type="text" id="MEMBERS" size="60" />
      </label></td>
    </tr>
    <tr>
      <td>合作方: </td>
      <td><label>
        <input name="PARTNER" type="text" id="PARTNER" size="60" />
      </label></td>
    </tr>
    <tr>
      <td>有效时间: </td>
      <td><input name="THEDATE" type="text" id="THEDATE"  size="24"
/></td>
    </tr>
    <tr>
      <td>花费: </td>
      <td><input name="KEYNO" type="text" id="KEYNO" /></td>
    </tr>

    <tr>
      <td colspan="2">内容:
      <textarea name="CONTENT" cols="100" rows="5"
id="CONTENT"></textarea></td>
    </tr>
```

```
  <tr>
    <td colspan="2"><label>
      <input type="submit" name="Submit2" value="提交" />
    </label></td>
  </tr>
  </table>
</form>
</body>
</html>
```

### 2．addARecordDone.jsp

addARecordDone 窗口是实际实现数据填入功能的 JSP 文件的运行结果，并且返回数据操作的信息(成功还是失败)，如图 8-10 所示。

图 8-10　addARecordDone.jsp 的运行界面

addARecordDone.jsp 中的代码如下：

```
<%@ page contentType="text/html; charset=gb2312" language="java"
import="java.sql.*" errorPage="" %>

<%@ page import="hibernateProject.myHibernate" %>
<head>
<meta http-equiv="Content-Type" content="text/html; charset=gb2312" />
<title>添加</title>
</head>
<body>
<%
 String TITLE = toChi(request.getParameter("TITLE"));
 String MEMBERS = toChi(request.getParameter("MEMBERS"));
 String PARTNER = toChi(request.getParameter("PARTNER"));
 String CONTENT = toChi(request.getParameter("CONTENT"));
 String COST = toChi(request.getParameter("COST"));
 String THEDATE = toChi(request.getParameter("THEDATE"));

 Integer COSTI=new Integer(THEDATE);
 int COSTINT=COSTI.intValue();
 String r1 =myHibernate.add
(TITLE,MEMBERS,PARTNER,CONTENT,COSTINT,THEDATE);
 out.println("操作结果: ");
```

```
 out.println(r1);
%>
<%!
public String toChi(String input) {
try {
byte[] bytes = input.getBytes("ISO8859-1");
return new String(bytes);
}catch(Exception ex) {
}
return null;
}
%>
</body>
</html>
```

### 8.4.6　预览

　　预览功能通过 show.jsp 文件实现，各个活动信息以表格呈现出来，如图 8-11 所示。我们是通过 myHibernate 对象的 getAllInfor()函数来得到的。

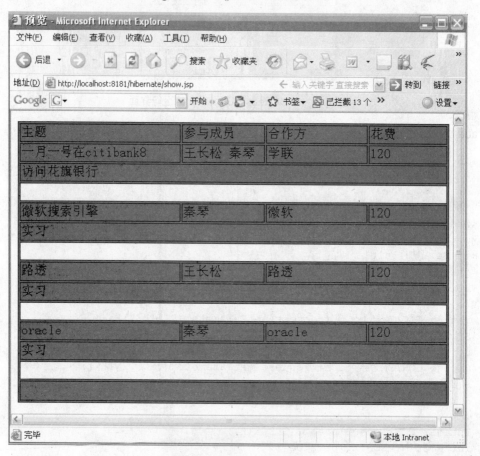

图 8-11　show.jsp 的运行界面

show.jsp 中的代码如下：

```jsp
<%@ page contentType="text/html; charset=gb2312" language="java"
import="java.sql.*" errorPage="" %>
<%@ page import="hibernateProject.myHibernate" %>
<head>
<meta http-equiv="Content-Type" content="text/html; charset=gb2312" />
<title>预览</title>
</head>
<body>
  <form id="form1" name="form1" method="post" action="deleteDone.jsp">
<table width="632" border="1" align="center"
bordercolor="#000000" bgcolor="#CC3300">
    <tr>
      <td width="233">主题</td>
      <td width="117">参与成员</td>
      <td width="143">合作方</td>
      <td width="111">花费</td>
    </tr>
    <%
  String[][] r= myHibernate.getAllInfor();
   for(int i=0;i<r.length;i++)
   {
  %>
    <tr>
      <td><%=r[i][4]%></td>
      <td><%=r[i][0]%></td>
      <td><%=r[i][2]%></td>
      <td><%=r[i][3]%></td>
    </tr>
     <tr>
      <td colspan="4"><%=r[i][1]%></td>
    </tr>
     <tr>
      <td colspan="4" bgcolor="#FFFFFF"> </td>
    </tr>
     <%
   }
  %>
    <tr>
      <td colspan="4"><label>
        <input type="submit" name="Submit" value="删除所选" />
      </label></td>
      </tr>
   </table>
    <p> </p>
  </form>
</body>
</html>
```

### 8.4.7 信息删除

#### 1. delete.jsp

删除信息是一个必要的功能，首先实现的是信息的预览，预览项包括主题和时间，选择前面的复选框，单击【删除所选】按钮即可。实现删除功能的文件为 delete.jsp，其运行界面如图 8-12 所示。

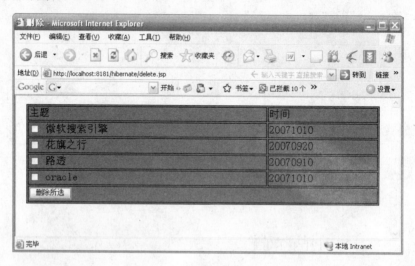

图 8-12　delete.jsp 的运行界面

delete.jsp 中的代码如下：

```jsp
<%@ page contentType="text/html; charset=gb2312" language="java"
import="java.sql.*" errorPage="" %>
<%@ page import="hibernateProject.myHibernate" %>

<head>
<meta http-equiv="Content-Type" content="text/html; charset=gb2312" />
<title>删除</title>
</head>

<body>
  <form id="form1" name="form1" method="post" action="deleteDone.jsp">
    <table width="640" border="1" align="center" bordercolor="#000000"
 bgcolor="#CC3300">
    <tr>
      <td width="403">主题</td>
      <td width="181">时间</td>
    </tr>
    <%
String[][] r= myHibernate.getAllTitle();
System.out.print(r.length);
 for(int i=0;i<r.length;i++)
 {
```

```
%>
    <tr>
      <td><label>
       <input name="deleteBox" type="checkbox" value=<%=r[i][0]%> />
        <%=r[i][0]%></label></td>
      <td><%=r[i][1]%></td>
    </tr>
      <%
  }
%>
    <tr>
      <td colspan="2"><label>
        <input type="submit" name="Submit" value="删除所选" />
      </label></td>
    </tr>
  </table>
  <p> </p>
  </form>
</body>
</html>
```

### 2. deleteDone.jsp

实际实现删除功能的是 deleteDone.jsp 文件(其运行界面如图 8-13 所示)，我们是通过 myHibernate 对象的 delete 函数来实现的。

**图 8-13　deleteDone.jsp 的运行界面**

deleteDone.jsp 中的代码如下：

```
<%@ page contentType="text/html; charset=gb2312" language="java"
import="java.sql.*" errorPage="" %>
<%@ page import="hibernateProject.myHibernate" %>
<head>
<meta http-equiv="Content-Type" content="text/html; charset=gb2312" />
<title>删除结果</title>
</head>
<body>
<%
String[] picked =request.getParameterValues("deleteBox");
  if (picked != null)
  {
```

```
        for (int i = 0;i < picked.length; i++)
    {
    out.print(": "+toChi(picked[i]));
    String r3 =myHibernate.delete(toChi(picked[i]));
    out.println(r3);
     }
 }
%>
<%!
public String toChi(String input) {
try {
byte[] bytes = input.getBytes("ISO8859-1");
return new String(bytes);
}catch(Exception ex) {
}
return null;
}
%>
</body>
</html>
```

# 第 9 章  C++连接 Oracle——学生商店 信息管理系统

## 9.1  MFC ODBC

### 9.1.1  MFC ODBC 简介

前面的章节已经介绍过 ODBC 类了，在这个小节中着重介绍 MFC ODBC 中主要的类和主要的方法，并给出应用 MFC ODBC 类的项目实例。

Microsoft 公司在 MFC 中对 Windows API 进行了有力的封装。在 MFC ODBC 中最主要的类有 CDatabase、CRecordset、CRecordView 和 CDBException 等。

#### 1. CDatabase 类

CDatabase 类的对象主要表示到数据源的连接，可操作数据源。应用程序和数据源可以是一对多的关系。再通过 CRecordset 对象来操作已连接的数据源，并将 CRecordset 构造的记录集指针传递给 CDatabase。当 CDatabase 数据源使用结束后，调用 Close()函数将CDatabase 对象毁灭。CDatabase 在事务处理上起着关键作用，可将对不同数据源更新的操作放在一起，同时提交或者不提交以确保多用户对数据源同时操作的数据正确性。一般在比较复杂的程序设计中会用到这类操作，而一般来说，CRecordset 对象可以实现大多数数据源操作的功能。

#### 2. CRecordset 类

CRecordset 类的对象代表从一个数据源读取一组记录集合，简称作记录集。记录集又分为：数据的静态视图(snapshot)和数据的动态视图(dynaset)。通过 CRecordset 对象，用户可以完成对数据库中数据的各种操作。在 Visual C++中有种类不同的记录集，用户根据自己对速度和特征的要求程度选择使用，一般来说，特征的增加会引起速度的降低。我们根据具体的应用建立用于特定应用的 CRecordset 类的导出类，一般不直接使用 CRecordset 类。当我们定义一个 CRecordset 类时，应说明相关的数据源、所要使用的表以及表中具体要用到的列。使用 ClassWizard 或者 AppWizard 时，都会自动创建到指定数据源的连接，并会重写 CRecordset 类的 GetDefaultSQL 函数返回使用的表名。CRecordset 对象使用完毕需要及时关闭并释放资源。一般来说，可以通过使用 CRecordset 对象完成如下任务：

- 查看当前记录的数据域。
- 对记录集进行过滤和排序。
- 定制默认的 SQL SELECT 语句。
- 在选出记录集中移动记录指针。

- 增加、删除、更新记录。
- 刷新记录集。

### 3. CRecordView 类

CRecordView 类的对象负责在空间中显示数据库记录。CRecordView 类的对象通过 DDX(对话框数据交换)和 RFX(记录域交换)机制,使格式上的控件和记录集的字段之间数据移动自动化。CRecordView 的对象从对话框的模板资源创建,并将 CRecordset 对象的字段显示在对话框模板的控件中。MFC 中 Appwizard 有两个选项支持基于 FORM 的数据访问,每一种都产生一个 CRecordView 或者 CDaoRecordView 类的导出类及一个文档。

CDBException 类是从 CException 类派生出来的,并从 CException 类继承来 3 个成员变量 m_nRetCode、m_strError 和 m_strStateNativeOrigin。其中 m_nRetCode 字符串以 ODBC 返回代码 SQL_RETURN 的形式表明造成异常的原因,m_strError 字符串描述造成抛出异常的错误原因,m_strStateNativeOrigin 字符串用以描述以 ODBC 错误代码表示的异常错误。MFC 数据库类成员函数都能抛出 CDBException 类型异常,程序员需要在代码中对数据库进行操作后检测异常的动作。

## 9.1.2 MFC 连接 ODBC 示例

在前面的章节中已经介绍了 ODBC 数据源的配置,这里我们不再赘述。下面给出此例中用到的数据源 mdb_student(一个学校的数据库)中学生商店部分的数据表,如表 9-1 所示。

表 9-1 SH.SALES 内容

| Column Name | ID | Pk | Null? | Data Type | Default | Histogram | 字段说明 |
|---|---|---|---|---|---|---|---|
| PROD_ID | 1 | | N | NUMBER (6) | | Yes | 商品编号 |
| CUST_ID | 2 | | N | NUMBER | | Yes | 消费者代号 |
| TIME_ID | 3 | | N | DATE | | Yes | 购买时间 |
| CHANNEL_ID | 4 | | N | CHAR (1 Byte) | | Yes | 购买途径 |
| PROMO_ID | 5 | | N | NUMBER (6) | | Yes | 促销代号 |
| QUANTITY_SOLD | 6 | | N | NUMBER (3) | | Yes | 销售数量 |
| AMOUNT_SOLD | 7 | | N | NUMBER (10,2) | | Yes | 销售金额 |

对 SH.SALES 表格的说明:PROD_ID 的取值不得超出 SH.PRODUCTS 中 PROD_ID 的范围。对 CUST_ID 的取值不得超出 SH.CUSTOMS 中 CUST_ID 的范围。TIME_ID 是一个 DATE 类型的时间戳,取值为该商场的工作时间。CHANNEL_ID 的取值范围在 SH.CHANNELS 中进行维护。PROMO_ID 代表该商品是否参与某次促销,其取值范围在 SH.PROMOTIONS 中进行维护。

下面进行 MFC 连接 ODBC 的数据库应用程序:打开 Visual C++6.0,在【文件】菜单中选择【新建】命令(如图 9-1 所示)。

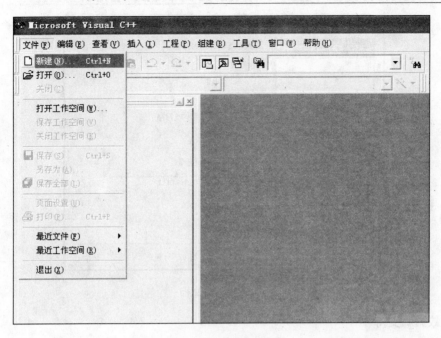

图 9-1　新建项目

从弹出的工程中选择 MFC AppWizard (exe)，工程名称设为 mfc_odbc_sales，选择合适的项目存放位置，其余按照默认来设置，接下来单击【确定】按钮(如图 9-2 所示)。

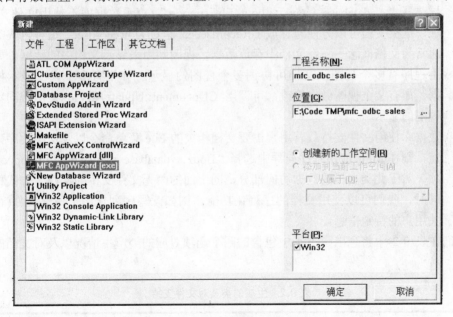

图 9-2　选择类型并确定工程名称

### 1. 建立文档/查看体系结构支持的单文档程序

选择【文档/查看体系结构支持】(Document/View)复选框，其余默认，单击【下一步】按钮(如图 9-3 所示)。

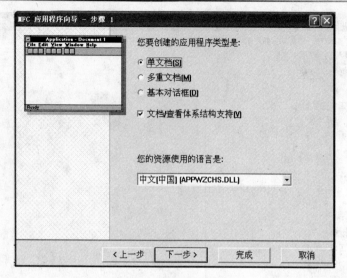

图 9-3　建立文档

## 2．数据源支持

选择【有数据源支持】选项。这里顺便对数据库不使用文件支持和数据库使用文件支持选项造成的不同进行说明。

- 数据库不使用文件支持：若用户不需要文档的序列化功能，则 MFC 应用程序向导选择"A database view without file support"(查看数据库不使用文件支持)选项，这类文档可以方便地存放 CRecordset 或者 CDaoRecordset。这种方式类似于通常的文档概念——在文档中存放数据，视图则用来显示文档中的数据。如果应用程序有多个视图，文档可协调多个视图的显示。如果有多个视图显示相同数据，如有某个视图做出修改，可调用 CDocument::UpdateAllViews 函数同步各个视图的显示。

- 数据库使用文件支持：若用户需要文档相关的 File 菜单命令以及文档的序列化功能，则在 MFC 应用程序向导中选择"Both a database view and file support"选项。对于此类文档的数据访问部分，同上面的"无文件支持的文档"方式相同。同时，我们可以使用文档的序列化功能，例如读写序列化用户策略文件(存放有关用户的特定信息)。

我们在表 9-2 中将列出图 9-4 中包含的四个选项对应的类产生情况以及对文档的支持情况。

表 9-2　生成的类及对文件支持

| 选　项 | 视 图 类 | 对文档支持情况 |
| --- | --- | --- |
| 无 | CView 的导出类 | 完全的文档支持，包括序列化以及 New、Open、Save、Save As 命令 |
| 标题文件 | CView 的导出类 | 同上，可以在文档或视图中存放 CDatabase 和/或 CRecordset 或 CDaoRecordset 对象 |

续表

| 选　项 | 视　图　类 | 对文档支持情况 |
|---|---|---|
| 查看数据库不使用文件支持 | CRecordView 或 CDaoRecordView 的导出类 | 文档不支持序列化及 New、Open、Save、Save As 命令，可以使用文档存放 CRecordset 或 CDaoRecordset 对象，协调多个视图的显示 |
| 查看数据库使用文件支持 | CRecordView 或 CDaoRecordView 的导出类 | 完全的文档支持，包括序列化以及 New、Open、Save、Save As 命令，序列化用作特殊的用途，如存放用户策略文件等 |

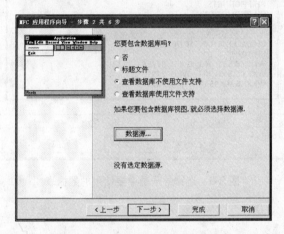

**图 9-4　选中【查看数据库不使用文件支持】单选按钮**

在我们的例子中选中较为简单的【查看数据库不使用文件支持】单选按钮，如图 9-4 所示。

然后单击如图 9-4 所示的对话框中的【数据源】按钮进行配置，我们的数据源是 mdb_student，输入用户名称、密码等，如图 9-5 所示。

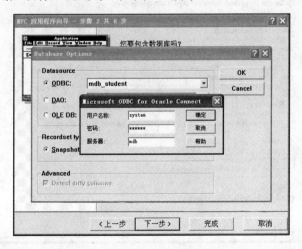

**图 9-5　输入用户名、密码等(按照配置数据源时的数据输入)**

### 3. 关联数据表、绑定字段

选择数据源中要应用的数据表，如图 9-6 所示。

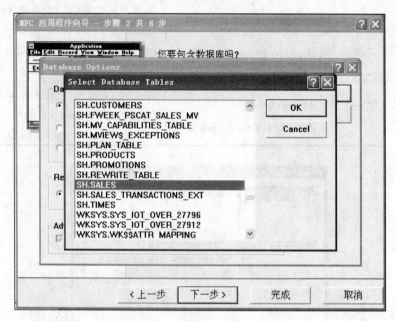

图 9-6  选择数据源中要使用的数据表

### 4. 完成配置

选择完成后单击【下一步】按钮。根据默认配置继续下一步直至最后单击完成，结束 AppWizard 建立的细节。此时系统给出提示，如图 9-7 所示。

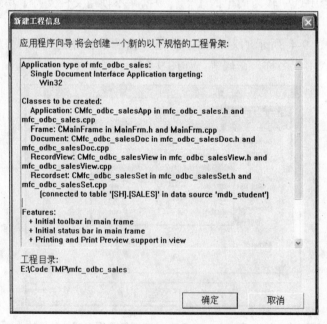

图 9-7  自动建立 AppWizard 的细节

由图 9-7 可以看出，系统自动帮助我们建立了继承于 RecordView 的 CMfc_odbc_salesView 和继承于 Recordset 的 CMfc_odbc_salesSet 类，并且它们是与数据源 mdb_student 中的 SH.SALES 数据表相对应的。至此，我们得到了一个连接数据库的应用，但此时运行它只得到一个空窗口。下面我们加入一定控制，使其显示数据库中的某些字段的内容。

在 Resource 栏中的 Dialog 项中，双击我们此单文档程序的主体窗口进行编辑。先删除窗体中已有控件，然后依次加入 3 个 Static Text 控件和 3 个 Edit Box 控件，如图 9-8 所示，其 ID 依次为：

- IDC_STATIC_PROD_ID；
- IDC_STATIC_CUST_ID；
- IDC_STATIC_PROMO_ID；
- IDC_EDIT_PROD_ID；
- IDC_EDIT_CUST_ID；
- IDC_EDIT_PROMO_ID。

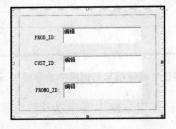

图 9-8　在窗体中添加控件

建立完相应控件后，我们需要将它们同数据库中的相应字段联系起来。使用 ClassWizard 完成这项工作，按下 Ctrl+W 键打开 MFC ClassWizard 对话框，在 Member Variables 选项卡中双击所选择控件 ID，在弹出的对话框中，提示输入相应的变量，如图 9-9 所示。

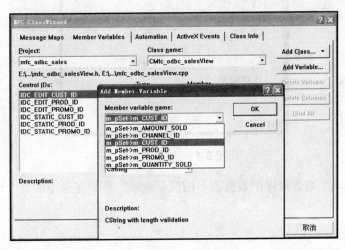

图 9-9　设置变量

将 3 个编辑框与数据库中的字段按照如图 9-10 进行绑定。

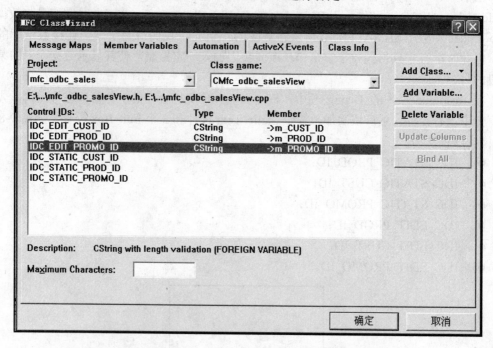

图 9-10   将 3 个编辑框与数据库中的字段进行绑定示意图

至此，我们已经完成了数据库中数据库连接以及数据库中简单的数据存储工作，得到如图 9-11 所示的结果。

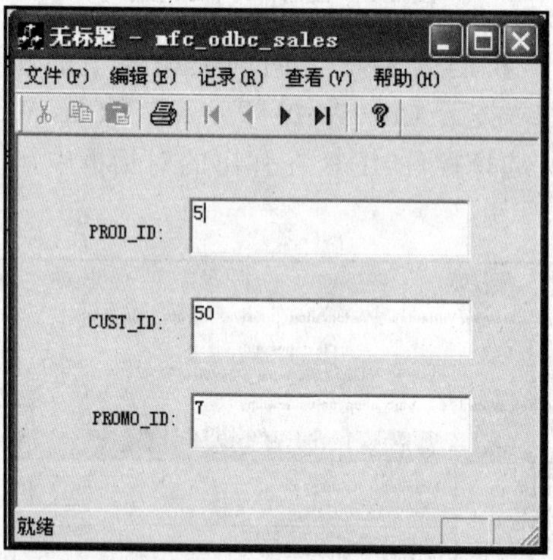

图 9-11   信息读出 1

程序自动生成了对数据库中数据查看的简单选项，例如记录中的几个选项，如图 9-12 所示。

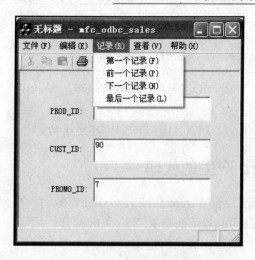

**图 9-12　信息读出 2**

## 9.1.3　RFX 机制

### 1．何为 RFX

RFX(record field exchange)即记录域交换机制。MFC ODBC 数据库自动完成数据源与 recordset 对象之间的数据交换，如果用户创建的 CRecordset 类的导出类不使用多行存取方式，则数据交换使用记录域交换机制传送数据。若用户创建的 CRecordset 类的导出类使用多行存取方式，则程序使用批量记录域交换(bulk RFX)机制传送数据。

### 2．RFX 原理

RFX 在原理上同 DDX(对话框数据交换)相类似，要完成数据源同 recordset 对象数据域成员之间的数据交换，需要多次调用 recordset 类的 DoFieldExchange 成员函数，并需要框架与 ODBC 之间的交互。RFX 机制替用户完成了调用诸如 SQLBindCol 这类的 ODBC API 函数的工作。

### 3．RFX 代码生成

RFX 对用户而言是相当透明的，若使用 AppWizard 或者 ClassWizard 生成 recordset 对象，则会自动应用 RFX。AppWizard 创建初始的 recordset 类，而 ClassWizard 可以添加其他的 recordset 类。允许用户使用 ClassWizard 将 recordset 类中数据域成员映射到数据源表中的某一列。使用 RFX 时，recordset 必须是 CRecordset 的导出类。如使用带参数查询、表与表之间需要连接、动态绑定数据列等情况下，需要用户手工添加一些 RFX 的代码。

下面代码是我们在 MFC 连接 ODBC 中利用 AppWizard 自动生成的关于 RFX 代码部分。

```
//{{AFX_FIELD_MAP(CMfc_odbc_salesSet)
pFX->SetFieldType(CFieldExchange::outputColumn);
RFX_Text(pFX, _T("[PROD_ID]"), m_PROD_ID);
RFX_Text(pFX, _T("[CUST_ID]"), m_CUST_ID);
```

```
RFX_Date(pFX, _T("[TIME_ID]"), m_TIME_ID);
RFX_Text(pFX, _T("[CHANNEL_ID]"), m_CHANNEL_ID);
RFX_Text(pFX, _T("[PROMO_ID]"), m_PROMO_ID);
RFX_Text(pFX, _T("[QUANTITY_SOLD]"), m_QUANTITY_SOLD);
RFX_Text(pFX, _T("[AMOUNT_SOLD]"), m_AMOUNT_SOLD);
//}}AFX_FIELD_MAP
```

上面的代码中 RFX_Text、RFX_Date 等都是 RFX 函数。

## 9.1.4  分析 Wizard 产生的代码

利用 ClassWizard 或者 AppWizard 生成 recordset 对象时，根据数据源、表及你所选择的表中的列，Wizard 将自动编写下面与 RFX 有关的部分。

- Recordset 类中的域数据成员的定义。
- 对 CRecordset::DoFieldExchange 的重载。
- 在 recordset 构造函数中对域数据成员初始化。

我们使用 Wizard 编写一段对 recordset 类的定义，大致形式如下：

```
class CMfc_odbc_salesSet : public CRecordset
{
public:
    CMfc_odbc_salesSet(CDatabase* pDatabase = NULL);
    DECLARE_DYNAMIC(CMfc_odbc_salesSet)
// Field/Param Data
    //{{AFX_FIELD(CMfc_odbc_salesSet, CRecordset)
    CString m_PROD_ID;
    CString m_CUST_ID;
    CTime   m_TIME_ID;
    CString m_CHANNEL_ID;
    CString m_PROMO_ID;
    CString m_QUANTITY_SOLD;
    CString m_AMOUNT_SOLD;
    //}
}AFX_FIELD
// Overrides
    // ClassWizard generated virtual function overrides
    //{{AFX_VIRTUAL(CMfc_odbc_salesSet)
    public:
    virtual CString GetDefaultConnect();   // Default connection string
    virtual CString GetDefaultSQL();    // default SQL for Recordset
    virtual void DoFieldExchange(CFieldExchange* pFX); // RFX support
    //}}AFX_VIRTUAL
// Implementation
#ifdef _DEBUG
    virtual void AssertValid() const;
    virtual void Dump(CDumpContext& dc) const;
#endif
};
```

在上述代码中，符号"//{{AFX_FIELD"界定了域数据成员的定义。另外，代码还完成了其他工作，如对 DoFieldExchange 函数的重载。

DoFieldExchange 是 RFX 的中枢，任何时候程序框架需要从数据源到 recordset 或者从 recordset 到数据源时，都会调用 DoFieldExchange 函数。下面的代码是对 CMfc_odbc_salesSet 类的 DoFieldExchange 函数的重载。

```
void CMfc_odbc_salesSet::DoFieldExchange(CFieldExchange* pFX)
{
    //{{AFX_FIELD_MAP(CMfc_odbc_salesSet)
    pFX->SetFieldType(CFieldExchange::outputColumn);
    RFX_Text(pFX, _T("[PROD_ID]"), m_PROD_ID);
    RFX_Text(pFX, _T("[CUST_ID]"), m_CUST_ID);
    RFX_Date(pFX, _T("[TIME_ID]"), m_TIME_ID);
    RFX_Text(pFX, _T("[CHANNEL_ID]"), m_CHANNEL_ID);
    RFX_Text(pFX, _T("[PROMO_ID]"), m_PROMO_ID);
    RFX_Text(pFX, _T("[QUANTITY_SOLD]"), m_QUANTITY_SOLD);
    RFX_Text(pFX, _T("[AMOUNT_SOLD]"), m_AMOUNT_SOLD);
    //}}AFX_FIELD_MAP
}
```

在上述代码中，对 CFieldExchange::SetFieldType 函数的调用，"pFX->SetFieldType (CFieldExchange::outputColumn);"说明从此语句以后直至函数结尾或者下一个 SetFieldType()函数为止之间的 RFX 类型都是 outputColumn 类型。

pFX 是一个指向 CFieldExchange 对象的指针，调用 DoFieldExchange 时，程序框架传递该指针给 DoFieldExchange。CFieldExchange 对象说明 DoFieldExchange 所要完成的操作类型、数据传送的方向以及其他的上下文相关信息。

数据域成员的初始化工作由 recordset 对象构造函数完成。CMfc_odbc_salesSet 类的初始化部分如下所示：

```
CMfc_odbc_salesSet::CMfc_odbc_salesSet(CDatabase* pdb)
    : CRecordset(pdb)
{
    //{{AFX_FIELD_INIT(CMfc_odbc_salesSet)
    m_PROD_ID = _T("");
    m_CUST_ID = _T("");
    m_TIME_ID = 0;
    m_CHANNEL_ID = _T("");
    m_PROMO_ID = _T("");
    m_QUANTITY_SOLD = _T("");
    m_AMOUNT_SOLD = _T("");
    m_nFields = 7;
    //}}AFX_FIELD_INIT
    m_nDefaultType = snapshot;
}
```

其中，m_nFields = 10 说明有 10 个数据域成员变量，当用户在程序中动态增加数据域时，应当相应地增加 m_nFields 的值。

### 9.1.5 RFX 的数据多行存取

CRecordset 类提供了多行存取的功能，即用户可以一次从数据源中取回多条记录，而不是通常那样每次取一条记录。从数据源中一次取回多行的机制称为批量记录域交换机制(bulk RFX)。

注意：使用 bulk RFX，只能实现从数据源到 recordset 对象的单向数据流动，这一点是同 RFX 不同的。另外，同正常情况一样，我们必须建立一个 CRecordset 类的导出类，然后才能使用 bulk RFX。

要使用 bulk RFX，必须在打开 recordset 对象之前首先声明一个行集(rowset)的大小。行集大小代表了一次可读取的记录数，默认值为 25。如果是使用 RFX，则行集大小为 1。

设定行集大小之后，就可以调用 Open 函数打开 recordset 对象，调用 Open 函数时，参数 dwOptions 必须为 CRecordset::useMultiRowFetch。

bulk RFX 机制使用数据缓冲区存放每次存取得到的记录行，这时用到的缓冲区可以由系统自动分配，或者也可以手工分配，这时可以通过设定 CRecordset::userAllocMultiRowBuffers 选项来完成。表 9-3 列出了 CRecordset 类所提供的支持多行存取的成员函数。

表 9-3　CRecordset 类支持多行存取的成员函数

| 成员函数 | 功　能 |
| --- | --- |
| CheckRowsetError | 处理数据存取过程中发生的任何差错 |
| DoBulkFieldExchange | 实现多行存取，从数据源传送多行数据到 Recordset 对象时被自动调用 |
| GetRowsetSize | 返回当前行集大小 |
| GetRowsFetched | 返回一次取数据操作之后获得的数据行数，通常情况下它等于行集大小 |
| GetRowStatus | 返回行集中一特定行的状态 |
| RefreshRowset | 刷新行集中一特定行的数据及其存取状态 |
| SetRowsetCursorPosition | 在行集中移动记录指针到一特定行 |
| SetRowsetSize | 设定行集大小 |

多行存取的不便之处：尽管程序会自动调用 DoBulkFieldExchange 函数以完成数据从数据源到 recordset 对象的传送，但是，在相反的方向上却不能传送，为了实现这些功能我们需要调用 ODBC API 函数来实现。

## 9.2　MFC 通过 OCCI 连接 Oracle

### 9.2.1　OCCI 简介

OCCI 是 Oracle 提供的 C++调用接口,全名为 Oracle C++ Call Interface，在 Oracle 9i 及其以后的版本中提供，适用于 Unix/Linux/Windows，虽然底层基于 OCI，但是调用非常

简单，使用很方便，跟 JDBC 非常类似。Oracle 公司给出的帮助文档在：

http://download-west.oracle.com/docs/cd/B10501_01/appdev.920/a96583/toc.htm

本节主要介绍 VC 6.0 通过 OCCI 连接 Oracle，并进行数据的读取、处理等工作。

首先需要在 VC 6.0 中进行相应的配置以支持 OCCI。主要是对相应的连接库和头文件路径进行环境配置。

然后运用配置好的环境进行数据库访问，主要包括以下步骤：

(1)　与数据库建立连接。

(2)　SQL 会话的建立。

(3)　动态参数的输入。

(4)　SQL 会话的执行。

(5)　得到运行 SQL 会话的结果集。

(6)　查看 SQL 会话的结果集。

(7)　关闭会话结果集。

(8)　结束会话。

(9)　关闭数据库连接。

(10) 退出程序。

以上 10 步是较为繁琐的情况，很可能实际的运用中并不需要输入动态参数，也可能是对数据库的更新因而没有结果集的操作。另外，在上述的步骤中需要及时捕获异常。

## 9.2.2　VC 6.0 中环境的设置

在此例中使用的是 VC 6.0(SP6)和 Oracle 9.2.0.1.0 版本。下面开始介绍对 VC 6.0 环境的设置。

### 1. 添加 Include Files 和 Library Files

打开 VC 6.0，选择【工具】|【选项】命令，如图 9-13 所示。

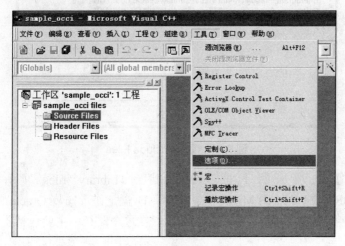

图 9-13　VC 6.0 主界面

在弹出的【选项】对话框中切换到【目录】选项卡，添加 Includes Files，在【目录】下拉列表框中选择 Include Files 选项，然后添加"D:\ORACLE\ORA92\OCI\INCLUDE"这个路径。说明：D 盘是作者安装 Oracle 的盘符，根据您所安装的 Oracle 盘符的不同，此路径略有不同。在这个路径中主要包括了如图 9-14 所示的头文件。

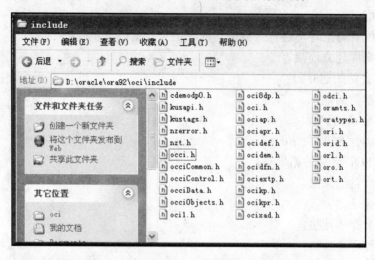

图 9-14　头文件

将"D:\ORACLE\ORA92\OCI\INCLUDE"这个路径添加到我们的 Include files 中来，如图 9-15 所示。

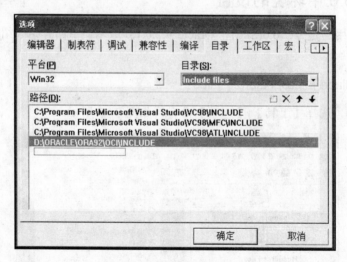

图 9-15　添加 Include Files

在【目录】选项卡的下拉列表中找到 Library files 项，然后添加："D:\ORACLE\ORA92\OCI\LIB\MSVC"。说明：D 盘是作者安装 Oracle 的盘符，根据您所安装的 Oracle 盘符的不同，此路径略有不同，在这个路径中主要包括了如图 9-16 所示的 Library 文件。

将"D:\ORACLE\ORA92\OCI\LIB\MSVC"添加到我们的 Library files 中，添加方法如图 9-17 所示。

图 9-16　Library 文件

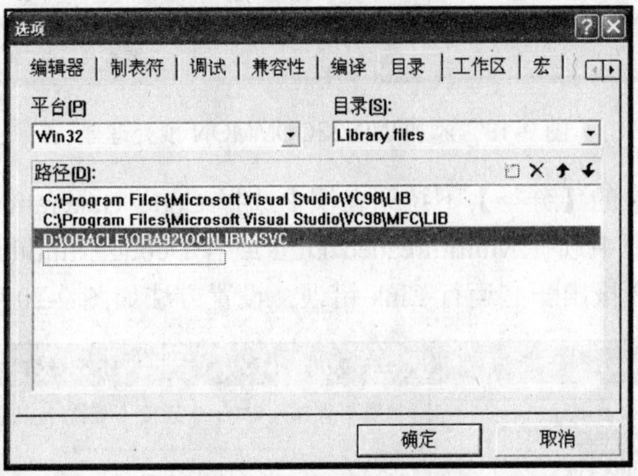

图 9-17　添加 Library files

以上设置 Include Files 和 Library Files 实际上是进行环境变量中 PATH 变量的设置。

### 2．进行工程设置

如图 9-18 所示，选择【工程】|【设置】命令，在弹出的设置界面中切换到 C/C++选项卡，如图 9-19 所示。在预处理器定义项添加",WIN32COMMON"，否则会报出 error C2995: 'getVector' : template function has already been defined、error C2995: 'setVector' : template function has already been defined 错误。

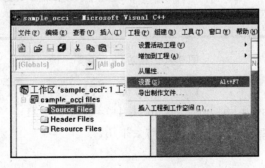

图 9-18　进行工程设置

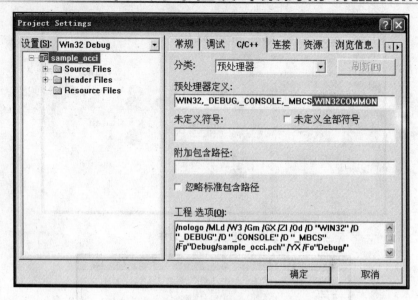

图 9-19    添加 WIN32COMMON 预处理器

在 C/C++选项卡中的【分类】下拉列表框中选择 Code Generation 选项；在 User run-time library 下拉列表框中选择 Multithreaded DLL 或者 Debug Multithreaded DLL 选项。否则，程序运行过程中会报出一些运行 Link 错误。设置方法如图 9-20 所示。

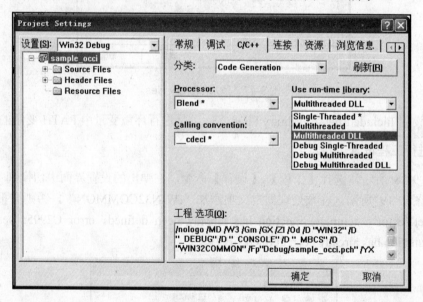

图 9-20    预防 Link 错误

切换到【连接】选项卡，在【分类】为【输入】时对应的【对象/库模块】中添加 oci.lib、oraocci9.lib、msvcrt.lib、msvcprt.lib 共 4 个类库(图 9-21)，否则，在执行数据库操作 executeQuery()后检索取得 getString()值时会报错。

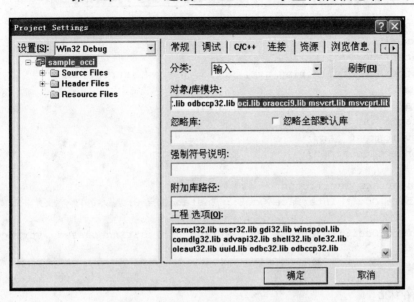

图 9-21　添加程序用到的 Oracle 类库

经过上述配置之后，基本可以进行 OCCI 程序的开发了。

# 9.3　实现及运行结果

## 9.3.1　对 OCCI 的简单封装

下面是对 OCCI 简单的封装，便于用户使用，文件名为 conn_occi.h，通过阅读以下封装的过程，大家对 OCCI 的使用会有初步的体会。

```
#ifndef _OCCIDATABASE_H_
#define _OCCIDATABASE_H_
#include <occi.h>
#include <string>
#include <iostream>

using namespace oracle::occi;
using namespace std;

class Interface_Occi
{
public:

//与数据库连接:
    static Interface_Occi* getInstance(string usr, string passwd, string
db);

//得到与数据库的连接数:
    int getConnectCount(){ return _Instance->count; };
    Connection* getConnect(){ count++;return _Instance->conn; };
```

```
        ~Interface_Occi();
protected:
        Interface_Occi(){};
        Interface_Occi(string usr, string passwd, string db);
private:
        static Interface_Occi* _Instance;
        static int count;
        Environment *env;
        Connection *conn;
};
int Interface_Occi::count = 0;
Interface_Occi* Interface_Occi::_Instance = 0;

Interface_Occi::Interface_Occi(string usr, string passwd, string db)
{
        try
{
//初始化环境
env = Environment::createEnvironment (Environment::DEFAULT);
        //创建连接
                conn = env->createConnection (usr, passwd, db);
        }
        catch(SQLException ex)
        {//接收并输出异常
                cout<<"Exception thrown for getConnect"<<endl;
                cout<<"Error number: "<<  ex.getErrorCode() << endl;
                cout<<ex.getMessage() << endl;
                throw ex;
        }
};

Interface_Occi::~Interface_Occi()
{
        try
{
//结束环境
                env->terminateConnection (conn);
                Environment::terminateEnvironment (env);
        }
        catch(SQLException ex)
        {//接收结束过程中的异常并输出
                cout<<"Exception thrown for getConnect"<<endl;
                cout<<"Error number: "<<  ex.getErrorCode() << endl;
                cout<<ex.getMessage() << endl;
                throw ex;
        }
};
        //上述函数的实现
        Interface_Occi* Interface_Occi::getInstance(string usr, string passwd,
string db)
        {
```

```
    if(_Instance == 0)
    {
        _Instance = new Interface_Occi(usr,passwd,db);
    }

    return _Instance;
};
//TOcciQuery 类是对数据库事务的封装
class TOcciQuery
{
private:
    Connection *conn;
    Statement *stmt;
    bool isAutoCommit;
    TOcciQuery(){};
public :
    TOcciQuery(Connection *connect){ conn = connect; };
    void beginTrans();//开始事务
    void commit();//提交事务
    void roolback();//回滚事务
    boolean getAutoCommit();//自动提交
    ResultSet* executeQuery(string sql) ;//执行 SQL 语句
    void executeUpdate(string sql) ;//执行更新
    void close() { if(stmt != NULL) conn->terminateStatement (stmt); };
//关闭语句对象
    void close(ResultSet* rs);//关闭记录集
};
//上述 TOcciQuery 的封装
void TOcciQuery::close(ResultSet* rs)
{
    if(rs != NULL)
        stmt->closeResultSet (rs);

    if(stmt != NULL)
        conn->terminateStatement (stmt);
};
void TOcciQuery::beginTrans()
{
    try
    {
        isAutoCommit = stmt->getAutoCommit();
        stmt->setAutoCommit(false);
    }
    catch(SQLException ex)
    {
        cout<<"Exception thrown for beginTrans"<<endl;
        cout<<"Error number: "<< ex.getErrorCode() << endl;
        cout<<ex.getMessage() << endl;
        throw ex;
    }
};
```

```
void TOcciQuery::commit()
{
    try
    {
        conn->commit();
        stmt->setAutoCommit(isAutoCommit);
    }
    catch(SQLException ex)
    {
        cout<<"Exception thrown for commit"<<endl;
        cout<<"Error number: "<< ex.getErrorCode() << endl;
        cout<<ex.getMessage() << endl;
        throw ex;
    }
};
void TOcciQuery::roolback()
{
    try
    {
        conn->rollback();
        stmt->setAutoCommit(isAutoCommit);
    }
    catch(SQLException ex)
    {
        cout<<"Exception thrown for roolback"<<endl;
        cout<<"Error number: "<< ex.getErrorCode() << endl;
        cout<<ex.getMessage() << endl;
        throw ex;
    }
};
boolean TOcciQuery::getAutoCommit()
{
    boolean result = false;
    try
    {
        result = stmt->getAutoCommit();
    }
    catch(SQLException ex)
    {
        cout<<"Exception thrown for getAutoCommit"<<endl;
        cout<<"Error number: "<< ex.getErrorCode() << endl;
        cout<<ex.getMessage() << endl;
        throw ex;
    }
    return result;
};
ResultSet* TOcciQuery::executeQuery(string sql)
{
    ResultSet*rs = NULL;
    try
    {
```

```
        stmt = conn->createStatement();
        rs = stmt->executeQuery(sql);
    }
    catch (SQLException ex)
    {
        cout<<"Exception thrown for executeQuery"<<endl;
        cout<<"Error number: "<< ex.getErrorCode() << endl;
        cout<<ex.getMessage() << endl;
        throw ex;
    }
    return rs;
};
void TOcciQuery::executeUpdate(string sql)
{
    try
    {
        stmt = conn->createStatement();
        stmt->executeUpdate(sql);
    }
    catch (SQLException ex)
    {
        cout<<"Exception thrown for executeUpdate"<<endl;
        cout<<"Error number: "<< ex.getErrorCode() << endl;
        cout<<ex.getMessage() << endl;
        throw ex;
    }
};
#endif /*_OCCIDATABASE_H_*/
```

## 9.3.2　建立工程

在 Visual C++ 6.0 中建立 MFC AppWizard (exe)工程，如图 9-22 所示，其名字叫做
test_OCCI_SAMPLE。

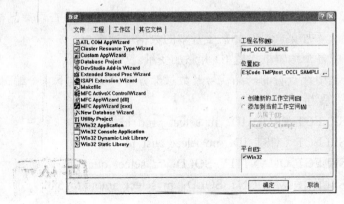

图 9-22　建立工程

设置用户要创建的应用程序类型为【基本对话框】，其余默认即可，如图 9-23 所示。

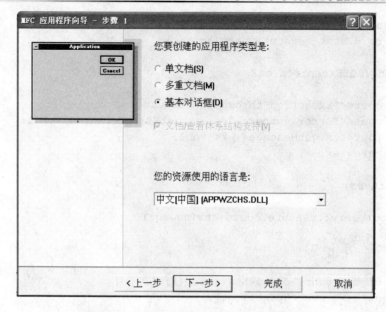

图 9-23　选择应用程序类型为【基本对话框】

### 9.3.3　添加控件并设置变量

将按照如上设置得到的工程中的 IDD_TEST_OCCI_SAMPLE_DIALOG 对话框进行布局、添加变量等，如图 9-24 所示。

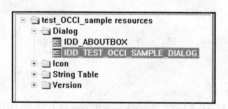

图 9-24　设置布局

如图 9-25 所示，本例中主要实现以下功能：根据 PROD_ID 查看产品信息、根据 PROD_ID 删除某产品、添加某产品，涵盖了基本的数据库操作。

下面为在图 9-25 中各个编辑框设置 ID 并添加变量。

如图 9-26 所示，其中在查看的产品代号及数量部分中，从上至下 4 个编辑框的 ID 及添加的相应变量对应关系为：

- IDC_EDIT_SELECT_PROD_ID：m_select_prod_id
- IDC_EDIT_SELECT_CUST_ID：m_select_cust_id
- IDC_EDIT_SELECT_QUANTITY_SOLD：m_select_quantity_sold
- IDC_EDIT_SELECT_AMOUNT_SOLD：m_select_amount_sold

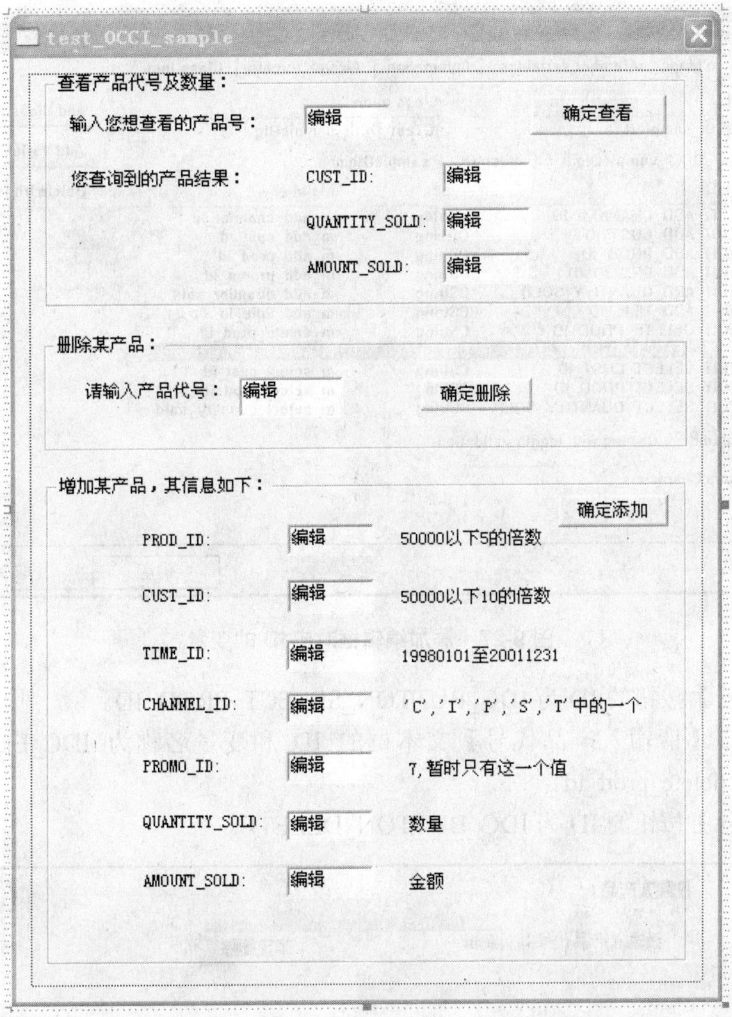

图 9-25　IDD_TEST_OCCI_SAMPLE_DIALOG 布局设置

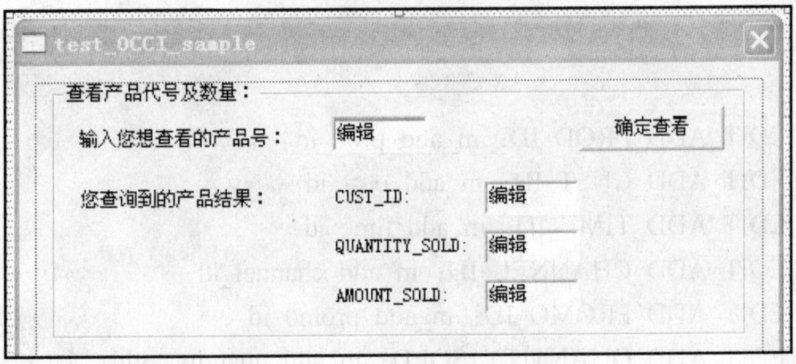

图 9-26　查看产品代号及数量

其中添加变量在 MFC ClassWizard 对话框中进行(在 VC 6.0 中按 Ctrl+W 组合键即可弹出 MFC ClassWizard 对话框，如图 9-27 所示)，然后在对应的 Control IDs 上添加变量如图 9-27 所示。

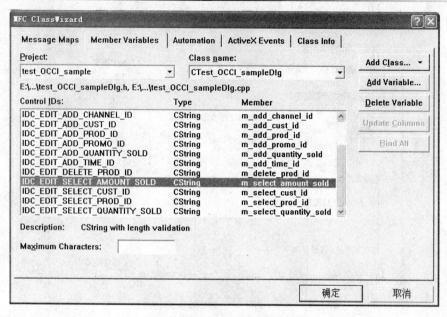

图 9-27　添加编辑框对应 ID 的变量

【确定查看】按钮的 ID 为 IDC_BUTTON_SELECT_PROD_ID。

图 9-28 中【请输入产品代号】文本框的 ID 和变量名称为 IDC_EDIT_DELETE_PROD_ID、m_delete_prod_id。

【确定删除】按钮的 ID 为 IDC_BUTTON_DELETE。

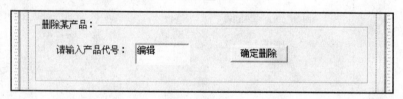

图 9-28　删除商品

图 9-29 中添加产品信息部分，从上至下 7 个编辑框的 ID 及变量的对应关系情况如下所示：

- IDC_EDIT_ADD_PROD_ID：m_add_prod_id
- IDC_EDIT_ADD_CUST_ID：m_add_cust_id
- IDC_EDIT_ADD_TIME_ID：m_add_time_id
- IDC_EDIT_ADD_CHANNEL_ID：m_add_channel_id
- IDC_EDIT_ADD_PROMO_ID：m_add_promo_id
- IDC_EDIT_ADD_QUANTITY_SOLD：m_add_quantity_sold
- IDC_EDIT_ADD_AMOUNT_SOLD：m_add_amount_sold

【确定添加】按钮的 ID 为 IDC_BUTTON_ADD。

图 9-29　添加产品记录

## 9.3.4　变量初始化

在此部分将上述变量初始化，其中函数：CTest_OCCI_sampleDlg::CTest_OCCI_sampleDlg 是系统自动帮我们生成的。修改等式右端使得其值为我们需要的初始值即可。

```
//{{AFX_DATA_INIT(CTest_OCCI_sampleDlg)
m_select_amount_sold = _T("0");
m_select_cust_id = _T("0");
m_select_prod_id = _T("0");
m_select_quantity_sold = _T("0");
m_delete_prod_id = _T("0");
m_add_amount_sold = _T("0");
m_add_channel_id = _T("0");
m_add_cust_id = _T("0");
m_add_prod_id = _T("0");
m_add_promo_id = _T("0");
m_add_quantity_sold = _T("0");
m_add_time_id = _T("0");
//}}AFX_DATA_INIT
```

## 9.3.5　对话框的数据交换机制

对话框的数据交换成员存储了与控件相对应的数据。数据变量需要和控件交换数据，以完成输入或输出功能。例如，一个编辑框既可以用来输入，也可以用来输出，用作输入时，用户在其中输入了字符后，对应的数据成员应该更新；用作输出时，应及时刷新编辑框的内容以反映相应数据成员的变化。对话框需要这种数据交换机制，此机制对于对话框来说至关重要。MFC 提供了 CDdataExchange 类实现对话框类与控件之间的数据交换 (DDX)，该类还提供了数据有效机制(DDV)。数据交换和数据有效机制适用于编辑框、检查框、单选按钮、列表框和组合框。

数据交换工作由 Cdialog::DoDataExchange 来完成。DoDataExchange 只有一个参数，即一个 CDataExchange 对象的指针 pDX。在该函数中调用了 DDX 函数来完成数据交换，调用 DDV 函数来进行数据有效检查。

DDX_Text 函数在字符串和 Edit Box 控件之间传输数据。在本例中系统自动生成以下代码完成数据交换。

```
void CTest_OCCI_sampleDlg::DoDataExchange(CDataExchange* pDX)
{
    CDialog::DoDataExchange(pDX);
    //{{AFX_DATA_MAP(CTest_OCCI_sampleDlg)
    DDX_Text(pDX, IDC_EDIT_SELECT_AMOUNT_SOLD,
m_select_amount_sold);
    DDX_Text(pDX, IDC_EDIT_SELECT_CUST_ID, m_select_cust_id);
    DDX_Text(pDX, IDC_EDIT_SELECT_PROD_ID, m_select_prod_id);
    DDX_Text(pDX, IDC_EDIT_SELECT_QUANTITY_SOLD,
m_select_quantity_sold);
    DDX_Text(pDX, IDC_EDIT_DELETE_PROD_ID, m_delete_prod_id);
    DDX_Text(pDX, IDC_EDIT_ADD_AMOUNT_SOLD, m_add_amount_sold);
    DDX_Text(pDX, IDC_EDIT_ADD_CHANNEL_ID, m_add_channel_id);
    DDX_Text(pDX, IDC_EDIT_ADD_CUST_ID, m_add_cust_id);
    DDX_Text(pDX, IDC_EDIT_ADD_PROD_ID, m_add_prod_id);
    DDX_Text(pDX, IDC_EDIT_ADD_PROMO_ID, m_add_promo_id);
    DDX_Text(pDX, IDC_EDIT_ADD_QUANTITY_SOLD, m_add_quantity_sold);
    DDX_Text(pDX, IDC_EDIT_ADD_TIME_ID, m_add_time_id);
    //}}AFX_DATA_MAP
}
```

## 9.3.6  查看数据实现及其运行结果

在此例中一共有 3 个 Button 分别控制着 3 个数据的查看、删除、添加功能，在此对应着 3 个 Button 分别添加控制函数。

在资源视图模式下，双击【确定查看】按钮(此按钮的 ID 为 IDC_BUTTON_SELECT_PROD_ID)添加控制函数，系统自动为此按钮添加控制函数为：void CTest_OCCI_sampleDlg::OnButtonSelectProdId()。

函数的具体实现如下：

```
void CTest_OCCI_sampleDlg::OnButtonSelectProdId()
{
// 调用封装好的 OCCI 类进行数据库连接
TOcciQuery *query = new
TOcciQuery(Interface_Occi::getInstance("system","system","MDB")-
>getConnect());
//调用 UpdateData(TRUE)将数据从对话框的控件中传送到对应的数据成员中
UpdateData(true);
CString str;
// GetDlgItemText 函数的作用是返回对话框中某一个窗口的标题或文字，在此是得
到编辑框 IDC_EDIT_SELECT_PROD_ID 的值
GetDlgItemText(IDC_EDIT_SELECT_PROD_ID,str);
//strSQL 为需要执行的 SQL 语句，以下为 strSQL 语句的完成过程
string strSQL = "select CUST_ID,QUANTITY_SOLD,AMOUNT_SOLD
```

```
from SH.SALES where PROD_ID=";
strSQL= strSQL+str.GetBuffer(1);
//执行 strSQL 语句
ResultSet* rs = query->executeQuery(strSQL);
```

//下面三行赋值的目的是防止用户连续查询不同的 PROD_ID 时，若此 PROD_ID 不在数据库中，则此 PROD_ID 对应的数据的信息应该为 0

```
m_select_cust_id.Format("%d",0);
m_select_quantity_sold.Format("%d",0);
m_select_amount_sold.Format("%d",0);
//SQL 语句执行结果得到的结果集的值赋给相应的变量
while(rs->next())
{
m_select_cust_id.Format("%d",rs->getInt(1));
m_select_quantity_sold.Format("%d",rs->getInt(2));
m_select_amount_sold.Format("%d",rs->getInt(3));
}
//调用 UpdateData(false)函数，将变量的值由变量传递到编辑框中显示
UpdateData(false);
//任务结束，调用我们封装好的类函数断开数据库连接
delete(query);
}
```

下面介绍运行添加函数得到的运行效果。

输入想要查看的产品对应 PROD_ID 为 70 的信息，然后单击【确定查看】按钮，得到如图 9-30 所示的结果。

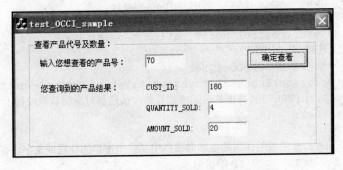

图 9-30　查看 PROD_ID 为 70 的产品信息

此时，用 Toad for Oracle(在此应用的 Toad for Oracle 的版本为 8.5.3.2)查看数据表 SH.SALES 中的数据如图 9-31 所示(为了便于观察，特放置较少数据)。可见查看的结果与 Toad 查看数据库中的数据一致。

| PROD_ID | CUST_ID | TIME_ID | CHANNEL_ID | PROMO_ID | QUANTITY_SOLD | AMOUNT_SOLD |
|---|---|---|---|---|---|---|
| 5 | 50 | 1998-1-3 | C | 7 | 5 | 78 |
| 70 | 180 | 1998-1-27 | P | 7 | 4 | 20 |
| 80 | 50 | 1998-1-10 | 3 | 7 | 20 | 30 |
| 35 | 40 | 1998-4-5 | C | 7 | 1 | 100 |

图 9-31　查看数据表 SH.SACES 中的数据

若所要查看的数据的信息不在数据表中，则查看到的对应的 CUST_ID、

QUANTITY_ID、AMOUNT_SOLD 的信息均为 0。我们选择 SH.SALES 中不存在的记录 PROD_ID=40，结果如图 9-32 所示。

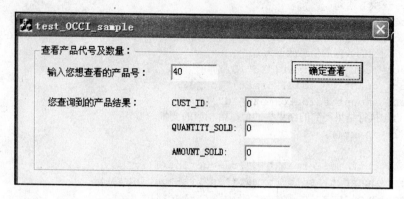

图 9-32　查看不存在的 PROD_ID 的信息

## 9.3.7　删除数据实现及其运行结果

在资源视图模式下，双击【确定查看】按钮(此按钮的 ID 为 IDC_BUTTON_DELETE) 添加控制函数，系统自动为【确定查看】按钮添加控制函数为：void CTest_OCCI_ sampleDlg::OnButtonDelete ()。

函数的具体实现如下：

```
void CTest_OCCI_sampleDlg::OnButtonDelete()
{
// TODO: Add your control notification handler code here
//与数据库建立连接
TOcciQuery *query = newTOcciQuery
(Interface_Occi::getInstance("system","system","MDB")->getConnect());
//调用 UpdateData(TRUE)将数据从对话框的控件中传送到对应的数据成员中
UpdateData(true);
CString str;
// GetDlgItemText 函数的作用是返回对话框中某一个窗口的标题或文字，在此是得到编辑框
// IDC_EDIT_DELETE_PROD_ID 的值
GetDlgItemText(IDC_EDIT_DELETE_PROD_ID,str);
//strSQL 为需要执行的 SQL 语句，以下为 strSQL 语句接收输入变量形成完成 SQL 语句的实现
//过程
String strSQL= "delete from SH.SALES where PROD_ID=";
strSQL=strSQL+str.GetBuffer(1);
if(query->executeQuery(strSQL))
{
//若 SQL 语句执行顺利，则弹出以下对话框
MessageBox("SQL Succeed!!",NULL,MB_OK);
}
//调用 UpdateData(false)函数，将变量的值由变量传递到编辑框中显示
UpdateData(false);
//提交刚刚对数据库进行的操作
query->commit();
//任务结束，调用我们封装好的类函数断开数据库连接
```

```
    delete(query);
}
```

运行删除部分：

首先查看一下 PROD_ID 在数据表中的情况，在【输入您想查看的产品号】文本框中输入"35"，即查看 PROD_ID=35 的记录在数据表中的信息，得到如图 9-33 所示的结果。

图 9-33　查看删除前的数据信息

查看一下 Toad For Oracle 中 SH.SALES 中数据情况，结果如图 9-34 所示。

| PROD_ID | CUST_ID | TIME_ID | CHANNEL_ID | PROMO_ID | QUANTITY_SOLD | AMOUNT_SOLD |
|---------|---------|---------|------------|----------|---------------|-------------|
| 5 | 50 | 1998-1-3 | C | | 7 | 5 | 78 |
| 70 | 180 | 1998-1-27 | P | | 7 | 4 | 20 |
| 80 | 50 | 1998-1-10 | S | | 7 | 20 | 30 |
| 35 | 40 | 1998-4-5 | C | | 7 | 1 | 100 |

图 9-34　删除数据 PROD_ID=35 前的情况

运行删除功能，在【请输入产品代号】文本框中填写"35"，即删除数据表中 PROD_ID 为 35 的记录，单击【确定删除】按钮，得到如图 9-35 所示的结果。

图 9-35　删除 PROD_ID 为 35 的记录

现在再来查看一下 PROD_ID=35 的数据在数据表中 SH.SALES 中的状况，在【输入您想查看的产品号】文本框中填写"35"，然后单击【确定查看】按钮，得到如图 9-36 所示的结果。

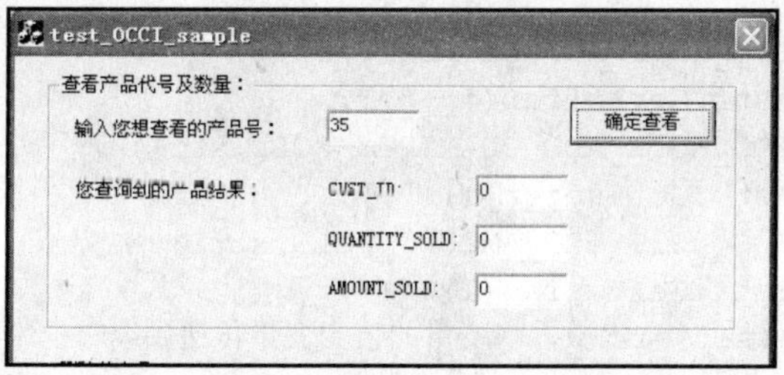

图 9-36　删除 PROD_ID=35 记录之后

运行 Toad For Oracle 查看一下刚才的删除操作对数据表中记录的影响情况，刷新一下得到如图 9-37 所示的结果。

| PROD_ID | CUST_ID | TIME_ID | CHANNEL_ID | PROMO_ID | QUANTITY_SOLD | AMOUNT_SOLD |
|---|---|---|---|---|---|---|
| 5 | 50 | 1998-1-3 | C | 7 | 5 | 78 |
| 70 | 180 | 1998-1-27 | P | 7 | 4 | 20 |
| 80 | 50 | 1998-1-10 | S | 7 | 20 | 30 |

图 9-37 删除 PROD_ID=35 的记录后数据表中数据

由此可见，此删除功能确实在 SH.SALES 数据表中删除了 PROD_ID=35 的记录。

## 9.3.8 添加数据实现及其运行结果

在资源视图模式下，双击【确定查看】按钮(此按钮的 ID 为 IDC_BUTTON_ADD)添加控制函数，系统自动为此按钮添加控制函数为：void CTest_OCCI_sampleDlg::OnButtonAdd ()。

```
void CTest_OCCI_sampleDlg::OnButtonAdd()
{
// TODO: Add your control notification handler code here
// 调用封装好的 OCCI 类进行数据库连接
TOcciQuery *query = newTOcciQuery(Interface_Occi::getInstance
("system","system","MDB")->getConnect());
//strSQL 为需要执行的 SQL 语句，以下为 strSQL 语句的完成过程
string strSQL="insert into SH.SALES values(";
//调用 UpdateData(TRUE) 将数据从对话框的控件中传送到对应的数据成员中
UpdateData(true);
CString str;
// GetDlgItemText 函数的作用是返回对话框中某一个窗口的标题或文字，在此是得到编辑框
IDC_EDIT_ADD_PROD_ID 的值。以下为从编辑框中得到数据，边拼接 SQL 语句
GetDlgItemText(IDC_EDIT_ADD_PROD_ID,str);
strSQL = strSQL+str.GetBuffer(1)+",";
GetDlgItemText(IDC_EDIT_ADD_CUST_ID,str);
strSQL = strSQL+str.GetBuffer(1)+",to_date('";
//在此应用了 to_date('19980203','yyyymmdd') 日期转换函数
GetDlgItemText(IDC_EDIT_ADD_TIME_ID,str);
strSQL = strSQL+str.GetBuffer(1)+"','yyyymmdd'),'";
GetDlgItemText(IDC_EDIT_ADD_CHANNEL_ID,str);
strSQL = strSQL+str.GetBuffer(1)+"',";

GetDlgItemText(IDC_EDIT_ADD_PROMO_ID,str);
strSQL = strSQL+str.GetBuffer(1)+",";
GetDlgItemText(IDC_EDIT_ADD_QUANTITY_SOLD,str);
strSQL = strSQL+str.GetBuffer(1)+",";
GetDlgItemText(IDC_EDIT_ADD_AMOUNT_SOLD,str);
strSQL = strSQL+str.GetBuffer(1)+")";
//调用 UpdateData(false) 函数，将变量的值由变量传递到编辑框中显示
UpdateData(false);
//以上实际上是为了拼接类似于如下所示 SQL 语句的功能：
```

```
string strSQL = "insert into SH.SALES
 values(110,50,to_date('19980102','yyyymmdd'),'S',7,20,30)";
try
{
//执行 SQL 语句
query->executeQuery(strSQL);
}
catch(SQLException)
{
//若出异常的话，则将拼接的 SQL 语句打印出来帮助用户发现错误，
//同时也是为了通知用户异常的发生
MessageBox(strSQL.c_str(),"",MB_OK);
MessageBox("SQLException happens!!","SQL Failed!",MB_OK);
};
//提交刚刚对数据库进行的操作
query->commit();
//任务结束，调用我们封装好的类函数断开数据库连接
delete(query);
}
```

下面运行添加数据部分。

说明：由于在此所举的例子是一个实际项目中的一部分，所以 SH.SALES 表中的好多字段与其他表格的数据有着密切的关系，在此不赘述其他表格对于 SH.SALES 表中数据的限制情况，直接给出满足其他数据表要求的数据范围。因此，用户在添加数据时，必须严格按照对话框中给出的提示进行输入，否则，很可能会由于其他表格数据的限制而在此产生异常。

先查看一下在添加之前数据库中 SH.SALES 数据表中数据的情况，为了便于观察，作者选用刚才在删除数据部分所用到的 PROD_ID=35 的数据。查看结果如图 9-38 所示。

图 9-38　添加数据前，查看一下该数据是否已存在

应用 Toad For Oracle 查看一下，添加数据前，数据库中 SH.SALES 数据表的数据情况如图 9-39 所示。

| PROD_ID | CUST_ID | TIME_ID | CHANNEL_ID | PROMO_ID | QUANTITY_SOLD | AMOUNT_SOLD |
|---|---|---|---|---|---|---|
| 5 | 50 | 1998-1-3 | C | 7 | 5 | 78 |
| 70 | 180 | 1998-1-27 | P | 7 | 4 | 20 |
| 80 | 50 | 1998-1-10 | S | 7 | 20 | 30 |

图 9-39　添加数据前数据表中数据情况

在增加某产品过程中，按照提示详细填写数据的内容，如图 9-40 所示：

- PROD_ID=35(满足 50000 以下 5 的倍数)；
- CUST_ID=20(满足 50000 以下 10 的倍数)；
- TIME_ID=19980709(满足 19980101 至 20011231)；
- CHANNEL_ID=C(满足 'C'，'I'，'P'，'S'，'T' 中的一个)；
- PROMO_ID=7(满足 7，暂时只有一个值)；
- QUANTITY_SOLD=8(数量)；
- AMOUNT_SOLD=80(金额)。

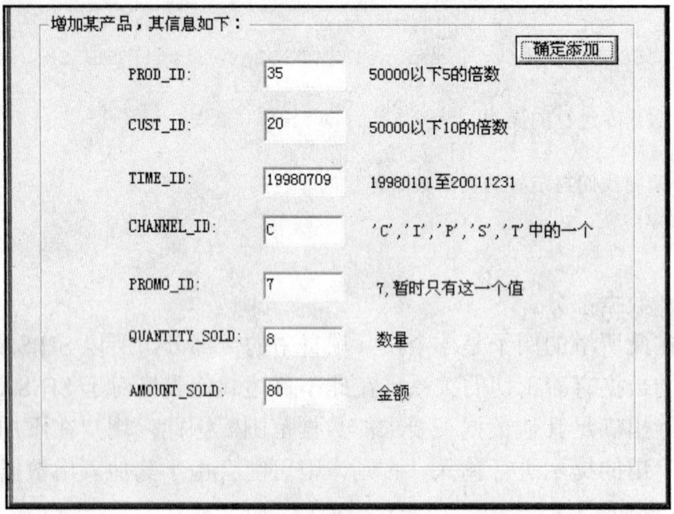

图 9-40　向数据库中数据表添加 PROD_ID=35 的记录

应用查看功能查看数据表 SH.SALES 中关于 PROD_ID=35 的这条记录的信息，得到如图 9-41 所示的结果。

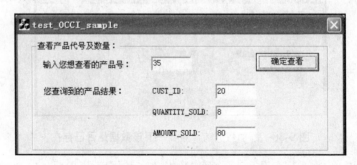

图 9-41　添加 PROD_ID=35 后的数据

发现 PROD_ID 的信息已经显示我们刚刚添加的数据的信息。

应用 Toad For Oracle 查看，刚刚添加了 PROD_ID=35 的记录后的数据表 SH.SALES 中的情况如图 9-42 所示(先刷新，然后查看)。

| PROD_ID | CUST_ID | TIME_ID | CHANNEL_ID | PROMO_ID | QUANTITY_SOLD | AMOUNT_SOLD |
|---------|---------|---------|------------|----------|---------------|-------------|
| 5 | 50 | 1998-1-3 | C | 7 | 5 | 78 |
| 70 | 180 | 1998-1-27 | P | 7 | 4 | 20 |
| 80 | 50 | 1998-1-10 | S | 7 | 20 | 30 |
| 35 | 20 | 1998-7-9 | C | 7 | 8 | 80 |

**图 9-42　查看刚添加 PROD_ID=35 的记录结果**

由此可见，我们成功地在数据表 SH.SALES 中添加了 PROD_ID=35 的记录信息。

从本章节的封装 OCCI 到我们自己的类应用及通过 MFC 应用封装好的类库，本次开发所应用的技术基本上概括了应用 OCCI 技术进行数据库开发所需要的所有基本知识点，在细节方面还需读者继续斟酌完善。同时应注意，在应用 OCCI 进行应用程序开发时，配置开发环境是非常重要而且必要的一个步骤，不可省略，详细情况请参阅本章开篇所陈述的环境的设置部分。

# 读者回执卡

欢迎您立即填妥寄回函

您好！感谢您购买本书，请您抽出宝贵的时间填写这份回执卡，并将此页剪下寄回我公司读者服务部。我们会在以后的工作中充分考虑您的意见和建议，并将您的信息加入公司的客户档案中，以便向您提供全面的一体化服务。您享有的权益：

免费获得我公司的新书资料；　　　　　　　★ 免费参加我公司组织的技术交流会及讲座；
寻求解答阅读中遇到的问题；　　　　　　　★ 可参加不定期的促销活动，免费获取赠品；

## 读者基本资料

姓　　名＿＿＿＿＿＿＿＿　性　别□男　□女　年　龄＿＿＿＿＿＿
电　　话＿＿＿＿＿＿＿＿　职　业＿＿＿＿　文化程度＿＿＿＿＿＿
E-mail＿＿＿＿＿＿＿＿＿　邮　编＿＿＿＿
通讯地址＿＿＿＿＿＿＿＿＿＿＿＿＿＿＿＿＿＿＿＿＿＿＿＿＿

**在您认可处打√（6至10题可多选）**

您购买的图书名称是什么：＿＿＿＿＿＿＿＿＿＿＿＿＿＿＿＿＿＿＿＿＿＿＿＿
您在何处购买的此书：＿＿＿＿＿＿＿＿＿＿＿＿＿＿＿＿＿＿＿＿＿＿＿＿＿＿

| 您对电脑的掌握程度： | □不懂 | □基本掌握 | □熟练应用 | □精通某一领域 |
| 您学习此书的主要目的是： | □工作需要 | □个人爱好 | □获得证书 | |
| 您希望通过学习达到何种程度： | □基本掌握 | □熟练应用 | □专业水平 | |
| 您想学习的其他电脑知识有： | □电脑入门 | □操作系统 | □办公软件 | □多媒体设计 |
| | □编程知识 | □图像设计 | □网页设计 | □互联网知识 |
| 影响您购买图书的因素： | □书名 | □作者 | □出版机构 | □印刷、装帧质量 |
| | □内容简介 | □网络宣传 | □图书定价 | □书店宣传 |
| | □封面，插图及版式 | □知名作家（学者）的推荐或书评 | | □其他 |
| 您比较喜欢哪些形式的学习方式： | □看图书 | □上网学习 | □用教学光盘 | □参加培训班 |
| 您可以接受的图书的价格是： | □20元以内 | □30元以内 | □50元以内 | □100元以内 |
| 您从何处获知本公司产品信息： | □报纸、杂志 | □广播、电视 | □同事或朋友推荐 | □网站 |
| 您对本书的满意度： | □很满意 | □较满意 | □一般 | □不满意 |

您对我们的建议：＿＿＿＿＿＿＿＿＿＿＿＿＿＿＿＿＿＿＿＿＿＿＿＿

1 0 0 0 8 4

贴　邮
票　处

## 北京100084—157信箱

## 读者服务部　　　　　　收

邮政编码：□□□□□□

技术支持与课件下载：http://www.tup.com.cn  http://www.wenyuan.com.cn

读 者 服 务 邮 箱：service@wenyuan.com.cn

邮 购 电 话：(010)-62791864  (010)-62791865  (010)-62792097-220

组 稿 编 辑：闫光龙

投 稿 电 话：(010)-62788562-334  13810774217

投 稿 邮 箱：dragony07@163.com